高等学校教材

河南科技大学教材出版基金资助

大学基础化学实验

仝克勤　张长水　主编

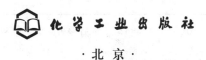

化学工业出版社

·北京·

《大学基础化学实验》以化学实验基本操作技能为主线安排内容，首先介绍了大学基础化学实验的基本知识与技能，然后按基础性实验、应用性实验、综合设计性实验逐步递进安排实验内容，实验项目选取兼具经典性和实用性，既可培养学生的动手能力，也可增加学生探究性学习的动力。附录给出了一些基础数据，以方便学生查阅。

本书可供高等院校非化学化工类专业本科生使用，也可作为化学化工类专业《无机化学》、《分析化学》课程的实验用书，以及相关科技工作者的参考书。

图书在版编目（CIP）数据

大学基础化学实验/仝克勤，张长水主编. —北京：
化学工业出版社，2016.7（2017.2重印）
高等学校教材
ISBN 978-7-122-27176-1

Ⅰ.①大…　Ⅱ.①仝…②张…　Ⅲ.①化学实验-高等
学校-教材　Ⅳ.①O6-3

中国版本图书馆 CIP 数据核字（2016）第 115099 号

责任编辑：宋林青　　　　　　　　　　装帧设计：关　飞
责任校对：边　涛

出版发行：化学工业出版社（北京市东城区青年湖南街 13 号　邮政编码 100011）
印　　装：北京云浩印刷有限责任公司
787mm×1092mm　1/16　印张 10½　彩插 1　字数 259 千字　　2017 年 2 月北京第 1 版第 2 次印刷

购书咨询：010-64518888（传真：010-64519686）　售后服务：010-64518899
网　　址：http://www.cip.com.cn
凡购买本书，如有缺损质量问题，本社销售中心负责调换。

定　价：20.00 元

《大学基础化学实验》编写人员

主　　编　　仝克勤　张长水

副 主 编　　吴云骥　郑喜俊

主　　审　　时清亮

编写人员　　（按姓氏笔画排序）

　　　　　　仝克勤　卢　敏　吴云骥　杜西刚

　　　　　　张长水　郑英丽　郑喜俊　黄新辉

前　言

化学是一门实践性很强的学科，在培养学生的动手能力、应用能力和创新能力方面，有着其他课程不可替代的作用。对综合性院校各类专业来说，大学基础化学实验在课程体系和人才培养方面占有很大的比重和重要的位置。为适应未来高等学校的教育教学改革，针对综合性院校各类专业学生应具备的化学素质和技能要求，在对现有理、工、农、医类各专业基础化学实验内容进行整合的基础上，结合多年实际教学经验，我们组织编写了《大学基础化学实验》一书。本书可供综合性院校非化学化工类专业本科生使用，也可作为化学化工类专业《无机化学》、《分析化学》课程的实验用书，以及相关科技工作者的参考用书。

本书以化学实验基本操作技能为主线，包括了大学基础化学实验基本知识与技能、实验内容和附录三大模块。其中实验内容中共 50 个实验，并分为基础性实验，应用性实验和综合、设计性实验三部分。

本书具有以下特色：

（1）从基础课角度出发，在理念上树立了"大化学"意识，教材适用专业面广，有利于搭建大学基础化学实验平台，以适应化学课程和化学实验教学体系改革。同时，也便于实验室管理和开放。

（2）实验内容充实、难易适当，增加了计算机模拟实验内容。较全面地反映了大学基础化学实验技能培养目标和要求，能够满足普通本科院校基础化学实验的教学要求。

（3）对实验内容分层次、按模块设置，并有一定比例的综合性、设计性实验，有利于学生综合素质的提高和能力培养。

（4）实验内容紧密联系生产、生活实际，有利于激发学生参与实验的积极性，提高学习兴趣。

（5）每个实验项目编写有简明扼要的预习指导，便于教师选做实验和学生预习。

（6）书中全部采用法定计量单位，并将所有量和单位的符号按国家标准进行了规范。

本书由仝克勤、张长水主持编写。第一部分第一节～第三节由杜西刚编写；第一部分第四节和附录由仝克勤编写；实验一、二、十、十一、十二、二十五、三十二、四十三和五十由郑喜俊编写；实验三、十四、十五、十七、二十、二十二、二十三和二十四由卢敏编写；实验四、八、九、十九、三十一、三十三、三十四、四十四和四十八由张长水编写；实验五、十三、十八、二十一、二十六、二十九和三十七由郑英丽编写；实验六、三十五、三十六、三十九、四十、四十一、四十五、四十六和四十七由吴云骥编写；实验七、十六、二十七、二十

八、三十、三十八、四十二和四十九由黄新辉编写；（以上排名以编写内容先后为序）。全书由时清亮老师主审，并提出许多宝贵建议，在编写过程中得到了河南科技大学教务处、化工与制药学院等有关部门的大力支持，在此表示衷心感谢。本书在编写过程中，参考了一些相关文献资料，在此对有关作者深表诚挚谢意。

由于时间仓促和编者水平所限，书中疏漏和不妥之处在所难免，敬请读者批评指正。

编　者

2016 年 8 月

目 录

第三部分　应用性实验 ················· 76

第四部分　综合、设计性实验 ················· 104

第五部分　附录 ………………………………………………………………………………… 141

参考文献 ………………………………………………………………………………………… 158

第一部分
大学基础化学实验基本知识与技能

第一节 大学基础化学实验规则和实验室规则

一、大学基础化学实验规则

1. 按时进入实验室，不迟到，不早退。

2. 实验前应认真预习，明确实验目的和要求，了解实验的基本原理、方法、步骤及注意事项。

3. 实验开始前应清点仪器，如有破损或缺少，立即报告指导教师补发。实验时仪器如有损坏，亦应及时报告指导教师，并按规定手续换取新仪器。

4. 实验过程中应听从教师指导。要正确操作，细致观察，积极思考，并认真记录各种实验现象和数据。

5. 公用仪器和试剂等用后应立即放回原处，不得拿用其他组或其他实验桌的仪器和试剂。

6. 按需取用试剂，多取试剂不要放回原瓶中，以免带入杂质。

7. 实验完毕，应将所用仪器洗刷干净并放回原处，整理好药品和实验台。

8. 实验结束后，应根据原始记录写出实验报告，按时交给指导教师。

二、大学基础化学实验室规则

1. 保持实验室安静，不准在实验室大声喧哗和嬉戏。

2. 保持实验室整洁、干净，不准随地吐痰。火柴梗、废纸屑和碎玻璃等应投入垃圾箱，废液应倒入废液桶中，切勿投入或倒入水槽，以免堵塞或腐蚀下水道。

3. 爱护实验室财物，小心使用各种仪器设备，避免因粗心而损坏仪器。注意节约水、电和药品等。

4. 实验室内不准饮食、吸烟，不许做与实验无关的其他事情。

5. 离开实验室前，要做好安全检查，应关好电闸、水龙头和门窗等。

6. 实验室内的一切物品不得带离实验室。

第二节 大学基础化学实验室安全规则和意外事故处理

化学药品中，有很多是易燃、易爆、有毒和有腐蚀性的，实验中又经常使用玻璃仪器和各种电器，所以在进行化学实验时，首先必须在思想上重视安全问题，决不能麻痹大意。其次必须熟悉各种仪器、药品的性能，并严格遵守操作规程，才能避免事故的发生。

一、大学基础化学实验室安全规则

1. 易燃、易爆药品，必须远离明火，操作时应遵守操作规程。
2. 绝对不允许随意混合各种化学药品，以免发生意外事故。
3. 实验中不得品尝任何试剂。在嗅试剂或反应物气味时，鼻子不能直接对着瓶口或管口，只能用手轻拂气体，扇向自己后再嗅。
4. 不要用湿手、湿物接触电源。水、电、灯用毕后应立即关闭或熄灭。
5. 使用酒精灯时，应随用随点，不用时盖上灯罩。切勿用已点燃的酒精灯直接去点燃别的酒精灯，以免酒精流出引起失火。
6. 加热、浓缩液体的操作应十分小心，不能俯视正在加热的液体。加热试管时，不要将试管口对着自己或他人，以免液体溅出造成伤害。
7. 浓酸、浓碱具有很强的腐蚀性，使用时，切勿洒在桌面、地面、皮肤和衣服上；尤其注意不要溅入眼睛内。稀释浓硫酸时，应将浓硫酸慢慢倒入水中，而不能逆向操作，以免迸溅。
8. 某些强氧化剂（如氯酸钾、硝酸钾、高锰酸钾等）或其混合物不能研磨，否则将引起爆炸。
9. 有毒药品（如重铬酸钾、钡盐、砷的化合物、汞的化合物、氰化物等）不能进入口内或接触伤口，其废液也不能随便倒入下水道。
10. 能产生有刺激性或有毒气体的实验应在通风橱内进行。
11. 金属汞易挥发，并能通过呼吸道进入人体内，逐渐积累会引起慢性中毒。所以做金属汞的实验时应特别小心，不得把汞洒落在桌面或地面上，一旦洒落，必须尽可能收集起来，并用硫黄粉盖在洒落的地方，使汞转变成不挥发的硫化汞。
12. 实验完毕，必须洗净双手。

二、大学基础化学实验室意外事故处理

1. 玻璃割伤。若伤口内有玻璃碎片，必须首先挑出，然后在伤口处抹上红药水并包扎。
2. 烫伤。切勿用水冲洗，可用稀高锰酸钾溶液或苦味酸冲洗灼伤处，再涂上烫伤膏或红花油即可。
3. 强酸、强碱致伤。立即用大量水冲洗，然后相应地用碳酸氢钠或硼酸溶液冲洗，最后再用水冲洗。
4. 吸入刺激性或有毒气体。吸入氯气、氯化氢气体时，可吸入少量酒精和乙醚的混合蒸气以解毒。吸入硫化氢或一氧化碳气体而感到不适时，应立即到室外呼吸新鲜空气。
5. 毒物进入口内。把5～10mL稀硫酸铜溶液加入一杯温水内，内服后，用手指深入咽喉部，促使呕吐，然后立即送往医院。
6. 触电。首先切断电源，然后在必要时进行人工呼吸。
7. 起火。起火后，要立即组织灭火，同时，尽快移开可燃物和切断电源，以防火势扩大。一般的小火，可用湿布、石棉布或砂子覆盖燃烧物即可灭火。火势较大时可用灭火器灭火，但要注意电器设备所引起的火灾，不能用泡沫灭火器灭火，以免触电，可选用二氧化碳或四氯化碳灭火器灭火。若实验人员衣服着火时，应立即脱下衣服或用石棉布覆盖着火处。火势较大时，应立即卧地打滚。
8. 实验室发生各种意外事故造成伤势较重者，应立即送往医院治疗。

第三节　大学基础化学实验常用仪器介绍

大学基础化学实验常用仪器介绍见表1-1。

表 1-1　大学基础化学实验常用仪器

序号	仪器名称	样　图	规 格 及 主 要 用 途
1	试管		试管分普通试管和离心试管。普通试管以管口直径/mm×长度/mm 表示，如 10mm×100mm，25mm×150mm 等。用作少量试剂的反应容器，便于操作和观察；离心试管以其容积/mL 表示，如 10mL，15mL 等，用作少量沉淀的辨认和分离
2	试管架		试管架用于盛放试管，有木质的、铝质的和塑料的等
3	试管夹		试管夹用于夹持试管，由木、竹或钢丝等制成
4	毛刷		毛刷有大、小、长、短等多种规格，用来刷洗玻璃仪器；按用途不同有试管刷、烧杯刷、滴定管刷等
5	烧杯		烧杯以容积/mL 表示，如 1000mL，400mL，250mL，100mL，50mL 等。用于常温或加热条件下反应物量较大时的反应容器，反应物易混合均匀；也可用来配制溶液
6	点滴板		点滴板为瓷质，有白色和黑色两种，分 12 凹穴、9 凹穴、6 凹穴等；用于点滴反应，尤其是显色反应
7	试剂瓶		试剂瓶有无色和棕色两种，滴管上带有橡皮胶头；以容积/mL 表示，如 60mL，30mL 等；用于盛放少量液体试剂或溶液
8	广口瓶 细口瓶		广口瓶、细口瓶有玻璃和塑料两种，分无色和棕色、磨口和不磨口；以容积/mL 表示，如 1000mL，500mL，250mL，125mL 等；广口瓶盛装固体试剂，细口瓶盛装液体试剂
9	洗瓶		洗瓶有玻璃和塑料两种，以容积/mL 表示，如 500mL，250mL 等；用于盛装蒸馏水洗涤沉淀或容器；塑料洗瓶使用方便、卫生，故广泛使用
10	量筒 量杯		量筒、量杯以最大刻度容积/mL 表示，量筒如 100mL，50mL，10mL 等，量杯如 20mL，10mL 等；用于量取要求不太严格一定体积的液体

序号	仪器名称	样　图	规格及主要用途
11	称量瓶		称量瓶分高形和扁形两种，以外径/mm×高/mm 表示，如高形 25mm×40mm，扁形 50mm×30mm 等；高形用于称量基准物质或样品，扁形用于测定水分或干燥基准物质
12	研钵		研钵用铁、瓷、玻璃、玛瑙等制作，以口径大小表示；用于研磨固体物质
13	蒸发皿		蒸发皿有瓷、石英、铂等制品，分有柄和无柄，以容积/mL 表示，如 125mL，100mL，35mL 等；用于蒸发液体，还可以用作反应器
14	表面皿		表面皿以口径/mm 大小表示，如 90mm，75mm，65mm，45mm 等；用于盖在烧杯上防止液体迸溅或作其他用途
15	漏斗架		漏斗架为木制品，有螺丝可固定于支架上，可移动位置调节高度；用于过滤时承放漏斗
16	普通漏斗		普通漏斗分长径和短径两种，以口径/mm 大小表示，如 60mm，40mm，30mm 等；用于过滤操作
17	分液漏斗		分液漏斗以容积/mL 和形状表示，用于分离互不相溶的液体，或用作发生气体装置中的加液漏斗
18	热水漏斗		热水漏斗由普通漏斗和金属外套组成，以口径/mm 大小表示，如 60mm，40mm，30mm 等；用于热过滤操作
19	布氏漏斗吸滤瓶		布氏漏斗为瓷质，以直径/cm 表示，如 8cm，6cm 等；吸滤瓶以容积/mL 表示，如 500mL，250mL 等；两者配套使用，用于减压过滤
20	坩埚		坩埚材质有瓷、石英、铁、镍、铂等，以容积/mL 表示，用于灼烧试剂
21	水浴锅		水浴锅为铜或铝制品，用于间接加热，也可用于粗略控制温度的实验

序号	仪器名称	样 图	规格及主要用途
22	干燥器		干燥器分普通干燥器和真空干燥器,以外径/mm 表示,内放干燥剂,用于保持物品干燥
23	石棉网		石棉网由铁丝编制成网,中间涂有石棉,有大小之分,用于支撑受热器皿,以使受热均匀
24	三角架		三角架为铁制品,有大小和高低之分,在三角架上放置石棉网
25	泥三角		泥三角有大小之分,用于支撑灼烧坩埚
26	铁架台		铁架台上装有铁夹和铁环,用于固定和放置容器
27	移液管 吸量管		移液管、吸量管以其量取的最大体积/mL 表示,移液管有 50mL,25mL,10mL 等,吸量管有 10mL,5mL,2mL,1mL 等;两者均为准确移取一定体积的液体用
28	容量瓶		容量瓶以刻度以下的容积/mL 表示大小,如 1000mL,500mL,250mL,100mL,50mL 等;用于配制一定体积准确浓度的溶液
29	滴定管 滴定管架	(a)　(b)	滴定管分碱式和酸式、无色和棕色,以容积/mL 表示,如 50mL,25mL 等,主要用于滴定分析;滴定管架用于夹持滴定管

序号	仪器名称	样 图	规格及主要用途
30	锥形瓶		锥形瓶以容积/mL 表示,如 500mL,250mL,150mL 等,用作反应容器,适用于滴定操作或做液体接受器
31	比色管		比色管以容积/mL 表示,如 10mL,25mL,50mL,100mL 等,有带刻度的,不带刻度的,具塞,不具塞;具塞比色管非标准磨口塞必须原配,适用比色分析,注意保持管壁透明,不可用去污粉刷洗

第四节 大学基础化学实验一般操作技能介绍

一、玻璃仪器的洗涤与干燥

(一)玻璃仪器的洗涤

化学实验中经常使用各种玻璃仪器,如试管、烧杯、量筒、玻璃棒、锥形瓶、移液管、滴定管、漏斗等,实验时这些仪器干净与否,直接影响到实验结果的准确性。因此,玻璃仪器的洗涤在化学实验中是很重要的。

玻璃仪器的洗涤方法很多。洗涤时,应根据实验要求、污染物的性质及污染的程度来选择合适的洗涤方法。一般说来,玻璃仪器上的污染物既有可溶性物质,也有尘土和其他不溶性物质,还有油污和有机物质等。根据不同情况,可以分别采用下列洗涤方法。

(1)用水刷洗 用水和毛刷刷洗,可以除去仪器上的尘土、可溶性物质及部分易刷落下来的不溶性物质。

(2)用肥皂、合成洗涤剂或去污粉刷洗 对于有油污的仪器,可先用水冲洗掉可溶性污物,再用毛刷蘸取肥皂液或合成洗涤剂刷洗。去污粉是由碳酸钠、白土和细砂等混合而成的。使用时,首先将要洗的仪器用水润湿,洒上少许去污粉,然后用毛刷擦洗,这样利用砂子的摩擦作用、碱(Na_2CO_3)的去油污作用和白土的吸附作用即可把仪器上的大量油污或有机物质清洗干净。

(3)用洗液刷洗 对于某些油污严重、用上述方法洗不干净的仪器,或是口小、管细不便用毛刷刷洗的仪器,可选用洗液浸洗。最常用的洗液是 $KMnO_4$ 洗液和 $K_2Cr_2O_7$ 洗液,有时也用少量浓 H_2SO_4 或浓 HNO_3 浸洗。洗液具有很强的氧化性,去油污和有机物的能力特别强。洗涤前,应尽可能倒去仪器内残留的水分,然后向仪器内注入少量洗液,使仪器倾斜并慢慢转动,让内壁全部被洗液湿润,如果能浸泡一定时间或用热的洗液洗涤效果会更好。

洗液用后应倒回原瓶中,可以反复多次使用。当多次使用后,$K_2Cr_2O_7$ 洗液会变成绿色(Cr^{3+} 的颜色),$KMnO_4$ 洗液会变成浅红色或无色且底部有时出现 MnO_2 沉淀,这时洗液已失效,不能再继续使用。洗液具有很强的腐蚀性,使用时要特别注意安全。千万不能用毛刷蘸取洗液刷洗仪器。如果不慎将洗液洒在衣物、皮肤或桌面时，应立即用水冲洗。废的洗液或洗液的首次冲洗液应倒在废液缸里，不能倒入水槽，即使是稀的冲洗液倒入水槽后，也要用大量水冲洗水槽，以免腐蚀下水道。

（4）用特殊试剂刷洗　对于某些已知组成的沾污物宜选用特殊试剂洗涤，这样效果会更好。如仪器上粘有较多的 MnO_2，用酸性 $FeSO_4$ 溶液洗涤就更好。

用上述方法洗去污物后的仪器，还必须用自来水冲洗数次，并用蒸馏水润洗 2～3 次后才能使用。已洗净的玻璃仪器应是清洁透明的，其内壁被水均匀地湿润且不挂水珠。凡已洗净的仪器，不能再用布或纸擦拭其内壁，否则，布或纸上的纤维及污物会沾污仪器。

（二）玻璃仪器的干燥

有些实验要求仪器必须是干燥的。根据不同情况，可采用下列方法将仪器干燥。

（1）晾干　不急用时，可将洗干净的仪器插在仪器柜的格栅板上或实验室的干燥架上晾干。

（2）吹干　将洗干净的仪器倒置控去水分，并擦干外壁，然后，用电吹风机的热风将仪器内壁的残留水分赶出。

（3）烘干　将洗干净的仪器倒置控去水分后，放在电烘箱的隔板上，将温度控制在 105℃ 左右烘干。

（4）用有机溶剂干燥　在洗净的仪器内加入少量易挥发的有机溶剂（如 C_2H_5OH、CH_3COCH_3 等），转动仪器，使仪器内的水分与有机溶剂混合，然后倒出混合液（回收），仪器即迅速干燥。

应当指出，在化学实验中，许多情况下并不需要将仪器干燥。带有刻度的计量仪器不能用加热的方法进行干燥，否则会影响仪器的精度。如需干燥时，可采用晾干或冷风吹干的方法。

二、塞子的配制与简单玻璃工操作

（一）塞子的配制

1. 塞子的选择

实验室中常用的塞子有软木塞和橡皮塞。软木塞与有机物作用较小，但易被酸、碱所腐蚀损坏。橡皮塞可以把瓶子塞得很严密，并可以耐强碱性物质的侵蚀，但易被强酸和某些溶剂（汽油、苯、氯仿、丙酮、二硫化碳等）侵蚀、溶胀或在高温下变形，且价格较贵。塞子的使用要根据仪器的需要（如盛酸或盛碱等）和塞子的特点来选择。塞子的大小应与仪器的口径相适应，塞子进入仪器口径的部分以其本身长度的 1/3～1/2 为宜（见图 1-1）。

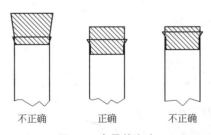

不正确　　　正确　　　不正确

图 1-1　塞子的大小

2. 塞子的钻孔和装配

化学实验时，常需要在塞子上安装温度计或插入玻璃管，这就需要在塞子上钻孔。钻孔时需要打孔器，实验室用的打孔器有套管式打孔器和手摇式打孔机两种。钻孔的大小应保证使温度计或玻璃管能够插入且不会漏气。软木塞钻孔时，应先用压塞机把塞子压紧实一些，以免钻孔时钻裂；另外，打孔器的外径应略小于所装玻璃管的口径。钻孔时，打孔器要垂直均匀地从塞子的小端旋转钻入（见图1-2），以避免把孔眼打斜。当钻至塞子的一半处时，旋出打孔器，捅出其中的塞芯，然后再从塞子的大端对准原钻孔的位置把孔钻透。若用打孔机，要把钻头对准塞子小端的适当位置，摇动手轮直到钻透为止，再将手轮按反方向转动退出钻头。在给橡皮塞钻孔时，打孔器应刚好能套在要插入橡皮塞管子的外面，即打孔器应略粗于玻璃管，这是因为橡皮塞有弹性。打孔器的前部最好敷以凡士林，使之润滑便于钻入。必要时，塞孔还可以用圆锉进行修整或使塞孔稍稍扩大。

　　将玻璃管（或温度计）插入塞孔时，可先用水或甘油润湿玻璃管插入的一端，然后一手持塞子，一手捏着玻璃管靠近塞子的部位（必要时可戴棉手套或用布包着玻璃管），逐渐旋转插入（见图1-3）。如果手捏玻璃管的位置离塞子太远，操作时往往会折断玻璃管而伤手。更不能捏在弯处，该处更易折断。从塞孔拔玻璃管时也应如此操作。

图1-2　塞子钻孔

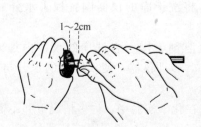

图1-3　玻璃管插入塞子

（二）简单玻璃工操作

1. 玻璃管的切割

　　选择干净、粗细合适的玻璃管，平放在台面上，一手捏紧玻璃管，一手持锉刀，用锋利的边沿压在玻璃管截断处（见图1-4），从与玻璃管垂直的方向用力向内或向外划出一锉痕（只能按单一方向划），然后两手握住玻璃管，锉痕向外，两拇指压于痕口背面轻轻用力推压，同时两手向外拉，则玻璃管即在锉痕处断开（见图1-5）。

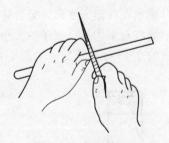

图1-4　玻璃管切割

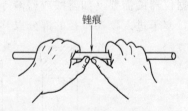

图1-5　玻璃管折断

　　截断较粗的玻璃管时，用上述方法较为困难。这时，可以利用玻璃管骤热、骤冷后易裂的性质，将一根末端拉细的玻璃管在灯焰上加热至白炽，使成熔球，然后立即放到用水滴湿的粗玻璃管的锉痕处，锉痕处会因骤然受强热而断裂。

　　为了使玻璃管断截面平滑，可用锉刀面轻轻将其锉平，或将断口放在火焰氧化焰的边缘，不断转动玻璃管，烧到管口微红即可。此时，断口已变光滑。不可烧得太久，以免管口变形、缩小。

2. 玻璃管的弯曲

弯曲玻璃管时，为加宽玻璃管的受热面，可使用鱼尾灯头。先将玻璃管于弱火焰中左右移动预热，除去管中的水汽，然后将欲弯曲的部位放在氧化焰中加热，并不断缓慢地旋转玻璃管，使之受热均匀（见图1-6）。当玻璃管加热到适当软化但又不会自动变形时，需迅速离开火焰，然后轻轻地顺势弯曲至所需角度［见图1-7(a)］，玻璃管要弯成较小的角度时，可分几次弯成。玻璃管的弯曲部分，厚度和粗细必须保持均匀［见图1-7(b)］。

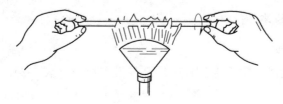

图 1-6　鱼尾灯头加热玻璃管

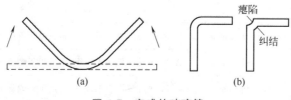

图 1-7　弯成的玻璃管

在玻璃管加热和弯曲时，若发生扭曲，弯管将不在同一平面内，此时可再对弯曲部分进行加热，加以修正，使弯管两侧处于同一平面中。若遇到弯管内侧凹陷时，可将凹进去的部位烧软，用手或塞子封住弯管的一端，用嘴向管内吹气，直至凹进去的部位变得平滑为止。

加工后的玻璃管应及时地进行退火处理，方法是将经高温熔烧的玻璃管趁热在弱火焰中加热或烘烤片刻，然后慢慢地移出火焰，再放在石棉网上冷至室温。不经退火的玻璃管质脆易碎。

3. 滴管的拉制

选取粗细、长度适当的干净玻璃管，手持两端，将中间部位放入喷灯火焰中加热，并不断地朝一个方向慢慢转动，使之均匀受热（见图1-8）。当玻璃管烧至发黄变软时，立即使其离开火焰，两手以同样的速度转动玻璃管，同时慢慢向两边拉伸，直到其粗细程度符合要求为止。拉出的细管应与原来的玻璃管在同一轴上，不能歪斜（见图1-9）。待冷却后，从拉细部分中间断开，即得两根一头粗一头细的玻璃管，然后，将每一根的细端在弱火焰中烧圆，再将粗端烧熔并在石棉网上垂直下压，使端头直径稍微变大。装上橡皮乳头即为滴管。

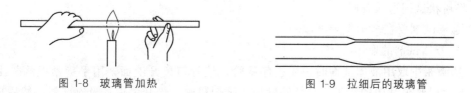

图 1-8　玻璃管加热　　　　　　　　图 1-9　拉细后的玻璃管

4. 毛细管的拉制

取一根干净的细玻璃管（直径约1cm、壁厚约1mm），放在喷灯上加热，火焰由小到大，两手不断地转动玻璃管，使其均匀受热，当玻璃管被烧到发黄软化时，立即离开火焰，

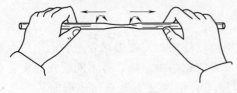

图 1-10　拉制毛细管

两手水平地边拉边转动，开始拉时要稍慢，然后再稍快地拉长，直到拉成直径约为 1mm 左右的毛细管（见图 1-10）。把拉好的毛细管按所需长度的两倍截断，两端用小火封闭，以免储藏时灰尘和湿气进入。使用时，从中间截断，即可得到熔点管和沸点管的内管。若拉成直径为 0.1mm 左右的毛细管，可用于制作层析点样管。

三、化学试剂的取用

（一）化学试剂介绍

我国生产的化学试剂，按其纯度不同分为若干等级（见表 1-2）。实验时应根据要求选用合适等级的试剂。

表 1-2　化学试剂的规格和适用范围

等级	名　称	英文名称	符号	适　用　范　围	标签颜色
一级品	优级纯（保证试剂）	Guarantee reagent	G. R.	纯度很高,适用于精密分析工作	绿色
二级品	分析纯（分析试剂）	Analytical reagent	A. R.	纯度仅次于一级品,适用于多数分析工作	红色
三级品	化学纯	Chemically pure	C. P.	纯度次于二级品,适用于一般化学实验	蓝色
四级品	实验试剂	Laboratorial reagent	L. R.	纯度较低,适用于作实验辅助试剂	棕色或其他颜色

在实验室中，化学试剂必须按其性质储存于适当的容器内，一般固体试剂装在易于取用的广口瓶内，液体试剂或配制成的溶液则盛放于易拿取的细口瓶或带有滴管的滴瓶中，见光易分解的试剂（如 $AgNO_3$ 等）应盛放在棕色瓶内。盛碱液的试剂瓶要用橡皮塞或塑料瓶塞。每一试剂瓶上都应贴上标签，写明试剂的名称、规格和浓度等，并在标签外面涂一薄层蜡作为保护。

（二）固体试剂的取用

① 取用固体试剂要用干净的药勺，用后的药勺必须擦洗干净才能再用，以免沾污试剂。

② 取出试剂后应立即盖紧瓶塞，不要盖错盖子，并将试剂瓶放回原处。

③ 药勺两端为大小两个勺，取大量固体试剂时用大勺，取少量固体试剂时用小勺。取试剂时必须按需取用，不要多取，多取的试剂不能倒回原瓶，可放在指定的容器中供他人使用。

④ 试剂从药勺倒入容器时，若是大块试剂，应将容器倾斜使试剂沿器壁滑下，以免击破容器。若是粉状试剂，可将药勺直接倒入容器底部。试剂倒入管状容器，可借助一张对折的纸条将粉状试剂送入管底。

⑤ 有毒试剂要在教师指导下取用。

（三）液体试剂的取用

① 从滴瓶中取用液体试剂时，先提起滴管，使管口离开液面，用手指紧捏滴管上部的橡皮乳头，以赶出其中的空气，再把滴管伸入试剂瓶中，松开手指，吸入试剂，然后提起滴管，将试剂滴入烧杯或试管中。操作时绝不可将滴管伸入试管或接触容器壁（见图 1-11 和图 1-12），以免沾污滴管。与滴瓶配合使用的滴管不能向上倾斜，以免液体回流到胶帽中，腐蚀胶帽，污染试剂。

② 从细口瓶中取用液体试剂时，先将打开的瓶塞反放在桌面上，以防弄脏。然后，把试剂瓶上贴有标签的一面握向手心，逐渐倾斜瓶子倒出试剂，试剂应沿着洁净的试管壁流入试管或沿着洁净的玻璃棒流入烧杯（见图1-13），取出所需试剂后，慢慢竖起瓶子，并将瓶口剩余的试剂碰到容器中，以免液体沿瓶子的外壁流下。

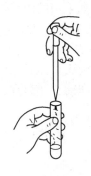  

图 1-11　滴管的正确操作　　　　图 1-12　滴管的不正确操作　　　　图 1-13　液体试剂倒入烧杯

③ 用量筒量取液体时，应用左手持量筒，以拇指指示所需体积的刻度处，右手持试剂瓶，瓶口紧靠量筒口的边缘，慢慢注入液体至所指刻度（见图1-14）。读取体积刻度时，让量筒竖直，使视线与量筒内液体弯月面的最低处保持水平，偏高或偏低都会造成误差（见图1-15）。如果不小心倾出过多的试剂，只能弃去或给他人用，不得倒回原瓶。

 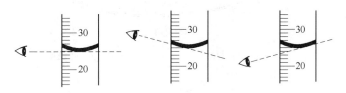

图 1-14　用量筒量取液体　　　　　　　　图 1-15　读取量筒内液体体积

四、常用的加热仪器与加热操作

（一）常用的加热仪器

1. 酒精灯的使用

酒精灯是化学实验中最常用的一种加热仪器，加热温度可达 400～500℃，可用于温度要求不太高的实验。酒精灯的火焰分三层（见图1-16），即焰心、内焰（还原焰）和外焰

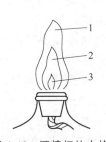 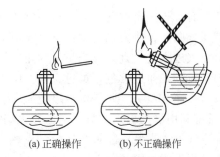

图 1-16　酒精灯的火焰　　　　　　　图 1-17　点燃酒精灯

1—氧化焰；2—还原焰；3—焰心

（a）正确操作　　（b）不正确操作

11

（氧化焰），只有外焰燃烧的最完全，因而温度最高。加热时应把受热的器皿置于灯的内焰和外焰之间的位置上，此处加热效果最好。酒精灯为玻璃制品，其盖子带有磨口。点燃酒精灯需要用火柴（见图1-17），切勿用另一已点燃的酒精灯直接去点燃，以免灯内酒精外洒，引起火灾或烧伤。熄灭酒精灯时，应盖上灯罩——拿起——再盖上即可。切勿用嘴去吹，以免引起灯内酒精燃烧。酒精灯不用时，必须将盖子盖好，以免酒精挥发。长期未用的酒精灯，在第一次点燃时，打开盖子后，应先用嘴吹去其中聚集的酒精蒸气，然后再点燃，以免发生事故。

当灯内酒精少于总体积的1/4时，需添加酒精。添加时应先将灯熄灭，然后利用漏斗将酒精加入灯内，但应注意灯内酒精不要装得太满，一般以不超过其容积的2/3为宜。

2. 酒精喷灯的使用

酒精喷灯的温度可达1000℃左右，所以可用于需较高温度的实验。常用的酒精喷灯有挂式和座式两种（见图1-18）。

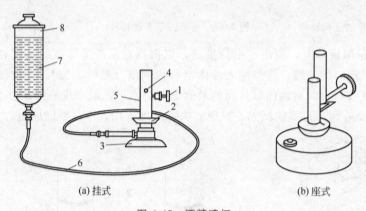

图 1-18　酒精喷灯

1—开关；2—预热盆；3—座；4—气孔；5—灯管；6—橡皮管；7—酒精；8—储罐

使用挂式喷灯时，先将酒精储存于悬挂在高处的储罐内，并在预热盆中注入少量酒精，点燃酒精使灯管充分预热，待酒精接近燃完时，开启开关，管口即有火焰冒出，酒精从灯座内进入灯管而受热气化，并与进入气孔的空气混合。若预热盆中的酒精熄灭，则可用火柴点燃管口气体。火焰的大小可用开关阀门调节，用完后关闭开关，使火焰熄灭。

座式酒精喷灯的酒精盛放在灯座内，其使用方法与挂式喷灯相同。

3. 煤气灯的使用

煤气灯的温度可达1500℃以上，由灯管和灯座组成，灯管下部有螺旋与灯座相连（见图1-19）。

点燃煤气灯时，先关闭空气入口，再划燃火柴，然后打开煤气阀门（或龙头），将灯点燃，最后调节煤气阀门，使火焰高度适宜（一般为4～5cm）。这时火焰呈黄色，再逆时针旋转灯管，调节空气进入量，直到火焰正常为止。煤气在空气中燃烧不完全时，部分分解产生碳质，火焰因碳粒发光而呈黄色，黄色火焰温度不高。当煤气完全燃烧时产生正常火焰，它由三部分组成（见图1-20），即焰心（绿色）、内焰（还原焰，淡蓝色）和外焰（氧化焰，淡紫色）。通常都利用氧化焰来加热，淡蓝色火焰上方与淡紫色火焰交界处为最高温度区。

当煤气和空气的进入量调配不合适时，点燃会产生不正常火焰（见图1-21）。当煤气和空气的进入量都很大时，由于灯管出口处气压过大，容易造成火柴难以点燃或点燃时产生"临空火焰"（火焰脱离灯管，临空燃烧）[见图1-21(a)]。遇到这种情况，应适当减少煤气和空气的进入量。如果空气进入量过大，则会在灯管内燃烧，这时能听到一种特殊的嘶嘶声，有时在灯管的一侧有细长的火焰，形成"侵入焰"[见图1-21(b)]，它将烧热灯管，一不

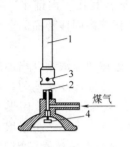

图 1-19　煤气灯
1—灯管；2—煤气出口；
3—空气入口；4—煤气调节阀

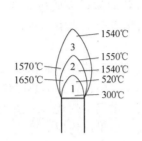

图 1-20　正常火焰及区域温度
1—焰心（绿色）；2—还原焰（淡蓝色）；
3—氧化焰（淡紫色）

(a)临空火焰　　(b)侵入焰

图 1-21　不正常火焰

小心就会烫伤手指。有时在煤气灯使用过程中，因某些原因煤气量会突然减小，这时就容易产生"侵入焰"，这种现象称为"回火"。产生"回火"现象时，应立即减少空气的进入量或增加煤气的进入量。当灯管已烧热时，应立即关闭煤气灯，待灯管冷却后，再重新点燃和调节。

煤气灯用毕，必须随手关闭煤气管阀门，以免发生意外事故。

4. 电炉的使用

电炉（见图1-22）有不同的规格如500W、1000W、1500W等。有的电炉可通过调节电阻来控制所需的加热温度。为使被加热的物体受热均匀，可在电炉上垫上一块石棉网。

图 1-22　电炉

使用电炉时应注意：电源的电压与电炉本身所需电压相符；电炉的连续使用时间不要太长，否则会缩短其使用寿命；加热的容器如果是金属制品，切勿触及电炉丝，否则易发生事故；炉盘内要经常保持干净，使用完毕后，必须立即切断电源。

（二）常用的加热操作

1. 一般加热

常用的受热仪器有试管、烧杯、蒸发皿、锥形瓶、烧瓶、坩埚等。这些仪器一般不能骤热，受热后也不能立即与潮湿或过冷的物体接触，以免由于骤热骤冷而破裂。烧杯、烧瓶和锥形瓶加热时必须放在石棉网上，否则容易因受热不均而破裂。加热液体时，其体积一般不应超过容器容积的一半，为了防止暴沸，应不断搅拌溶液或加入少量沸石。在加热前必须将容器外壁擦干。

用试管加热液体时，要用试管夹夹住试管的中上部（微热时也可用拇指和食指持试管），试管应稍微倾斜且管口向上（见图1-23），先加热液体的中上部，再慢慢往下移动，然后不时地上下移动或摇荡试管，务必使各部分液体受热均匀，以免管内液体因受热不均而骤然溅出。千万不要把试管对着别人或自己，以免发生意外。

用试管加热潮湿或加热后有水产生的固体时，应将试管口稍微向下倾斜，使管口略低于底部（见图1-24），以免冷凝在管口的水流至灼热的管底而使试管炸裂。试管所盛固体药品不得超过其容量的1/3，块状或粒状固体，一般应先研细，并尽量将其在管内铺平。加热时，先来回将整个试管预热，然后用氧化焰集中加热，并使灯焰从试管内固体药品的前部慢慢往后部移动。

蒸发液体应在蒸发皿中进行。蒸发皿的蒸发面积较大，有利于液体快速浓缩。当加热较多的固体药品时，可把固体放在蒸发皿中进行，加热时应充分搅拌，使固体受热均匀。当需要在高温加热固体时，可把固体放在坩埚中灼烧（见图1-25）。坩埚放在泥三角上用煤气灯的氧化焰加热，开始时火不要太大，使坩埚均匀地受热，然后再逐渐加大火焰，将坩埚烧至红热。灼烧一定时间后，停止加热，坩埚在泥三角上稍冷后，用坩埚钳夹持放在干燥器内。若要夹持处在高温下的坩埚，必须先把坩埚钳放在火焰上预热一下。坩埚钳用后应将其尖端向上平放在石棉网上。

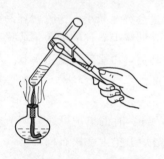
图1-23　加热试管中液体

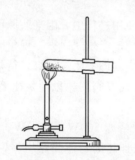
图1-24　加热试管中固体

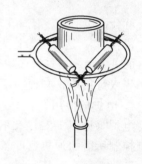
图1-25　灼烧坩埚

2. 热浴加热

如果加热物质需要受热均匀或需要控制加热温度，应选用适当的热浴加热。常用的热浴有水浴、油浴和砂浴等。

（1）水浴　当加热温度不超过100℃时，可用水浴加热。水浴常在水浴锅中进行（见图1-26），水浴锅一般为铜制外壳，内壁涂锡，其盖子由一套不同口径的铜圈组成，可以按加热器皿的外径大小任意选用。加热时，水浴锅内存水量应保持在总体积的2/3左右，受热器皿部分浸在水中，且不可触及锅壁或锅底。

图1-26　水浴加热

（2）油浴　当加热温度在100～250℃时，可用油浴加热。油浴锅一般由生铁铸成，容器内反应物的温度通常要比油浴温度低20℃左右。油浴所能达到的温度取决于所用油的种类。甘油可以加热到140～150℃，温度过高易分解。植物油（如菜油、豆油、棉子油等）可以加热到220℃，但需加入1％的对苯二酚以增加其热稳定性。液体石蜡可以加热到

200℃左右，温度过高易挥发，也易燃烧。硅油可以加热到250℃，其热稳定性较好，但价格较高。使用油浴加热时，要特别小心，防止着火。油浴中应悬挂温度计，以便随时调节火焰，控制温度。当油冒烟情况严重时，应立即停止加热。如遇油浴着火，应立即拆除热源，并用石棉板盖灭火焰，切忌用水浇。

（3）砂浴　当加热温度高于100℃时，可用砂浴加热。砂浴通常采用生铁铸成的砂浴盘，铁盘中铺有一层细砂，被加热的器皿放置在砂层上（见图1-27）。砂浴的缺点是传热慢，温度上升慢，且不易控制，因此砂层要薄些。应特别注意受热器皿不能触及浴盘底部。

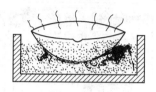

图 1-27　砂浴加热

五、台秤和分析天平的使用

（一）台秤

台秤又称台天平，通常用于精度要求不高的称量，一般能称准至0.1g，其构造如图1-28所示。台秤的使用方法如下。

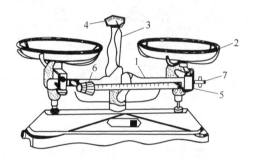

图 1-28　台秤

1—横梁；2—托盘；3—指针；4—刻度盘；5—游码标尺；6—游码；7—平衡调节螺丝

① 调节零点。称量前应先将游码拨至标尺的"0"刻线，观察指针在刻度盘中心线附近的摆动情况。若等距离摆动，则台秤可以使用，否则应调节平衡调节螺丝，使指针停在刻度盘的中间位置或指针在刻度盘中心线附近处摆动。

② 称量。台秤不能称量热的物体。被称量物也不能直接放在托盘上，而应根据具体情况放在纸上、表面皿上或其他容器内。称量时，左盘放称量物，右盘放砝码。一般10g（或5g）以上用砝码盒内的砝码添加，10g（或5g）以下则用移动游码标尺上的游码来添加。添加砝码的顺序应从小到大，直到指针指示的位置（称为停点）与零点基本相符（偏差不应超过1小格），这时砝码和游码所示的总质量即为被称量物的质量。

③ 称量完毕，应将砝码放回砝码盒内，并使台秤恢复原状。

④ 要经常保持台秤清洁。

（二）分析天平

分析天平是用于精确称量的精密仪器，它的种类很多，按其构造原理，一般可分为杠杆式机械天平和电子天平两大类。机械天平又可分为双盘等臂天平和单盘不等臂天平两种。常用的双盘等臂天平因加码方式不同，又可分为半机械加码电光分析天平和全机械加码电光分析天平。这里仅介绍基础化学实验中常用的几种。

1. 半自动电光天平

（1）半自动电光天平的结构　半机械加码电光分析天平也称半自动电光天平，它是根据杠杆原理设计制造的，最大载重量为200g，可以精确到0.1mg，其结构如图1-29所示。

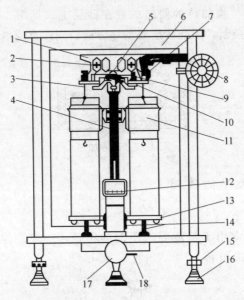

图 1-29　半自动电光天平

1—横梁；2—平衡螺丝；3—吊耳；4—指针；5—支点刀；6—框罩；7—环码；8—指数盘；

9—支刀销；10—托叶；11—阻尼器；12—投影屏；13—秤盘；14—盘托；

15—螺旋脚；16—垫脚；17—开关旋钮；18—调屏拉杆

半自动电光天平由以下主要部件构成。

①天平横梁。它是天平的主要部件，起平衡和承载物体的作用。横梁上装有三个三棱柱形的玛瑙刀，其中一个装在正中央称为中刀或支点刀，刀口向下。另两个与中刀等距离地装在横梁两端，称为边刀或承重刀，刀口向上。支点刀与承重刀之间的距离为天平臂长，两臂等长。三个玛瑙刀口的棱边完全平行，且位于同一水平面上。

②指针。指针装在天平横梁的正中并与其垂直，指针下端装有微分标牌，通过光学系统放大装置后成像于投影屏上，可清晰、方便地读出0.1～10mg范围以内的数值。

③吊耳。吊耳挂在两个边刀上，它由承重板和挂钩组成。承重板与边刀刀口接触的部位镶有一块长方形磨光的玛瑙平板。

④秤盘和盘托。左右两个天平秤盘分别挂在吊耳挂钩上，左盘放称量物，右盘放砝码。秤盘下面装有盘托，可将秤盘托住以保持其稳定。

⑤天平柱和水准仪。天平柱是金属做成的空心圆柱，下端固定在天平底座中央。柱的上方嵌有玛瑙平板，它与横梁中央的玛瑙刀口接触。天平柱后的支架上装有水准仪，供以校正天平的水平位置。通过转动天平前面两个螺旋脚使其升高或降低，可调节水准仪中气泡使之位于圆圈的中央。

⑥阻尼器。空气阻尼器为特制铝合金圆筒，它由固定在天平柱上的外筒和悬挂在吊耳上的内筒组成。内、外筒之间无摩擦，有一均匀的缝隙。天平梁摆动时，内筒在外筒中上下

移动，借助筒内、外空气运动的摩擦阻力，使天平梁迅速停止摆动而达到平衡。

⑦ 升降钮。升降钮由开关旋钮控制。打开升降钮开关旋钮，托叶下降，托叶上的支刀销与梁及吊耳脱离，支点刀口与天平柱顶端的玛瑙平板接触，吊耳上的玛瑙平板与承重刀口接触，盘托随之下降与秤盘脱离，天平进入打开状态。关闭开关旋钮，托叶上升，支刀销将天平横梁及吊耳托起，玛瑙刀口与玛瑙平板脱离，盘托上升托住天平秤盘，此时天平进入关闭状态。

⑧ 平衡螺丝和重心螺丝。平衡螺丝装在天平横梁的左右两端，用来调节天平的零点。重心螺丝装在天平横梁的支点刀上方，用来调节天平的灵敏度。

⑨ 砝码和加码装置。砝码由铜合金或不锈钢制成，1g 以上的砝码为圆柱形，通常采用 5，2，2，1 组合形式，按大小顺序装在砝码盒内。同一组中面值相同的两个砝码，其中一个用 * 号标记，以示区别。1g 以下的是用金属丝做成的环码，共有 10mg，10mg，20mg，50mg，100mg，100mg，200mg，500mg 八个，分别悬挂在固定的环码钩上，通过转动机械加码旋钮（或称指数盘）带动加码操纵杆，可将环码加在天平右边吊耳上的窄片上，这和加在天平盘上一样。所加环码总数可由指数盘上的刻度读出。指数盘分为内盘和外盘，分别控制 10～90mg 和 100～900mg 环码的加减。转动指数盘可得 10～990mg 的量值。

⑩ 天平箱。为了保持天平在稳定气流中称量和防尘、防潮的需要，天平都装在镶有玻璃的天平箱内。天平箱装有前门和两边侧门。

（2）半自动电光天平的灵敏度　灵敏度是指在天平的一个盘上增加 1mg 砝码时，指针在读数标牌上偏转的程度，以分度/mg 表示。天平的灵敏度太低或太高都不好，灵敏度太低，称量误差大；太高则达到平衡所需时间长，既不便于称量，也会影响称量结果。在实际工作中，常用"分度值"表示天平的灵敏度。分度值是使天平的平衡位置产生一个分度变化时所需要的质量，其单位为 mg/分度。灵敏度与分度值互为倒数关系，即分度值＝1/灵敏度。分度值愈小的天平，其灵敏度愈高。

通常半自动电光天平的分度值在 0.1mg/分度左右，因此，这类天平也称为万分之一分析天平。

（3）半自动电光天平的使用

① 零点的测定和调整。半自动电光天平的零点是指天平空载时，微分标牌的"0"刻度线与投影屏上的标线相重合的平衡位置。

测定零点时，应轻轻旋转开关旋钮打开天平，待天平停稳后，读取投影屏上标线对准的微分标牌的刻度，此数值即为天平的零点，单位用 mg 表示。

如果天平的零点不是正好处在微分标牌的"0"刻度线，可拨动调屏拉杆，调整投影屏的位置，使标线与微分标牌的"0"刻度线重合。如果零点偏离"0"刻度线较远，则应先调节平衡螺丝（每次调节都应先关闭天平），再用调屏拉杆调整。

② 分度值的测定和调整。调好零点后，在天平左盘上加一个校准过的 10mg 环码或片码，再开启天平，待指针摆动停止后，读取投影屏上标线对准的刻度，即可计算天平的分度值。一般要求半自动电光天平的分度值为 10mg/[（100±2）分度]，即分度值为 0.102～0.098mg/分度都合适。如果分度值太大或太小，可通过改变重心螺丝到天平横梁支点的距离来调整。若天平的分度值太大，可减小重心螺丝到天平横梁支点的距离，反之则增大。

③ 称量方法。化学实验时，根据具体情况和要求，可采用相应的称量方法。

a. 直接称量法。对于一些性质稳定、不沾污天平的物品如表面皿、坩埚等容器，称量时，直接将其放在天平盘上称其质量。

b. 固定质量称量法。固定质量称量法也称增重法。此法适用于称量不易吸水、在空气中稳定的试样，如金属、矿石等。称量时，先用直接称量法准确称出盛放试样的容器质量，然后根据所需试样的量，在天平右盘上加上等质量的砝码，再用牛角匙取试样在天平左盘的容器上方轻轻振动，使试样缓缓落入容器中，直到天平平衡点达到要求为止。

c. 差减称量法。差减称量法也称减量法。此法称出的试样质量只要在要求的称量范围内即可。这种方法适用于称量易吸水、易氧化或易与 CO_2 作用的物质。称量时，通常将这类物质盛放在称量瓶中进行称量，称取试样的量是两次称量结果的差值。称量操作如下所述。在洗净并干燥的称量瓶中装入适量的试样（要用宽窄适中的洁净纸条或纸片套住称量瓶及瓶盖，不可用手直接接触瓶和盖），先用台秤粗称其质量，再在分析天平上称出其准确质量 m_1。然后用左手以纸条套住称量瓶，将其从天平上取出，移至盛放称出试样的容器上方，右手以小纸片捏住瓶盖将其打开，将称量瓶慢慢向下倾斜，用瓶盖轻轻敲击瓶口上部，使试样缓缓落入容器中（见图 1-30）。当估计倾出的

图 1-30 称量瓶取样操作

试样达到所需量时，慢慢将称量瓶竖起，并同时用瓶盖轻敲瓶口，使粘在瓶口的试样落回容器中，盖好瓶盖，将其放回天平上称出其准确质量 m_2。两次称量结果之差（$m_1 - m_2$）即为所称试样的质量。如果称取试样的质量未达到所需量时，可再重复上述操作直到符合要求。如此继续进行操作，可称出多份试样。第一份试样质量为（$m_1 - m_2$）；第二份试样质量为（$m_2 - m_3$）；依此类推。差减称量法称量快速、准确、方便，是最为常用的称量方法。

（4）半自动电光天平的使用规则 使用半自动电光天平时，必须严格遵守下列规则。

① 对于同一实验，应尽量使用同一台分析天平和砝码，以减少系统误差。

② 称量前应检查天平是否水平、天平横梁是否托起、砝码是否齐全、环码是否全部钩起、加码旋钮是否在"0"的位置及天平是否干净等。

③ 天平负载不能超过规定限度，以免损坏天平。

④ 开启天平升降旋钮应当缓慢，轻开轻关，不得使天平剧烈晃动。取放物体、加减砝码或环码时，必须先把天平横梁托起（即关闭天平），以免损坏刀口。称量物和砝码应放在秤盘中央，以防天平开启时秤盘左右摆动。

⑤ 化学试剂和试样不能与秤盘直接接触，而应放在干燥、洁净的容器内（如小烧杯、表面皿等）称量。具有吸湿性、挥发性的物质必须放在密闭的容器内（如称量瓶）称量。称量物必须与室内温度一致，不可把过热或过冷的物体放在天平上称量。

⑥ 取放砝码必须用镊子夹取，严禁用手直接拿取，以免沾污砝码。砝码每次用完后都应放回砝码盒中的固定位置，不能随意乱放。使用机械加码旋钮时应逐挡轻轻扭动，不可转动过快，以免损坏加码装置或使环码从钩上脱落。

⑦ 天平前门不得随意打开，它是供装卸、调节和维修时用的。称量时，取放称量物和加减砝码只能打开天平左右两边的侧门，并注意随时关好，以避免潮气和气流对天平的影响。

⑧ 称量完毕，应关闭天平，并检查各部位是否恢复原状，然后切断电源，盖好天平罩。

2. 单盘电光天平

（1）单盘电光天平的结构 单盘电光天平（见图 1-31）只有一个秤盘，悬挂在天平梁的一臂上，而且所有的砝码也都悬挂在此盘的上部。另一臂上装有固定质量的平衡锤和阻尼

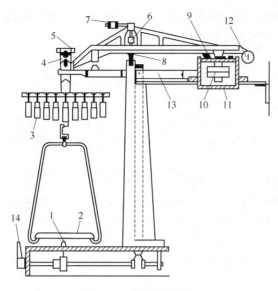

图 1-31　单盘电光天平

1—盘托；2—秤盘；3—砝码；4—承重刀；5—挂钩；6—重心螺丝；7—平衡螺丝；8—支点刀；
9—空气阻尼片；10—平衡锤；11—空气阻尼筒；12—微分刻度板；13—横梁支架；14—旋钮

器，使天平保持平衡状态。

单盘电光天平有阻尼器和电光装置，加减砝码全部用旋钮控制，所以称量简便快速。由于总是在天平最大负荷下称量，故天平的灵敏度基本不变。此外，这种天平还消除了由于两臂不等长而引起的称量误差，精确度较高。

（2）单盘电光天平的使用

① 称量前，检查各数字指示器是否在"0"位。

② 开启天平，校正零点。转动调零旋钮，使微标"0"刻线夹于双线内。

③ 称量。将称量物放在秤盘上，然后减去与称量物质量相当的砝码，使天平恢复平衡状态，此时，减去的砝码质量即等于称量物的质量。称量的数值可直接从天平前方的数字窗上读出。

3. 电子天平

电子天平（见图 1-32）采用单模块传感技术，具有很强的功能和较好的性价比，是较为先进的称量仪器。此类天平称量方便快速，读数稳定，精确度高，可用于基础、标准和专业等多种级别的称量。使用电子天平称量时，先将天平开

图 1-32　电子天平

1—秤盘；2—质量显示屏幕

启，调零，然后将称量物放在秤盘上，其质量即可从天平面板的屏幕上直接显示出来。电子天平还可与计算机相连进行数据处理，可以很方便地获得高精度的称量数据。

六、容量瓶、移液管和滴定管的使用

（一）容量瓶

容量瓶是一种细颈的梨形平底玻璃瓶，瓶口带有磨口玻璃塞（或塑料塞），瓶颈上刻有环形标线，瓶体上标有指定温度下的容积，一般表示 20℃ 时液体充满至标线时的容积。常用的容量瓶有 25mL，50mL，100mL，250mL，500mL 和 1000mL 等各种规格。容量瓶主

要用来把准确称量的物质配制成一定体积的溶液，或将已知准确浓度的浓溶液稀释成一定体积的稀溶液。用容量瓶配制溶液的操作过程称为定容。

1. 容量瓶的使用

（1）检查　使用前应检查容量瓶标线是否离瓶口太近，如果太近则不利于溶液混匀，故不易使用。此外还应检查瓶塞是否漏液。检查是否漏液，通常是将自来水加至容量瓶标线附近并盖好瓶塞，然后用左手食指压紧塞子，同时用右手手指托住瓶底边缘，将其倒立 2min 并观察瓶塞周围是否有水渗出，如不漏水，将瓶直立，把瓶塞转动 180° 后再试一次，如仍不漏水方可使用。

（2）洗涤　容量瓶洗涤时，应先用自来水刷洗至内壁不挂水珠，然后用蒸馏水润洗。如内壁有油污，则应倒尽残水后加入适量的铬酸洗液（250mL 的容量瓶可倒入 10～20mL），然后倾斜转动使洗液充分润湿内壁，再将洗液倒回原瓶中，用自来水冲洗干净后再用蒸馏水润洗 2～3 次即可。

（3）配制溶液　当用固体试样配制一定体积且浓度准确的溶液时，通常是将准确称量好的试样倒入干净的小烧杯中，加入少量的蒸馏水（或其他溶剂）将其完全溶解后，再定量转移至容量瓶中。定量转移时，右手持玻璃棒并将其伸入容量瓶内，玻璃棒下端靠在瓶颈内壁（瓶口处则不能与玻璃棒接触），左手拿烧杯，烧杯嘴紧靠玻璃棒，慢慢倾斜烧杯，使溶液沿玻璃棒和瓶内壁流下（见图 1-33）。溶液流完后，将烧杯嘴沿玻璃棒轻轻上提，同时将烧杯直立，使附在玻璃棒和烧杯嘴之间的液滴回到烧杯中。将玻璃棒取出放入烧杯内，用少量蒸馏水（约 5～10mL）冲洗玻璃棒和烧杯内壁，并将冲洗液同样转移至容量瓶中，如此重复操作三次以上。然后向容量瓶内加蒸馏水，当溶液体积到 3/4 左右时，应初步摇动混匀。再继续加蒸馏水至近标线处，改用滴管逐滴加入，直到溶液的弯月面恰好与标线相切。用一只手的食指压紧瓶塞，另一只手手指托住瓶底边缘，将容量瓶倒置，使瓶内气体上升到底部，用力摇动容量瓶数次后，再倒转过来，使气体上升到顶部（见图 1-34），如此反复 10 次以上，使溶液充分混匀。

图 1-33　向容量瓶转移溶液

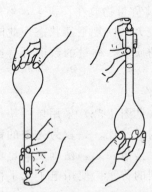
图 1-34　溶液的混匀

当用浓溶液配制稀溶液时，用移液管或吸量管取一定的浓溶液放入容量瓶中，按上述方法稀释至标线并混匀。

2. 使用容量瓶注意事项

① 使用容量瓶时，不可将磨口玻璃塞放在桌面上，以免弄错或沾污。可用橡皮筋或细绳系于瓶颈上，橡皮筋或细绳的长度应稍短于瓶颈。

② 热的溶液应冷却至室温后，才能移入容量瓶。否则可能引起体积误差。

③ 容量瓶不宜长期存放溶液，配好的溶液如需长期保存应转入试剂瓶中。转移前需用该溶液将洗净的试剂瓶润洗三次，以免溶液浓度改变。

④ 用过的容量瓶应立即用水洗净备用。如长期不用，应将磨口和瓶塞擦干，用纸片将其隔开，以免使用时不好打开。

⑤ 容量瓶不得在烘箱中烘干，如确需干燥时，可将其洗净后用 C_2H_5OH 等有机溶剂润湿再晾干。此外，也不能用任何加热办法加热容量瓶中的液体。

（二）移液管

移液管是用来准确移取一定量液体的量器。移液管有两种，一种是中部膨大、上下两端细长形状，上端细长部分刻有环形标线，膨大部分标有指定温度下的容积。常用的移液管有 5mL，10mL，25mL，50mL 和 100mL 等规格。另一种是有分刻度的直形玻璃管，通常叫吸量管或刻度吸管。常用的吸量管有 1mL，2mL，5mL 和 10mL 等规格。由于吸量管带有分度，可用来吸取不同体积的液体，一般只用于量取小体积的液体。

（1）洗涤　洗涤移液管或吸量管时，先用自来水冲洗至内壁不挂水珠，再用蒸馏水润洗 2～3 次。若有油污可用铬酸洗液浸洗或浸泡，然后再分别用自来水和蒸馏水冲洗或润洗。用蒸馏水润洗和用铬酸洗液洗涤其方法是一样的，即吸入量约为移液管容积的 1/3，然后平放并转动移液管，使其内壁被充分润洗，再直立放出水或洗液（洗液应放回原瓶）。

（2）移取溶液　移取溶液前，必须用吸水纸将移液管或吸量管尖端处内、外的残留水吸净，然后用待移取的溶液润洗 2～3 次，其方法与用蒸馏水润洗相同。用移液管移取溶液时，用右手拇指和中指拿住管颈标线上方靠近管口处，将下部尖端插入待取溶液的液面下 1～2cm，左手拿洗耳球，排出洗耳球内空气，将其尖端插入并封紧移液管管口，然后逐渐轻轻松开左手指使溶液吸入管内［见图 1-35（a）］，待液面上升到比标线稍高时，迅速移去洗耳球，同时立即用右手食指压紧管口，将移液管移出液面，并将管尖靠在盛溶液容器的内壁上，稍等片刻后，在用拇指和中指轻轻转动移液管的同时，稍微松动食指使液面缓慢下降，直到溶液的弯月面与标线相切时，立即再用食指压紧管口，使液体不再流出。然后将移液管移入到倾斜成 45°角的承接溶液的容器中，移液管应垂直并使管尖靠在容器内壁上，松开食指让溶液自然地沿器壁流下［见图 1-35（b）］。当溶液流完并停 15s 后，将移液管左右转动一下取出。残留在管尖处的溶液切勿吹出，因校准移液管时已将此考虑在内（对标有"吹"字的移液管，则须用洗耳球把残留在管尖处的溶液吹出）。

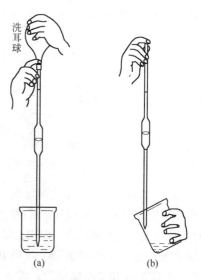

图 1-35　移液管的使用

吸量管的用法与移液管基本相同。用吸量管移取溶液时，通常是将溶液液面从它的高刻度降至另一刻度，使两刻度间的体积恰好为所需的体积。在同一实验中应尽可能使用同一吸量管的同一部分，且尽可能使用上部。如果吸量管的分度一直刻到管尖，而且又要用到末端收缩部分，这时，对标有"吹"字样的吸量管，应把残留在管尖处的溶液用嘴吹出，无"吹"字样者则不能吹出。如果吸量管的分度刻到离管尖 1～2cm 处，使用时应注意不能使液面降至刻度以下。

移液管和吸量管用毕应立即用水洗净，放在移液管架上。

（三）滴定管

滴定管是滴定分析中准确量度溶液体积的量器。

1. 滴定管的分类

滴定管按分析方法可分为常量、半微量和微量等不同类型。常量分析用的滴定管有50mL，25mL 等规格，其最小分度值为 0.1mL，读数可估计到 0.01mL。半微量和微量分析用的滴定管有 10mL、5mL、2mL 和 1mL 等规格，其最小分度值有 0.05mL、0.01mL或 0.005mL。

滴定管按其盛装溶液的性质可分为酸式和碱式两种类型。酸式滴定管下端装有玻璃活塞，开启时，溶液自管内滴出。酸式滴定管用来盛装酸性或氧化性溶液，但不能装碱性溶液，因玻璃活塞易被碱性溶液腐蚀而粘住，以致无法转动。碱式滴定管下端装有用乳胶管连接的一支带尖嘴的玻璃管，乳胶管内有一玻璃珠用以控制溶液的流出。碱式滴定管用来盛装碱性或无氧化性溶液，但不能装氧化性溶液如 $KMnO_4$、I_2、HNO_3、$AgNO_3$ 等，因它们能与橡皮发生作用。

滴定管除无色的外，还有棕色的。棕色滴定管用来盛装见光易分解的溶液如 $KMnO_4$、$AgNO_3$ 等。

2. 滴定管的准备

（1）检查与涂油　使用前应检查滴定管是否漏液。

若碱式滴定管漏液，可调整乳胶管内玻璃珠的位置，或者更换乳胶管或玻璃珠。

若酸式滴定管漏液或活塞转动不灵活，则应重新涂油，最常用的是凡士林。涂油时，将滴定管平放于实验台上，取下活塞，用吸水纸擦干活塞和活塞套，在活塞孔的两侧涂上一层很薄的凡士林［见图 1-36（a）］（也可将凡士林涂抹在活塞粗端和活塞套细端），再将活塞平行插入活塞套内，压紧并向同一方向转动活塞［见图 1-36（b）］，直到活塞转动灵活且外观全部透明、无纹路。

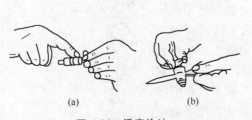

图 1-36　活塞涂油

图 1-37　排除碱式滴定管气泡

（2）洗涤　滴定管如无明显油污，可用自来水冲洗或用滴定管刷蘸肥皂水或合成洗涤剂刷洗（但不可用去污粉）。使用滴定管刷时，应注意刷头的铁丝不能露出，以免划伤滴定管内壁。用肥皂水或合成洗涤剂刷洗后，需用自来水冲洗干净。有油污的滴定管，可用铬酸洗液浸洗或浸泡（碱式滴定管需用旧的乳胶头替换乳胶管），回收洗液后，再用自来水冲洗干净。

用自来水洗净的滴定管，需再用蒸馏水润洗 2～3 次。每次加入 5～10mL 蒸馏水，先从滴定管下部放出少许以冲洗出口管，然后平拿滴定管慢慢转动，使其内壁被充分润洗，最后在转动的同时将水从管口倒出。

（3）装液与排气泡　滴定管装入溶液前，应先将溶液摇匀，然后用待装溶液润洗滴定管2～3 次（其方法与用蒸馏水润洗相同），以免溶液被管内残留的水稀释。装入溶液时，应将溶液从原容器中直接倒入滴定管，不得再经过其他容器，以免溶液浓度发生变化或污染溶

22

液。溶液装至滴定管"0"刻度线附近后，应检查出口处有无气泡。如有气泡，则必须除去，否则将会引起滴定误差。对酸式滴定管，可用手迅速打开活塞（反复几次），使溶液冲出将气泡带走。对碱式滴定管，可用拇指和食指捏住玻璃珠中间偏上部位，并将乳胶管向上弯曲，同时向一边挤压玻璃珠，使溶液从管口喷出，即可排除气泡（见图1-37）。

排除气泡后，向滴定管中补加溶液并调整至"0"刻度线位置。

3. 滴定管的读数

滴定管刚装完溶液或从滴定管较快放出溶液时，应等待片刻，让附着在内壁上的溶液流下后，再进行读数。读数时，从管架上取下滴定管，用右手拇指和食指捏住上部无刻度处并使其悬垂，让视线与所读的刻度处于同一水平 [见图1-38(a)]。对无色或浅色溶液，应读取弯月面最低点所对应的刻度；对有色溶液，则读取液面最上缘。若用乳白板蓝线衬背滴定管，则读数应以两个弯月面相交的最尖部分为准 [见图1-38(b)]。为了便于读数，可使用黑白两色的纸板作辅助，读数时，将纸板衬在滴定管后面，使黑色部分在弯月面下约1mm处，则弯月面的反射层全部成为黑色，读取黑色弯月面的最低点即可 [见图1-38(c)]。

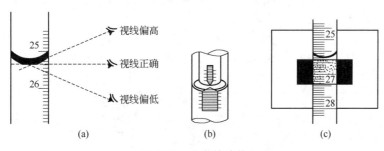

图 1-38　滴定管读数

4. 滴定操作

进行滴定操作应将滴定管垂直夹在滴定管架上。使用酸式滴定管时，用左手拇指、食指和中指拿住活塞柄，无名指和小指向手心弯曲并抵住活塞下部出口管。拇指在上，食指和中指在下同时配合控制活塞转动（见图1-39）。转动活塞时，拇指、食指和中指应略向内用力，且勿使手心顶住活塞，以免活塞退出而造成漏液。使用碱式滴定管时，用左手拇指和食指捏挤玻璃珠一侧的乳胶管，形成一条缝隙，溶液即可流出（见图1-40）。捏挤乳胶管时，不能使玻璃珠上下移动，也不能捏挤玻璃珠下部位置，以免在出口管产生气泡。

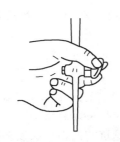

图 1-39　活塞的转动　　　　　图 1-40　碱式滴定
管溶液的流出

使用滴定管时，应熟练掌握逐滴连续加入或滴加一滴或滴加半滴（液滴悬而未落）的滴液操作方法。

滴定操作通常在锥形瓶或烧杯中进行。

在锥形瓶中滴定时，用右手拇指、食指和中指拿住锥形瓶瓶颈，无名指和小指向手心弯曲并抵住瓶颈下部，瓶底离台面 2~3cm。调节滴定管高度使出口管尖端深入瓶口约 1cm。然后左右两手配合，边滴定边摇动锥形瓶〔见图 1-41(a)〕，应使瓶中溶液向同一方向做圆周运动，不可前后振荡，以免溅出。滴定过程中，要注意观察滴液落点周围溶液颜色的变化，一般刚开始滴定的一段时间看不到颜色变化，这时滴定速度可稍快一些。随着滴定进行，滴液落点周围出现暂时性的颜色变化且当即消失，此后颜色变化消失渐缓，这时应适当放慢滴定速度。接近终点时，变化后的颜色消失的更慢，且会扩散到较大范围，但摇动锥形瓶后仍完全消失，这时应每滴一滴摇匀一次。最后，应每滴半滴摇匀一次，直至溶液颜色突然变化且 30s 内不褪，则表示到达滴定终点。滴加半滴操作是指让液滴悬挂管尖而不滴落，用瓶颈内壁将其擦下，再用洗瓶以少量蒸馏水冲洗内壁并摇匀。

在烧杯中滴定时，将烧杯放在台面上，滴定管下端深入烧杯内左上方一侧（但不能靠壁太近）1cm 左右，滴定时，右手持玻璃棒在烧杯内右下方做圆周运动搅拌溶液〔见图 1-41(b)〕，搅拌过程中，切勿使玻璃棒碰到烧杯内壁或杯底。

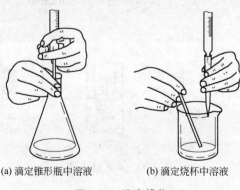

(a) 滴定锥形瓶中溶液　　　　(b) 滴定烧杯中溶液

图 1-41　滴定操作

滴定过程中左手不应离开活塞而使溶液任其自流。锥形瓶下可衬白纸或白瓷板，以便于观察颜色变化。

滴定完毕，应将滴定管中剩余溶液放出，洗净，装满蒸馏水并罩上管盖备用。

七、过滤与离心分离

(一) 过滤

通过过滤可将沉淀（或不溶性杂质）和溶液分离。常用的过滤方法有三种，即常压过滤、减压过滤和热过滤。过滤时，溶液的黏度、温度、压力、滤器孔隙及沉淀状态等都会影响过滤的速度。因此，实验时应根据具体情况选用不同的过滤方法。

1. 常压过滤

(1) 滤纸的选择　滤纸分定性滤纸和定量滤纸两种。定量滤纸经盐酸和氢氟酸处理后，其中大部分无机物都已除去，灼烧后剩下的灰分其质量可以忽略不计，故又叫无灰滤纸。滤纸又有快速、中速和慢速等不同类型。使用时应根据沉淀的性质加以选择（见表 1-3）。

表 1-3　不同类型滤纸及其适用范围

滤纸类别	纤维组织	色带标志	适 用 范 围
快速	疏松	蓝	过滤无定型沉淀如 $Fe(OH)_3$、$Al(OH)_3$ 等
中速	中等多孔性	白	过滤大多数晶型沉淀如 CaC_2O_4、H_2SiO_4 等
慢速	最紧密	红	过滤微细晶型沉淀如 $BaSO_4$ 等

滤纸的大小应根据沉淀量多少来选择，沉淀一般不应超过滤纸圆锥高度的 1/3，最多不得超过 1/2。通常使用的滤纸其直径为 7cm 和 9cm。漏斗的大小应与滤纸的大小相适应，折叠后的滤纸其上缘应低于漏斗上缘 0.5～1cm，切勿超过。

（2）滤纸的折叠和放置　折叠滤纸时，应将手洗净、擦干，以免沾污。先将滤纸整齐对折，然后再对折 ［见图 1-42(a)］，打开后成为顶角稍大于 60°的圆锥体 ［见图 1-42(b)］，所得圆锥体的半边为三层，另半边为一层。将其放入洁净而干燥的漏斗（锥体角为 60°）内并检查是否密合。如果上边缘不十分密合，应根据漏斗适当扩大或缩小滤纸折叠的角度，直到与漏斗完全密合。取出滤纸，将三层滤纸一边的外层撕下一角 ［见图 1-42(a)］，使内层更好地与漏斗密合。保存撕下的小纸角备用。

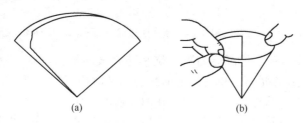

(a)　　　　　　　　　　(b)

图 1-42　滤纸折叠的方法

把折叠后的滤纸放入漏斗中，用手指按住滤纸三层的一边并用洗瓶挤出少量的水将滤纸润湿，再用手指或玻璃棒轻压滤纸，使滤纸紧贴在漏斗上。然后用洗瓶加水至滤纸边缘，这时漏斗颈内应全部被水充满，当漏斗中的水全部流尽后，颈内水柱仍能保留且无气泡。这段水柱的重力可起到抽滤作用，将使过滤加速。如不能形成完整的水柱，可以用手堵住漏斗下口，稍掀起滤纸三层的一边，用洗瓶向滤纸和漏斗的空隙处加水，直到漏斗颈和锥体的大部分被水充满，然后压紧滤纸边，放开堵住出口的手指，此时水柱即可形成。

将准备好的漏斗放在漏斗架上，下面放一洁净的烧杯承接滤液。应使漏斗出口长的一边紧靠烧杯壁，以免过滤时液体溅出。烧杯上盖一表面皿，防止灰尘落入。

（3）沉淀的过滤　通常采用倾注的方法进行过滤。为了避免沉淀堵塞滤纸的空隙而影响过滤速度，应先尽可能地过滤清液，然后再将沉淀转移入漏斗。

过滤前应先将盛有沉淀和溶液的烧杯倾斜（见图 1-43），使沉淀尽量沉降，便于转移清液。过滤时右手轻拿烧杯，勿使沉淀搅动。左手拿玻璃棒并使其直立，下端对着滤纸三层一边并尽可能靠近，但不能接触滤纸。将烧杯嘴贴紧玻璃棒，慢慢倾斜烧杯，将上层清液沿玻璃棒倒入漏斗内（尽量不要倒入沉淀）（见图 1-44），倾入的溶液不要超过滤纸的 2/3，以免少量沉淀因毛细管作用越过滤纸上缘而造成损失。暂停倾注溶液时，应将烧杯嘴沿玻璃棒上提并使烧杯直立，以免烧杯嘴上的液滴流失。然后将玻璃棒放回烧杯（勿靠在烧杯嘴处）移开。

当上层清液被完全转移后，往剩有沉淀的烧杯中加入 10mL 左右的洗涤液，充分搅拌后放置，待沉淀沉降后，把洗涤液转入漏斗中。如此反复洗涤沉淀 3～4 次。之后，再加少量洗涤液于烧杯中，搅动沉淀使之混匀后，立即将其通过玻璃棒倾入漏斗内。如此重复几次可将大部分沉淀转移到漏斗中。然后，把玻璃棒取出横放在烧杯口上，使玻璃棒伸出烧杯嘴 2～3cm，用左手食指压住玻璃棒上端并拿起烧杯，将其倾斜在漏斗上方，让玻璃棒末端对着三层滤纸处。用右手拿洗瓶冲洗整个烧杯内壁，使洗涤液和剩余沉淀沿玻璃棒流入漏斗中

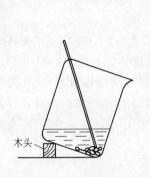

木头

图 1-43　倾斜烧杯

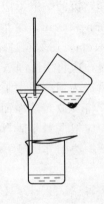

图 1-44　倾注法过滤

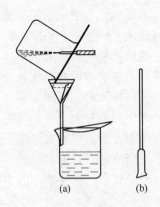

(a)　　　(b)

图 1-45　沉淀的转移和沉淀帚

［见图 1-45(a)］。如果还有少量沉淀黏附在烧杯壁及玻璃棒上，则可用沉淀帚［见图 1-45 (b)］擦拭，再按上述操作进行。也可用前面折叠滤纸时撕下的小纸角，来擦拭黏附在烧杯壁及玻璃棒上的沉淀，应将擦拭后滤纸角放在漏斗内的沉淀上。

（4）沉淀的洗涤　沉淀完全转移到滤纸上后，应对其进行洗涤，以除去沉淀表面吸附的杂质和残留的母液。洗涤时，应使洗瓶的液流从滤纸边缘稍下处开始，螺旋形向下移动（见图 1-46），这样可将沉淀集中到滤纸的底部。为了提高洗涤效率，应遵循"少量多次"的原则，即每次要用少量洗涤剂，待其沥干后，再进行下一次洗涤，如此反复多次，直到沉淀洗净为止。沉淀洗涤至最后，要检查其是否洗净。这时可用一干净的小试管或表面皿承接约 1mL 滤液，然后加相应试剂检查其是否仍残留有母液。

如果是不能高温灼烧、不能与滤纸一起烘烤或烘干后即可称量的沉淀，可用微孔玻璃漏斗（又称砂芯漏斗）（见图 1-47）或微孔玻璃坩埚（见图 1-48）在吸滤瓶上进行抽滤（见图 1-49）。这类过滤器皿的滤板是用玻璃粉末在高温下熔结而成的。按滤板孔隙大小有 1～6 号，常用的是 3、4 型号。

图 1-46　漏斗中沉淀的洗涤

图 1-47　微孔玻璃漏斗

图 1-48　微孔玻璃坩埚

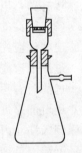

图 1-49　抽滤装置

2. 减压过滤

减压过滤又称抽气过滤或吸滤。减压过滤装置（见图 1-50）由吸滤瓶、布氏漏斗、安全瓶和抽气泵组成。布氏漏斗通过橡皮塞与吸滤瓶相连接，它的下端斜口应对着吸滤瓶的侧管口，以防滤液被吸入侧管中。吸滤瓶的侧管用橡皮管与安全瓶相连，安全瓶与抽气泵的侧管相连。

减压过滤是利用抽气泵将吸滤瓶内的空气带走，使漏斗的液面与瓶内形成压力差，从而加速过滤。

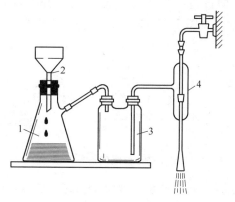

图 1-50　减压过滤装置

1—吸滤瓶；2—布氏漏斗；3—安全瓶；4—抽气泵

过滤时，先剪一圆形滤纸铺在布氏漏斗内，其大小应略小于漏斗内径，以盖住底部所有的小孔为宜。用少量溶剂将滤纸润湿后抽滤，使其紧贴于漏斗的底部。在抽滤下，把要过滤的沉淀和溶液沿玻璃棒倒入漏斗中，并使沉淀均匀地分布在整个滤纸上。为了尽量把溶液除净，可用清洁的玻璃塞挤压过滤的沉淀，使其成滤饼。

洗涤沉淀时，应暂停抽滤（拔掉抽气的橡皮管）。把少量溶剂均匀地洒在滤饼上，使溶剂恰能盖住滤饼。静置片刻，使溶剂渗透滤饼，待有滤液从漏斗下端滴下时，重新抽滤，再把滤饼抽干、压干。这样反复几次，就可将沉淀洗净。

停止抽滤时，切记应先拔掉吸滤瓶侧管上的橡皮管，然后再关闭抽气泵。

过滤少量沉淀时，可使用玻璃钉漏斗或小型多孔板漏斗（见图 1-51），它们是在普通漏斗中加一玻璃钉或多孔板而成。对玻璃钉漏斗，滤纸应稍大于玻璃钉的径；对多孔板漏斗，滤纸应以恰好盖住小孔为宜。将漏斗安装在吸滤瓶或吸滤管上抽滤。

3. 热过滤

有时，为了避免溶液中溶质因降温而以晶体形式析出，可采用热过滤除去不溶性杂质。所谓热过滤就是用保温漏斗进行过滤（见图 1-52）。保温漏斗的外壳是带侧管的金属制品，里面装配一玻璃漏斗，在外壳与玻璃漏斗之间装水，通过加热侧管使漏斗保温。

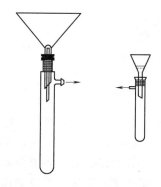

图 1-51　少量沉淀的吸滤装置

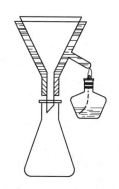

图 1-52　热过滤装置

为了加快过滤速度，常使用折叠滤纸（见图 1-53）。先把滤纸折成半圆形，再对折成圆形的 1/4。再以 1 对 4 折出 5，3 对 4 折出 6 ［见图 1-53(a)］；1 对 6 折出 7，3 对 5 折出 8 ［见图 1-53(b)］；3 对 6 折出 9，1 对 5 折出 10 ［见图 1-53(c)］。然后在 1 和 10，10 和 5，5

和 7，一直到 9 和 3 间各反向折叠［见图 1-53(d)］。把滤纸打开，在 1 和 3 的地方各向内折叠一个小折面即得折叠滤纸［见图 1-53(e)］。折叠时，在折纹集中的滤纸中心处不可重压，以防在过滤时破裂。

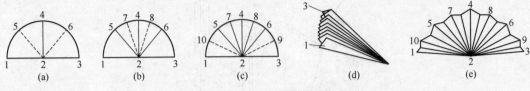

图 1-53　滤纸的折叠方法

　　热过滤时，把热水（通常是沸水）注入保温漏斗的夹层内并加热侧管。将折好的折叠滤纸翻转后放入漏斗中，用少量的热溶剂润湿滤纸，然后立即倒入热溶液过滤。如溶剂易燃，过滤前应先熄灭火焰，再趁热过滤。

　　（二）离心分离

　　少量溶液与沉淀的混合物可用离心机进行离心分离以代替过滤，这种方法操作简单而迅速。

　　离心机是实验室常用的固、液分离设备，外形有圆形和方形等多种。按转速可分为普通、高速和超速离心机等，常规的为 4000r/min，而超速离心机每分钟可达数万转甚至更高。实验室常用的电动离心机如图 1-54 所示，使用离心机时，必须保持转动平衡，运转时如发生异常的振动或响声，应立即停机查明原因。

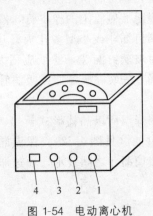

图 1-54　电动离心机

1—时间调节按钮；2—转速按钮；3—指示灯；4—电源开关

离心机的使用方法如下。

　　① 开启电源开关。

　　② 将离心试管（不可用普通试管离心操作）放入其中。离心试管内盛放溶液的体积不能超过其容积的 2/3，使用离心机时要注意"配重"，包括位置和质量两个方面。所离心的离心试管要放在对称位置。对于常规离心机，处于对称位置的二者质量要大概一致；而对于高速离心机或超速离心机，对配重要求非常严格。如果不进行配重会严重损坏离心机。若仅离心一个样品，则在其对面的位置放一个盛有等体积水的离心试管。

　　③ 调节转速开关，逐挡加速，结晶形的紧密沉淀转速一般为 1000r/min，无定形的疏松沉淀，以 2000r/min 为宜。

　　④ 选择离心时间。结晶形沉淀的离心时间为 1～2min，无定形沉淀的离心时间为

5～10min。

⑤ 停止离心时，应逐挡减速，待其自然减速至停止。不能用手按住离心机的轴强制其停下，以免损坏离心机或造成伤害。

⑥ 离心完毕，关闭电源，打开盖子，取出离心管，并盖好盖子。

离心分离操作完毕后，从套管中取出离心试管。然后取一滴管，先捏紧其橡皮头，再插入离心试管中（插入的深度以尖端不接触沉淀为限），轻轻放松捏紧的橡皮头，吸出溶液并移至另一容器中。如此反复数次，尽可能把溶液移去，留下沉淀。最后可根据实验需要留舍溶液或沉淀。

八、重 结 晶

重结晶是提纯固体化合物常用的方法之一。制备或从自然界中得到的固体化合物往往是不纯的，选用合适的溶剂进行重结晶可除去其中少量的杂质。进行重结晶时，将固体化合物在较高的温度（接近溶剂沸点）下溶于合适的溶剂中，趁热过滤可除去不溶性物质。然后将滤液冷却，使晶体从过饱和溶液中析出，而可溶性杂质仍留在溶液里，再进行减压过滤，使母液与晶体分离即可除去可溶性杂质。由此可见，重结晶是利用被提纯的物质和杂质在某溶剂中的溶解度的不同将它们分离，从而达到提纯的目的。

（一）溶剂的选择

正确地选择溶剂对重结晶来说是很重要的。

1. 溶剂的条件

能够作为重结晶的溶剂必须符合下列条件。

① 溶剂不与被提纯的物质发生化学反应。

② 温度高时，被提纯的物质在溶剂中的溶解度大，而在低温时则很小。

③ 杂质在溶剂中的溶解度应很小（通过热过滤除去）或很大（结晶析出时仍留在母液内）。

④ 溶剂的沸点不宜过低或过高。过低时溶解度改变不大，不易操作；过高时晶体表面的溶剂不易除去。

⑤ 溶剂易与重结晶物质分离。

此外，选择溶剂时还需考虑其毒性、易燃性、价格和是否容易回收等因素。常用的重结晶溶剂见表1-4。

表1-4　常用的重结晶溶剂

溶　剂	沸点/℃	易燃性	溶　剂	沸点/℃	易燃性
水	100	－	乙醚	34.51	＋＋＋＋
甲醇	64.96	＋	乙酸乙酯	77.06	＋＋
乙醇	78.1	＋＋	苯	80.1	＋＋＋＋
冰醋酸	117.9	＋	氯仿	61.7	－
丙酮	56.2	＋＋＋	四氯化碳	76.54	－

2. 溶剂的选择方法

为了得到合适的溶剂，可查阅化学手册中物质的溶解度，并根据"相似相溶"原理进行选择。也可通过如下实验方法来确定。

取几个小试管，各放入约0.1g被提纯的固体物质，分别用滴管逐滴加入1mL左右不同种类的溶剂，加热到完全溶解，冷却后，能析出最多晶体的溶剂通常认为是最合适的。如果固体物质在 3~4mL 热溶剂中仍不能全溶，可以认为该溶剂是不适用的。如果固体物质在热溶剂中能溶解，而冷却后无晶体析出，这时可用玻璃棒在液面下的试管内壁上摩擦，可以促使晶体析出，若还得不到晶体，则表明此固体物质在该溶剂中的溶解度很大，该溶剂也是不适用的。

若不能选择到一种合适的溶剂时，可使用混合溶剂。混合溶剂是由两种可以混溶的溶剂组成，其中一种对被提纯物质的溶解度较大，另一种则较小。常用的混合溶剂有：$C_2H_5OH-H_2O$，$C_2H_5OH-(C_2H_5)_2O$，$C_2H_5OH-CH_3COCH_3$，$(C_2H_5)_2O$-石油醚，C_6H_6-石油醚等。

（二）重结晶操作过程

（1）热溶液的制备　称取一定量的固体试样放入烧杯内，加入稍少于计算量的选定溶剂，加热煮沸。若未完全溶解，可分批添加溶剂，每次添加后，都要再加热煮沸，直到试样全部溶解为止。如果为可燃性溶剂，必须熄火后再添加。如果使用有机溶剂，需要安装回流装置（回流装置主要用于需要保持沸腾时间较长的反应、重结晶及固-液萃取等方面，其作用在于使蒸气不断地在冷凝管内冷凝成液体而返回容器中，防止挥发损失）。在重结晶过程中，若要得到比较纯的产品和比较好的收率，必须十分注意溶剂的用量。溶剂的用量不能太多，也不能太少，一般比需要量多 15%~20%。

（2）热过滤　所得到的热饱和溶液，如果含有不溶性杂质，应趁热过滤将其除去。

（3）脱色　溶液中存在的有色杂质，一般可利用活性炭脱色。活性炭的用量以能完全除去颜色为宜，为避免过量，可分成小量逐次加入。切勿在接近沸点的溶液中加入活性炭，以免引起暴沸。过滤时选用的滤纸要紧密，以免活性炭透过滤纸进入溶液中。

（4）结晶析出　将热过滤后的溶液静置，自然冷却，结晶慢慢析出。等待结晶时，必须使过滤的热溶液慢慢地冷却，这样所得的晶体比较纯净。

（5）减压过滤与干燥　析出的晶体与母液分离，常用减压过滤。减压过滤后的结晶，因表面还有少量溶剂，为保证产品的纯度，必须充分干燥。

九、酸度计的使用

酸度计（也称 pH 计）是用来测量溶液 pH 值的仪器。实验室常用的酸度计有多种型号，它们的原理基本相同，但结构略有差别。这里主要介绍 pHS-2 型酸度计和 pHS-25A（25B）型酸度计。

（一）基本原理

酸度计测 pH 值的方法是电位测定法，它除了用于测量溶液的酸度外，还可以测量电池电动势（mV）。酸度计主要是由参比电极（饱和甘汞电极）、测量电极（玻璃电极）和精密电位计三部分组成。

饱和甘汞电极（见图 1-55）由金属汞、Hg_2Cl_2（甘汞）和饱和 KCl 溶液组成。其电极反应如下：

$$Hg_2Cl_2(s)+2e^- \Longrightarrow 2Hg(l)+2Cl^-$$

饱和甘汞电极的电极电位不随溶液的 pH 值变化而变化，在一定温度时为一定值。在 25℃时为 0.2415V。

玻璃电极（见图 1-56）的电极电位随溶液 pH 值的变化而变化，它的主要部分是头部的球泡，它是由特殊的敏感玻璃薄膜构成，薄膜对 H^+ 有敏感作用，当它浸入被测溶液中，被

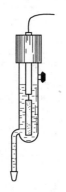
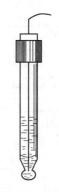

图 1-55　饱和甘汞电极　　　　　　图 1-56　玻璃电极

测溶液的 H^+ 与电极球泡表面水化层进行离子交换，球泡内层也同样产生电极电位。由于内层 H^+ 浓度不变，而外层 H^+ 浓度在变化，因此内外层电势差也在变化，所以该电极电位随待测溶液 pH 值的不同而改变。

$$\varphi_{玻}=\varphi_{玻}^{\ominus}+0.0592\lg c(H^+)=\varphi_{玻}^{\ominus}-0.0592\text{pH}$$

将玻璃电极和甘汞电极一起浸在被测溶液中组成原电池，并连接上精密电位计，即可测定电池电动势 E，在 25℃时：

$$E=\varphi_{甘汞}-\varphi_{玻}=0.2415-\varphi_{玻}^{\ominus}+0.0592\text{pH}$$

整理上式得：

$$\text{pH}=\frac{E+\varphi_{玻}^{\ominus}-0.2415}{0.0592}$$

$\varphi_{玻}^{\ominus}$ 可以用一个已知 pH 值的缓冲溶液代替待测溶液而求得。

酸度计一般是把测得的电动势直接用 pH 值表示出来。为了方便起见，仪器加装了定位调节器，当测量标准缓冲溶液的时候，利用这一调节器，把读数直接调节在标准缓冲溶液的 pH 值处，一般称为"定位"，这样就使得在测未知溶液的时候，指针就可以直接指出溶液的 pH 值了，省去了计算手续。

已经校准定位过的仪器在一定时间内可以连续测量多份未知溶液。

（二）pHS-2 型酸度计的使用

1. 仪器的使用方法

pHS-2 型酸度计（见图 1-57）的使用方法如下。

（1）电源　电源为交流电，电压必须符合铭牌上所指明的数值，电压太低或电压不稳定会影响使用。

（2）安装电极　将电极夹子夹在电极杆上，然后夹上玻璃电极，电极插在玻璃电极插口 10 内，并将小螺丝拧紧；甘汞电极夹在夹子上，其引线连接在甘汞电极接线柱 9 上。安装时，玻璃电极的球部比甘汞电极下端稍高些。

（3）预热　插上电源，按下电源按键 4，左上角指示灯应亮。再按下 pH 按键 5，预热 15～30min。

（4）校正

① 调温度。用温度计测量被测溶液的温度，调节温度补偿器 3，指示温度值。

② 调零点。将 pH-mV 分挡开关 11 旋至"6"，调节零点调节器 8 使表盘上指针指示 pH "1.0" 位置。

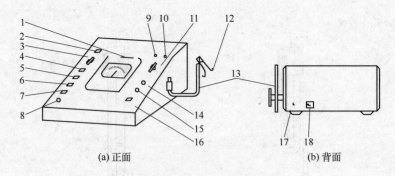

(a) 正面   (b) 背面

图 1-57 pHS-2 型酸度计

1—指示表；2—指示灯；3—温度补偿器；4—电源按键；5—pH 按键；6—+mV 按键；
7——mV 按键；8—零点调节器；9—甘汞电极接线柱；10—玻璃电极插口；
11—pH-mV 分挡开关；12—电极夹子；13—电极杆；14—校正调节器；
15—定位调节器；16—读数开关；17—保险丝；18—电源插座

③ 调"满度"。将 pH-mV 分挡开关 11 旋至"校正"位置，调节校正调节器 14 使指针指在满刻度"2.0"处。重复②、③操作（调节不能立即进行，需待指针保持半分钟左右稳定后进行）直至稳定。

（5）定位 可选用一种与被测溶液 pH 值较接近的缓冲溶液对仪器进行定位。

① 在烧杯内放入缓冲溶液，查出该缓冲溶液在测量温度时的 pH 值，将 pH-mV 分挡开关 11 调节至该 pH 值。

② 按下读数开关 16。

③ 调节定位调节器 15 使指针指示该缓冲溶液 pH 值（即分挡开关上的指示数加表盘上指示值）。摇动烧杯使指示稳定，并重复调节。

④ 放开读数开关，将电极上移，移去标准缓冲溶液，用蒸馏水清洗电极头部，并用滤纸吸干，这时仪器已定好位，测量时不得再动定位调节器。

（6）测量

① 放上盛有待测溶液的烧杯，移下电极，将烧杯轻轻摇动。

② 按下读数开关 16，调节 pH-mV 分挡开关 11，读出溶液的 pH 值，如果指针打出左面刻度，则应减少分挡开关的数值。如指针打出右面刻度，应增加分挡开关的数值。

③ 重复读数，待读数稳定后，放开读数开关，移走溶液，用蒸馏水冲洗电极，将电极保存好。

④ 关上电源开关，套上仪器罩。

2. 仪器的维护

（1）玻璃电极的维护

① 玻璃电极的主要部分为下端的玻璃泡，此球泡极薄，切忌与硬物接触，一旦发生破裂，则完全失效，使用时应特别小心。

② 新的玻璃电极在使用前应在蒸馏水中浸泡 48h 以上，不用时也应浸泡在蒸馏水中。

③ 在强碱溶液中使用玻璃电极（应尽量避免）时应迅速操作，测完后立即用水洗涤，并用蒸馏水浸泡，以免碱液腐蚀玻璃。

④ 玻璃电极球泡有裂纹或老化（久放 2 年以上），则应调换新电极，否则会反应缓慢，甚至造成较大的测量误差。

（2）甘汞电极在使用时，要注意电极内是否充满 KCl 溶液，里面应无气泡，防止断路，必须保证甘汞电极下端毛细管畅通，在使用时应将电极下端的橡皮帽取下，并拔去电极上部的小橡皮塞，让极少量的 KCl 溶液从毛细管流出，使测定结果准确。

（3）仪器的输入端（玻璃电极插口）必须保持清洁，不用时将接续器插入，以防灰尘进入，在环境湿度较高时，应把电极插子用干净布擦干。

（4）在按下读数开关时，如果发现指针严重甩动时，应放开读数开关，检查分挡开关位置及其他调节器是否适当，电极头是否浸入溶液。

（5）转动温度调节旋钮时勿用力太大，以防止移动紧固螺丝位置，造成误差。

（6）当被测信号较大，发生指针严重甩动时，应转动分挡开关使指针在刻度以内，并需等待 1min 左右，使指针稳定为止。

（7）测量完毕时，必须先放开读数开关，再移去溶液。如果不放开读数开关就移去溶液，则指针会甩动厉害，影响后面测定的准确性。

（三）pHS-25A(25B) 型酸度计的使用

pHS-25A（25B）型酸度计（见图 1-58）是利用 pH 复合电极对被测溶液中不同的酸度产生的直流电位，通过前置 pH 放大器输到 A/D 转换器，以达到 pH 值数字显示目的。其使用方法如下。

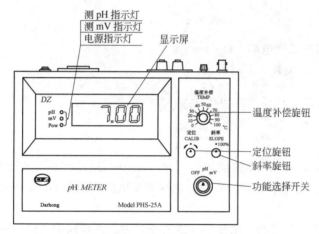

图 1-58　pHS-25A（25B）型酸度计

（1）仪器的标定　新的、久置不用后重新启用的仪器，或者更新电极以及当其他需要标定情况下的仪器，在测量前需先进行标定。本仪器可采用一点标定法和二点标定法。

① 一点标定法。一点标定法是普通酸度计最常用的方法，比较方便。具体操作为：按下 pH 挡，将斜率旋钮调节到 100％处。把电极用蒸馏水冲洗干净并用滤纸吸干，插入 pH＝7 的标准缓冲溶液中。用温度计测量溶液温度后，调节温度补偿旋钮，使其指示的温度与溶液的温度相同。再调节定位旋钮，使仪器显示值为该缓冲溶液在此温度下的 pH 值。当测量精度要求不高时可用一点标定法。

② 二点标定法。按上述一点标定法操作后，取出电极，用蒸馏水冲洗并用滤纸吸干后，插入 pH＝4 或 pH＝9 的缓冲溶液中。调节温度补偿旋钮，使其指示的温度与溶液的温度相同。再调节斜率旋钮，使仪器显示值为该缓冲溶液在此温度下的 pH 值。根据被测溶液的酸碱性选用不同的缓冲溶液来调"斜率"。若是酸性，则用 pH＝4 的缓冲溶液；若是碱性，则用 pH＝9 的缓冲溶液。

（2）pH 值的测定　通过上述标定后的仪器即可进行 pH 值的测定。测定时，按下 pH 挡，取出电极，用蒸馏水冲洗并用滤纸吸干，然后插入到被测溶液中，调节温度补偿旋钮，使其指示的温度与被测溶液的温度一致。此时，仪器显示的数值即为被测溶液的 pH 值。待读数稳定后即可记录被测溶液的 pH 值。

十、电导率仪的使用

电导率仪是用以测量电解质溶液的电导率的仪器。实验室常用的电导率仪有 DDS-11A 型和 DDS-11A/C 型等。

（一）基本原理

在电场作用下，电解质溶液导电能力的大小常以电阻 R 或电导 G 表示。电导为电阻的倒数，即

$$G = \frac{1}{R}$$

电阻、电导的 SI 单位分别是欧姆（Ω）、西门子（S），$1S = \Omega^{-1}$。

与金属一样，电解质溶液的电阻也符合欧姆定律。温度一定时，两极间溶液的电阻与其两极间距离 l 成正比，而与其截面积 A 成反比：

$$R \propto \frac{l}{A} \qquad R = \rho \frac{l}{A}$$

式中，ρ 为电阻率或比电阻，$\Omega \cdot cm$。

根据电导与电阻的关系，可以得出：

$$G = \frac{1}{R} = \frac{1}{\rho l / A} = k \frac{A}{l}$$

$$\kappa = G \frac{l}{A}$$

式中，κ 为电导率（电阻率的倒数），$\kappa = 1/\rho$。它表示长 1m，截面积为 $1m^2$ 导体的电导，单位是 $S \cdot m^{-1}$。对电解质溶液来说，电导率是电极面积为 $1m^2$，两极间距离为 1m 的两极之间的电导。

测定电导率的方法是将两个电极插入溶液中，测出两极间的电阻。对某一电极而言，电极面积 A 与间距 l 都是固定不变的，因此 l/A 是常数，称为电极常数或电导池常数。每一电导电极的电极常数由制造厂家给出，也可用标准 KCl 溶液测试。

由于电导的单位西门子 S 太大，常用毫西门子（mS）、微西门子（μS）表示，它们之间的关系是：

$$1S = 10^3 mS = 10^6 \mu S$$

同样电导率的单位除 $S \cdot m^{-1}$ 之外，还有 $mS \cdot cm^{-1}$、$\mu S \cdot cm^{-1}$。

溶液的电导取决于溶液中所有共存离子的电导性质的总和。

（二）DDS-11A 型电导率仪的使用

DDS-11A 型电导率仪（见图 1-59）是实验室常用的电导率测量仪器，它除能测量一般液体的电导率外，还可测量高纯水的电导率。其使用方法如下。

① 电源开启前，检查表头指针是否指零，如不指零，可用螺丝刀调节表头上的螺丝使表针指零。

② 将校正与测量开关 5 扳向"校正"位置。

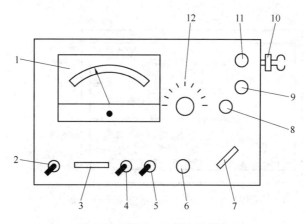

图 1-59　DDS-11A 型电导率仪

1—电表；2—电源开关；3—氖指示灯；4—高周与低周开关；5—校正与测量开关；
6—校正调节器；7—量程选择开关；8—电容补偿器；9—电导电极插口；
10—电极夹；11—mV 输出插口；12—电极常数调节器

③ 打开电源开关 2，预热 5～10min（待指针完全稳定下来为止），调节校正调节器 6，使表针指在满刻度上。

④ 根据液体电导率大小将高周与低周开关 4 扳向所需位置（如测量 $\kappa < 300\mu\mathrm{S/cm}$ 溶液时，选用低周，其他情况用高周）。

⑤ 将量程选择开关 7 扳到所需的测量范围挡。如预先不知待测溶液电导率的大小时，可先将该开关扳至最大量程挡，然后逐挡下降，以防表针打弯。

⑥ 根据液体电导率的大小选用不同电极（低于 $10\mu\mathrm{S/cm}$ 用 DJS-1 型光亮电极，$10\sim 10^4\mu\mathrm{S/cm}$ 时用 DJS-1 型铂黑电极）。选择好电极后，将电极常数调节器 12 调到所用电导电极的电极常数相应的位置上。

⑦ 将电极夹 10 夹紧电导电极的胶木帽，电极插头插入电导电极插口 9，上紧螺丝。用少量待测溶液冲洗电极 2～3 次。将电极浸入待测溶液（应将电极上的铂片全部浸入待测溶液）。

⑧ 再次调节校正调节器 6 至满刻度，将校正与测量开关 5 扳至"测量"位置，读得表针的指示数，进行换算，求出待测溶液的电导率。重复测量一次，取其平均值。

测量过程中要随时检查指针是否在满刻度上，如有变动，立即调节校正调节器，使表针指在满刻度位置。

⑨ 测量完毕后，速将校正与测量开关 5 扳回"校正"位置。关闭电源开关，用蒸馏水冲洗电极数次后，将电极放入专备的瓶内。

（三）DDS-11A/C 型电导率仪的使用

DDS-11A/C 型电导率仪（见图 1-60）是一种数字显示的精密台式仪器，用于测量各种液体的电导率。可以使用电导电极规格常数为 0.01、0.1、1、10 的电极。当配以 0.1、0.01 规格常数的电导电极时，可以测量高纯水的电导率。另外该仪器增加了温度补偿功能。使用 DDS-11A/C 型电导率仪时，有温度补偿法和不用温度补偿法两种测量模式。同时测量结果读数与所选电导电极规格常数有关，当电导电极规格常数为 1 时，仪器显示数据就是所测溶液的电导率。下面所介绍的使用方法是电极规格常数为 1，不用温度补偿的测量方法。

① 打开电源开关，预热 5～10min，温度补偿旋钮置 25℃刻度值。

② 根据液体电导率的大小选用不同电极（低于 $10\mu\mathrm{S/cm}$ 用 DJS-1 型光亮电极；$10\sim$

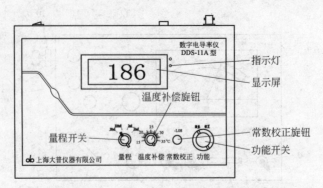

图 1-60　DDS-11A/C 型电导率仪平面图

$10^4\,\mu\text{S/cm}$ 时用 DJS-1 型铂黑电极）。

③ 将功能开关置"校正"挡，调节常数校正旋钮，使仪器显示电极常数值。

④ 将功能开关置"测量"挡，选用适当的量程（见表 1-5）。

表 1-5　电极规格常数为 1 时仪器各量程段对应量程显示范围

序　号	量 程 开 关 位 置	仪 器 显 示 范 围	对应量程显示范围/(μS/cm)
1	20μS	0～19.99	0～19.99
2	200μS	0～199.9	0～199.9
3	2mS	0～1.999	0～1999
4	20mS	0～19.99	0～19990

⑤ 将清洁的电极插入待测溶液中，仪器显示值即为该待测溶液在溶液温度下的电导率。

⑥ 测量完毕后，速将功能开关扳回"校正"位置。关闭电源开关，用蒸馏水冲洗电极数次后，将电极放入专备的瓶内。

十一、分光光度计的使用

分光光度计是用于测量物质对光的吸收程度并进行定性、定量分析的仪器。可见分光光度计是实验室常用的分析测量仪器，其型号有 72 型、721 型、722 型、7200 型和 722s 型等，这里只介绍 721 型和 722 型。

（一）基本原理

物质对光的吸收遵循朗伯-比耳（Lambert-Beer）定律，即当单色光通过一定厚度溶液时，溶液对光的吸收度 A 与溶液的浓度 c 和液层厚度 b 的乘积成正比。其表达式为：

$$A = \lg \frac{I_0}{I} = kbc$$

或

$$T = \frac{I}{I_0} = 10^{-kbc}$$

式中，A 为吸光度；T 为透光率；I_0 为进入溶液的入射光强度；I 为透过溶液的光强度；b 为溶液的厚度；c 为溶液的浓度；k 为摩尔吸光系数，其数值与波长和吸光物质的性质有关。

当某种溶液的吸收池厚度 b 一定时，吸光度 A 与溶液的浓度 c 成正比，这是分光光度法用于定量分析的依据。当定量分析某一组分的溶液时，首先配制一系列已知准确浓度的标准溶液，分别测得其在特定波长下的吸光度，作出 A-c 的曲线即工作曲线，待测样品的吸

光度 A 测出后，就可在工作曲线上求出相应的浓度。

（二）721 型分光光度计的使用

721 型分光光度计（见图 1-61）的使用方法如下。

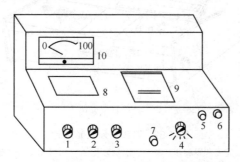

图 1-61　721 型分光光度计

1—波长选择旋钮；2—调"0"旋钮；3—光亮调节（100%）旋钮；

4—灵敏度旋钮；5—电源开关；6—指示灯；7—比色皿座架拉手；

8—波长视孔；9—比色皿暗盒盖；10—读数表头

（1）检查　未接电源前，先检查电源线是否接好，地线是否接地。检查电表指针是否指"0"，若不在"0"线时可用电表上的校正螺丝调节。

（2）预热　打开电源开关，指示灯亮，打开比色皿暗盒盖，预热 20min 左右。

（3）设定波长　将灵敏度挡放在最低位置挡，根据被测溶液选择所需的单色光波长，转动波长调节器旋钮，由观察孔查看波长数值。

（4）校正调节　将参比溶液和待测溶液放入比色皿暗盒（注意第一格放参比溶液），使光通过参比溶液，打开比色皿暗盒盖，光路自动切断，调节"0"旋钮，使表针指 0。然后盖上比色皿暗盒盖，调节"100"旋钮，使表针调在满刻度（如调不到满刻度，说明照度不够，应先将 100% 旋钮反转回来，再将灵敏度挡调高，以免指针猛烈偏转而损坏），然后再次调 0 和满刻度 100%。

（5）测量　重复调节"0"点和"100%"，稳定后，将比色皿拉杆拉出，使待测溶液进入光路，此时，表盘上的读数就是待测溶液的吸光度。

（6）测量结束　测量完毕后，将暗盒盖打开，取出比色皿，将装有硅胶的干燥剂袋放入暗盒内，合上暗盒盖。然后将灵敏度旋钮调至最低挡。关闭仪器的电源开关，最后，将比色皿用蒸馏水洗净，并用镜头纸将外面的水擦干，倒置晾干后放入盒内。

（7）注意事项

① 仪器连续使用若超过两小时，应切断仪器的电源，半小时后，再开机使用。

② 仪器在通电而未比色测量时，必须将比色皿暗盒盖打开，切断光路，以延长光电管使用寿命。

③ 拿比色皿时，要用手指捏住两侧的磨砂面，透明光面严禁用手直接接触，以防止沾上油污或磨损，影响透光度。

④ 比色皿必须用待测溶液淋洗数次后，方可加入待测溶液。添加的溶液不应超过比色皿高度的 2/3。沾在皿壁上的溶液先用滤纸轻轻吸干，然后再用镜头纸轻轻擦净透光表面，对光观察透明，才可放入暗盒内。

（三）722 型分光光度计的使用

722 型分光光度计（见图 1-62）的使用方法如下。

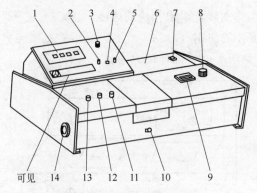

图 1-62 722 型分光光度计

1—数字显示器；2—吸光度调零旋钮；3—功能选择开关；4—吸光度斜率电位器；5—浓度旋钮；
6—光源室；7—电源开关；8—波长选择旋钮；9—波长刻度窗；10—样品架拉手；
11—100%T 旋钮；12—0%T 旋钮；13—灵敏度调节旋钮；14—干燥器

（1）预热　打开电源开关，指示灯亮，打开比色皿暗盒盖，预热 20min 左右。

（2）设定波长　将灵敏度挡放在最低位置挡，根据被测溶液选择所需的单色光波长，转动波长调节旋钮调节波长数值。

（3）校正调节　将功能选择开关置于"T"挡，将参比溶液和待测溶液放入比色皿暗盒（注意第一格放参比溶液），使光通过参比溶液。打开比色皿暗盒盖，光路自动切断，调节"0%T"旋钮，使数字显示器为 0。然后盖上比色皿暗盒盖，调节"100%T"旋钮，使数字显示器为 100（如调不到 100，则将灵敏度挡调高一挡，预热后再调"100%T"旋钮），再反复调节几次"0%T"和"100%T"，待显示稳定后开始测定。

（4）测量　将功能选择开关置于"A"挡，调节"吸光度调零"旋钮，使数字显示器为 0，稳定后将样品架拉杆拉出，使待测溶液进入光路，此时，数字显示器显示的数据就是待测溶液的吸光度。

（5）测量结束　测量完毕后，将暗盒盖打开，取出比色皿，将装有硅胶的干燥剂袋放入暗盒内，合上暗盒盖。然后将灵敏度旋钮调至最低挡。关闭仪器的电源开关，最后，将比色皿用蒸馏水洗净，并用镜头纸将外面的水擦干，倒置晾干后放入盒内。

十二、压力计的使用

化学实验中用于测定大气压力的气压计通常是福丁式压力计（见图 1-63）。它是一种真空汞压力计，以汞柱来平衡大气压力，然后以汞柱的高度表示。其使用方法如下。

（一）福丁式压力计的使用

① 仪器放置。福丁式压力计应垂直放置。

② 调节水银槽内汞面高度。慢慢调节汞面高度的调节螺旋，使水银槽内汞面与象牙针相接触。

③ 读取汞柱高度。转动游标尺螺旋，使游标尺的下沿与玻璃管中汞柱的凸面相切，按游标尺的读数方法读取汞柱高度。

（二）福丁式压力计的校正

从气压计上读取的数据应进行仪器误差校正。另外，在精密测量时，还必须进行温度（汞的密度和刻度标尺的长度随温度的变化不同）、纬度和海拔高度（气压计的刻度是以 0℃、纬度 45°的海平面高度为标准）的校正。

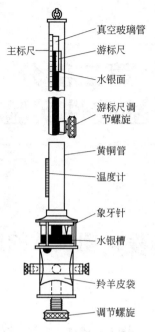

图 1-63　福丁式压力计

① 仪器误差校正。仪器出厂时附带有仪器误差校正卡。对每次读取的数据按校正卡进行校正。

② 温度校正。温度校正公式为

$$\Delta_t = \frac{(\beta - \alpha)t p_t}{1 + \beta t}$$

式中，t 为测量时的温度；Δ_t 为温度校正项；p_t 为在温度 t 时读取的气压读数；β 为汞的平均体膨胀系数（$\beta = 0.0001815/℃$）；α 为黄铜标尺的线膨胀系数（$\alpha = 0.0000184/℃$）；木质的线膨胀系数为 10^{-6} 数量级，可忽略不计，所以 $p = p_t - \Delta_t$。

③ 纬度和海拔高度校正。不同纬度（L）和海拔高度（H）时的校正公式为

$$\Delta h_s = \Delta h_0 [1 - 2.6 \times 10^{-3} \cos(2L)] \times (1 - 3.14 \times 10^{-7} H)$$

式中，Δh_s 为校正后的汞柱高；Δh_0 为已校正到 0℃ 的汞柱高。

第二部分
基础性实验

实验一　粗食盐的提纯

预习指导

理论要点：沉淀反应　Ca^{2+}、Mg^{2+}、SO_4^{2-} 等离子的性质

操作要点：加热　常压过滤　减压过滤　浓缩　结晶

一、实验目的

1. 掌握粗食盐提纯的基本原理和方法。
2. 学习称量、过滤、抽滤、浓缩、结晶等基本操作。
3. 掌握 Mg^{2+}、Ca^{2+}、SO_4^{2-} 的鉴定方法。

二、实验原理

粗食盐中含有泥砂及 K^+、Ca^{2+}、Mg^{2+}、SO_4^{2-} 等杂质，如何将其纯化呢？泥砂是不溶于水的物质，可在粗食盐溶解后过滤除去。余下都是可溶性物质，但它们的溶解度随温度变化不大，用一般的重结晶方法无法除去，因此需要用化学方法进行离子分离。在粗食盐溶液中加入稍过量的 $BaCl_2$ 溶液，则

$$Ba^{2+} + SO_4^{2-} =\!=\!= BaSO_4 \downarrow$$

过滤去 $BaSO_4$ 沉淀后，即可除去 SO_4^{2-}。

接着，在滤液中加入 NaOH 和 Na_2CO_3 溶液，使 Mg^{2+}、Ca^{2+} 和上一步残留的 Ba^{2+} 转化为沉淀：

$$Ca^{2+} + CO_3^{2-} =\!=\!= CaCO_3 \downarrow$$
$$2Mg^{2+} + 2OH^- + CO_3^{2-} =\!=\!= Mg_2(OH)_2CO_3 \downarrow$$
$$Ba^{2+} + CO_3^{2-} =\!=\!= BaCO_3 \downarrow$$

滤去沉淀，不仅除掉了 Ca^{2+}、Mg^{2+}，而且连前一步骤中过量的 Ba^{2+} 也除去了。

过量的 NaOH 与 Na_2CO_3 则可用 HCl 中和除去。

$$OH^- + H^+ =\!=\!= H_2O$$
$$2H^+ + CO_3^{2-} =\!=\!= CO_2 \uparrow + H_2O$$

剩余少量可溶性杂质 KCl，由于其溶解度比 NaCl 大，可用浓缩结晶的方法留在母液中除去。

三、仪器、试剂

1. 仪器　台秤，100mL 烧杯，100mL 量筒，真空泵（或水泵），布氏漏斗，抽滤瓶，蒸发皿，玻璃棒，试管，可控温电炉，石棉网。

2. 试剂　粗食盐（固体），$6mol \cdot L^{-1}$ HCl，$1mol \cdot L^{-1}$ $BaCl_2$，$2mol \cdot L^{-1}$ NaOH，$1mol \cdot L^{-1}$ Na_2CO_3，饱和 $NH_4C_2O_4$，镁试剂，pH 试纸，定性滤纸。

四、实验步骤

1. 粗食盐提纯

（1）除泥砂等不溶性杂质　在台秤上称取 5g 粗食盐于 100mL 烧杯中，加入 20mL 蒸馏水，加热溶解。趁热用普通漏斗过滤，以除去泥砂等不溶性杂质。

（2）除 SO_4^{2-}　将滤液加热煮沸后，加入 1mL $1mol \cdot L^{-1}$ $BaCl_2$ 溶液，边加边搅拌，继续加热 5min 使 $BaSO_4$ 沉淀颗粒长大，易于过滤。静置、冷却至室温，待沉淀完全后，在上层清液中滴加 $BaCl_2$ 溶液。若无 $BaSO_4$ 沉淀生成，则表明 SO_4^{2-} 已全部除去，否则应继续加入 $BaCl_2$ 溶液，直至不出现 $BaSO_4$ 沉淀为止。抽滤，弃去沉淀，收集滤液供下步使用。

（3）除 Mg^{2+}、Ca^{2+}、Ba^{2+}　将滤液加热近沸，在滤液中加入 10mL $2mol \cdot L^{-1}$ NaOH 和 2mL $1mol \cdot L^{-1}$ Na_2CO_3 溶液，静置，冷却至室温。待沉淀完全后，在上层清液中滴加 Na_2CO_3 溶液，若无沉淀生成，则说明 NaOH 和 Na_2CO_3 的加入量已够；否则应继续加入 NaOH 和 Na_2CO_3 溶液，直至不出现碳酸盐沉淀为止。抽滤，弃去沉淀，收集滤液供下步使用。

（4）除过量的 NaOH 与 Na_2CO_3　在滤液中滴加 $6mol \cdot L^{-1}$ HCl，调 pH 值约为 3~5。

（5）除 K^+　将溶液移于蒸发皿中，微火蒸发浓缩至约为原体积的 1/4，冷却、结晶、抽滤，并用少量蒸馏水洗涤 NaCl 晶体。

将 NaCl 结晶移于蒸发皿中，小火加热烘干。冷却后称量，计算产率。

2. 产品纯度检验

称取提纯前后的食盐各 0.5g，分别放入小烧杯中并分别加入蒸馏水 6mL 溶解后，各分装在 3 支试管中，组成 3 组溶液，通过对照试验，检验纯度。

（1）SO_4^{2-} 的检验　在第一组溶液中，各加入 2 滴 $1mol \cdot L^{-1}$ $BaCl_2$ 溶液，观察是否有沉淀生成。

（2）Ca^{2+} 的检验　在第二组溶液中，各加入 2 滴饱和 $(NH_4)_2C_2O_4$ 溶液，观察是否有沉淀生成。

（3）Mg^{2+} 的检验　在第三组溶液中，各加入 5 滴 $2mol \cdot L^{-1}$ NaOH 溶液和 2 滴镁试剂，观察溶液是否变色。

思考题

1. 粗食盐中含有哪些杂质？如何用化学方法除去？为何先加 $BaCl_2$，然后再加 NaOH 与 Na_2CO_3？

2. 在调 pH 值的过程中，为何要调成弱酸性（碱性行吗）？为何加入 HCl，用其他酸行吗？

3. 在浓缩结晶过程中，能否把溶液蒸干？为什么？

实验二 凝固点降低法测定葡萄糖的摩尔质量

预习指导

理论要点：稀溶液依数性

操作要点：冰水浴　试管操作　分析天平称量　移液管使用　精密温度计使用

一、实验目的

1. 了解凝固点降低法测定溶质摩尔质量的原理和方法，加深对稀溶液依数性的认识。

2. 进一步练习移液管和分析天平的使用，练习精密温度计（0.1℃刻度）的使用。

二、实验原理

根据稀溶液依数性原理，难挥发非电解质稀溶液的凝固点降低与溶液的质量摩尔浓度（b_B）成正比：

$$\Delta T_f = T_f^* - T_f = K_f b_B$$

式中，ΔT_f 为稀溶液的凝固点降低；T_f^* 为纯溶剂的凝固点；T_f 为溶液的凝固点；K_f 为溶剂的凝固点降低常数（对于水，其值为 $1.86 \mathrm{K \cdot kg \cdot mol^{-1}}$）；$b_B$ 为溶液的质量摩尔浓度。

根据质量摩尔浓度的定义，上式可改写为：

$$\Delta T_f = \frac{K_f m_B}{m_A M_B}$$

式中，m_A 为溶剂 A 的质量；m_B 为溶质 B 的质量；M_B 为溶质 B 的摩尔质量，所以：

$$M_B = \frac{K_f m_B}{\Delta T_f m_A}$$

若已知溶剂的 K_f，通过实验测得 ΔT_f，即可求得溶质的摩尔质量。

凝固点的测定可采取过冷法，将纯溶剂逐渐降温至过冷，然后促其结晶，当晶体生成时放出凝固热，使体系温度保持恒定，直至全部凝成固体后才会再下降（见图 2-1），相对恒定的凝固点即为该纯溶剂的凝固点。

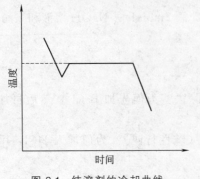

图 2-1　纯溶剂的冷却曲线

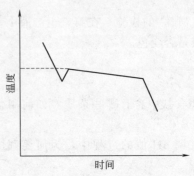

图 2-2　稀溶液的冷却曲线

稀溶液的冷却曲线与纯溶剂的不同，因为在溶液中，当达到凝固点时，随着溶剂凝固成为晶体从溶液中析出，溶液的浓度不断增大，因而溶液的凝固点也逐渐下降（直至溶液浓度达饱和），所以冷却曲线向下倾斜（见图2-2），可将溶液温度回升的最高温度看作是稀溶液的凝固点。

三、仪器、试剂

1. 仪器　精密温度计（具有0.1℃分度），分析天平，25mL移液管，500mL烧杯，大试管，软木塞，铁架台，金属丝搅拌棒。
2. 试剂　葡萄糖，粗食盐，冰。

四、实验步骤

1. 溶液凝固点的测量

按图2-3所示，在大烧杯中加入1/2体积的冰块和1/4体积的水，再加入3～4勺粗食盐作为冰水浴（冷浴的温度要合适，过高则冷却太慢、过低则测不准凝固点，一般要求较溶剂凝固点低3～4℃。因此本实验中采用冰盐水混合物作冷浴）。用移液管量取25.00mL蒸馏水，注入干燥的大试管中。在分析天平上准确称取1.3～1.4g葡萄糖（准确至0.0001g），加入大试管中（一定要保证药品和蒸馏水的纯度，以防药品不纯引起的误差）。待葡萄糖全部溶解后，用带有温度计和金属丝搅拌棒的软木塞将大试管口塞好，调节温度计高度使水银球全部浸入葡萄糖溶液中，并使大试管中溶液液面低于冰水浴的液面，将大试管固定在铁架台上。上下移动金属丝搅拌棒，使溶液慢慢冷却，注意观察温度计读数，当有固体析出时停止搅拌（搅拌速度要适中，既不能太快，也不能太慢，每次测量时的搅拌条件和速度应尽量一致）。记录温度回升时所达到的最高温度，然后取出大试管使冰融化。平行测量3次，每次测量值间偏差不能超过0.05℃。

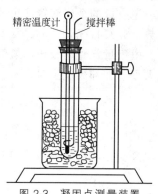

图 2-3　凝固点测量装置

2. 溶剂凝固点的测量

洗净大试管、温度计和金属丝搅拌棒，加入约20～25mL蒸馏水，用上述方法测量溶剂水的凝固点。平行测量3次，每次测量值间偏差不能超过0.05℃。计算出3次测量值的平均值，然后计算葡萄糖的摩尔质量。

思考题

1. 根据什么原则考虑加入溶质的量？太多或太少影响如何？
2. 为什么会产生过冷现象？如何控制过冷程度？
3. 为什么测定溶剂的凝固点时，过冷程度大一些对测定结果影响不大，而测定溶液凝固点时却必须尽量减小过冷现象？

实验三　金属镁摩尔质量的测定

预习指导

理论要点：置换反应　理想气体状态方程　分压定理

操作要点：分析天平称量　量气管操作　气压计使用

一、实验目的

1. 了解置换法测定镁的摩尔质量的原理和方法。
2. 掌握理想气体状态方程和分压定律的有关计算。
3. 掌握量气管和气压计使用方法。

二、实验原理

镁能从稀硫酸中置换出氢气：

$$Mg + H_2SO_4(稀) = MgSO_4 + H_2\uparrow$$

准确称取一定质量的金属镁，使其与过量的稀硫酸作用，在一定温度和压力下，测定被置换出来的氢气的体积，由理想气体状态方程可计算出氢气的物质的量：

$$n(H_2) = \frac{p(H_2)V(H_2)}{RT}$$

式中，$p(H_2)$ 为氢气的分压，Pa；$V(H_2)$ 为被置换出来的氢气的体积，m^3；$n(H_2)$ 为一定质量的金属镁置换出的氢气的物质的量，mol；T 为氢气的温度，K；R 为通用气体常数，$8.314J\cdot mol^{-1}\cdot K^{-1}$。

由于量气管内收集的氢气是被水蒸气所饱和的，根据分压定律，当量气管内混合气体总压力等于外部大气压时，有：

$$p = p(H_2) + p(H_2O)$$
$$p(H_2) = p - p(H_2O)$$

式中，p 为大气压力，Pa；$p(H_2O)$ 为实验温度下水的饱和蒸气压，Pa。

又从化学反应方程式可知，产生氢气的物质的量等于与酸作用的镁的物质的量。

$$n(H_2) = n(Mg) = \frac{m(Mg)}{M(Mg)}$$

由上述各式便可求得镁的摩尔质量：

$$M(Mg) = \frac{m(Mg)}{n(Mg)} = \frac{m(Mg)RT}{[p - p(H_2O)]V(H_2)}$$

三、仪器、试剂

1. 仪器　量气管（或 50mL 碱式滴定管），滴定管夹，滴定台，水准杯，100mL 烧杯，橡皮管，25mL 试管，橡胶管，长颈漏斗，温度计，气压计。
2. 试剂　$2mol\cdot L^{-1} H_2SO_4$，镁条。

四、实验步骤

① 准确称取两份已擦去表面氧化膜的镁条，每份质量为 $0.025\sim0.030g$（精确至 0.0001g）。

② 按图 2-4 所示装配好仪器，注意将烧瓶夹装在滴定管夹的下面以便移动水准杯。取下量气管的橡皮塞，从水准杯注入蒸馏水，使量气管内液面调节至低于刻度"0"的位置。上下移动水准杯以赶尽胶管和量气管内的气泡，然后将量气管和试管的塞子塞紧。

③ 检查装置的气密性。将水准杯向下移动一段距离，固定在烧瓶夹上。如果量气管液

面只在初始时稍有下降，以后维持不变（观察 3～5min），即表明装置不漏气。如液面不断下降，应重复检查各接口处是否严密，直至确定不漏气为止。

④ 把水准杯移回原来位置，取下试管，用一长颈漏斗往试管中注入 4～6mL 2mol·L⁻¹硫酸（取出漏斗时注意切勿使硫酸沾污管壁）。将试管按一定倾斜度固定好，把镁条用水稍微湿润后小心地贴于管壁内，确保镁条不与硫酸接触，固定试管，塞紧橡皮塞。

⑤ 提高水准杯，使量气管内液面处于"0"刻度以下（最好在"5"刻度以上），然后将量气管和塞子塞紧，再次检查装置气密性。将水准杯靠近量气管右侧，使两管内液面保持同一水平，记下量气管液面位置（精确至小数点后两位）。

⑥ 试管底部略微提高，让硫酸与镁条接触，这时，反应产生的氢气进入量气管中，管中的水被压入水准杯内。为避免量气管内压力过大造成漏气，可适当下移水准杯，使水准杯液面和量气管液面大体保持同一水平。直到量气管中液面停止下降时，可将水准杯固定。

⑦ 待试管冷至室温（约 10min），使水准杯与量气管内液面处于同一水平，记录量气管内液面位置。然后每隔 2～3min 再读数一次，直到两次读数一致，即表明管内气体温度已与室温相同。

⑧ 记录室温和大气压。从附录中查出此室温时水的饱和蒸气压，计算镁的摩尔质量及实验测量误差。

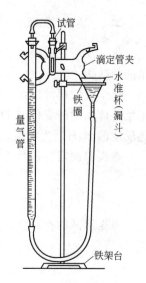

图 2-4　金属镁摩尔质量测定装置示意图

思考题

1. 如何检测本实验装置是否漏气？其根据是什么？
2. 读取量气管内气体体积时，为什么要使量气管和水准杯中的液面保持同一水平？
3. 测量过程中存在的误差主要有哪些？

实验四　化学反应焓变的测定

预习指导

理论要点：热力学第一定律　盖斯定律　焓变的计算
操作要点：分析天平称量　定容　移液管使用　量热器的使用　密度计的使用

一、实验目的

1. 了解测定化学反应焓变的原理和方法。
2. 熟悉分析天平、容量瓶和移液管的使用。
3. 练习用数据作图的方法。

二、实验原理

化学反应过程除了发生物质的变化外，常常伴随着能量的转化，通常遇到的是化学能与热能的转化。

化学反应通常是在定压下进行的，此时反应的热效应称为定压热效应。在化学热力学中用反应体系焓的变化 $\Delta_r H_m$（即反应的摩尔焓变）来表示。吸热反应的 $\Delta_r H_m$ 为正值，放热反应的 $\Delta_r H_m$ 为负值。

本实验测定锌粉与硫酸铜溶液反应的 $\Delta_r H_m$：

$$Zn + CuSO_4 \Longrightarrow ZnSO_4 + Cu$$

$$\Delta_r H_m = -216.9 kJ \cdot mol^{-1}$$

根据溶液的比热容、量热器的热容以及反应前后温度的变化

$$\Delta_r H_m = -\frac{\Delta T(C_p V \rho + C'_p)}{n}$$

式中，$\Delta_r H_m$ 为反应的摩尔焓变，kJ/mol；ΔT 为反应前后溶液温度的变化，K；C_p 为溶液的定压比热容，$kJ \cdot kg^{-1} \cdot K^{-1}$；$C'_p$ 为量热器的定压热容，$kJ \cdot K^{-1}$；V 为溶液的体积，m^3；ρ 为溶液的密度，$kg \cdot m^{-3}$；n 为体积为 V 溶液中溶质的物质的量 mol。

量热器的定压热容 C'_p，是指量热器温度升高一度所需要的热量（若实验精度要求不太高，保温杯吸收的热量可以忽略不计）。其测定方法如下。

在量热器中加入一定量接近室温的水，如 50.0mL，测出温度为 T_1。再加入等量的温度为 T_2 的热水（T_2 比 T_1 约高 20K 左右），混合均匀后水温为 T_3。则热水放出的热量 Q_1 为

$$Q_1 = m(H_2O)C_p(H_2O)(T_2 - T_3)$$

冷水吸收的热量 Q_2 为

$$Q_2 = m(H_2O)C_p(H_2O)(T_3 - T_1)$$

量热器吸收的热量 Q_3 为

$$Q_3 = C'_p(T_3 - T_1)$$

由此可得出 $Q_3 = Q_1 - Q_2$，从而导出下式：

$$C'_p = \frac{mC_p(H_2O)[(T_2 - T_3) - (T_3 - T_1)]}{T_3 - T_1} = mC_p(H_2O)\frac{T_2 + T_1 - 2T_3}{T_3 - T_1}$$

式中，m 为水的质量；$C_p(H_2O)$ 为水的定压比热容，其值为 $4.184 kJ \cdot kg^{-1} \cdot K^{-1}$。

保温杯式量热器（见图 2-5）适用于在常温下水溶液中进行的反应，但涉及气体反应或反应后升温很高的反应则不宜选用该种量热器。

因反应速率很快，但温度计显示系统温度的变化却滞后，加之该实验所用的量热器并非完全绝热体系，反应后升温又需要一段时间才能达到最大值，因此在实验时间内，量热器势必会与环境有少量热量交换，采用作图外推法使得到的 ΔT 值更接近反应温度变化的真实值。

三、仪器、试剂

1. 仪器 分析天平，台秤，保温杯量热器，温度计（268~323K，1/10 刻度），250mL 容量瓶，100mL 烧杯，50mL 移液管，100mL 和 50mL 量筒，全套密度计，试管，滤纸条，

吸气球。

2. 试剂　$CuSO_4 \cdot 5H_2O$（固体，A.R.），锌粉（A.R.），$0.1mol \cdot L^{-1}$ Na_2S。

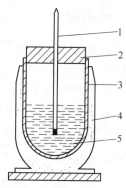

图 2-5　简易量热器

1—温度计；2—保温杯盖；
3—真空隔热层；4—保温杯
外壳；5—$CuSO_4$ 溶液

四、实验步骤

1. 测定量热器的热容

用量筒量取 50mL 室温下的蒸馏水，加入到干净的量热器内，待体系温度处于平衡时，记录其水温 T_1。取 50mL（本应用移液管准确量取，但移液管不宜量取热水，为了争取时间，避免热量散失，所以测定热容时改用量筒直接量取所需的水）高于 T_1 约 15～20K 的蒸馏水。当温度平衡时，记录水温 T_2，速将热水加入量热器中，盖紧盖子并摇动。同时记录时间和水温，每 30s 读数一次，直至温度升至最大值后再继续测定 3min，作温度-时间曲线用外推法确定 T_3。

2. $0.2mol \cdot L^{-1}$ 硫酸铜标准溶液的配制

在分析天平上准确称取 $CuSO_4 \cdot 5H_2O$ 12.5g 于 250mL 小烧杯中，加 50mL 蒸馏水使其溶解，然后定量转移至 250mL 容量瓶中，加蒸馏水稀释至刻度，摇匀。计算硫酸铜溶液的准确浓度。

3. 测定硫酸铜溶液的密度

将硫酸铜溶液注入大量筒中，用密度计先测量密度范围。然后再选用适当密度计测定溶液的密度。测定时密度计应缓缓放入，勿与器壁接触，根据视线与液体凹面最低处相切的刻度，记录其读数。

4. 反应焓变的测定

① 用台秤称取锌粉 2.5g。

② 用 50mL 移液管准确移取 100.00mL $0.2mol \cdot L^{-1}$ 硫酸铜溶液，注入干燥的量热器内，盖紧盖子并摇动量热器，同时开动秒表，每 30s 读数记录温度一次，直至体系处于平衡，温度不再变化为止（一般需 2～3min）。

③ 将称好的锌粉迅速加入硫酸铜溶液中，立即盖紧盖子，不断摇动量热器使溶液剧烈搅动，读取反应物混合后第一个温度数据，之后每隔 30s 记录一次温度，当温度升至最高值后开始下降时，再继续测定并记录 3min。

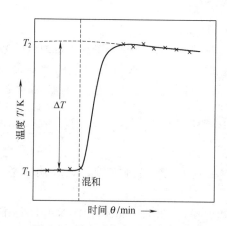

图 2-6　反应时间与温度变化的关系

5. 检验反应进行的程度

取出量热计中清液约 1mL 于试管中，加几滴 $0.1mol \cdot L^{-1}$ Na_2S 溶液，观察有无黑色 CuS 沉淀生成，以确定溶液中是否还有 Cu^{2+}。如反应未完全时应分析原因，根据误差大小决定是否需要重做实验。

6. 数据处理

① 如图 2-6 所示，作温度-时间图。用外推法求出反应变化前后溶液的温差 ΔT。溶液的比热容近似用水的比热容代替，$C_p = 4.184J \cdot g^{-1} \cdot K^{-1}$。

② 根据公式计算反应焓变。

思考题

1. 为什么实验中所用的锌粉只要求用台秤称取，而 $CuSO_4$ 溶液的浓度则要求精确配制？

2. 如何配制 250mL $0.2mol \cdot L^{-1}$ 的 $CuSO_4$ 标准溶液？操作中应注意哪些问题？

3. 试分析产生误差的原因，锌粉加多或加少时对实验结果有何影响？

4. 能否通过实验测定量热器与环境所交换的热量？

实验五 醋酸解离度和解离常数的测定

预习指导

理论要点：解离平衡　解离常数　解离度
操作要点：移液管的使用　滴定管使用　酸度计的使用

一、实验目的

1. 掌握测定醋酸解离度和解离常数的基本原理和方法。

2. 掌握酸度计的使用方法。

3. 巩固溶液的配制及容量瓶和移液管的使用，学习溶液浓度的标定。

二、实验原理

弱电解质 HAc 在水溶液中存在下列解离平衡：

$$HAc(aq) \Longrightarrow H^+(aq) + Ac^-(aq)$$

其解离常数 $K^\ominus$ 的表达式为：

$$K^\ominus(HAc) = \frac{[c^{eq}(H^+)/c^\ominus][c^{eq}(Ac^-)/c^\ominus]}{[c^{eq}(HAc)/c^\ominus]}$$

温度一定时，HAc 的解离度为 α，则 $c^{eq}(H^+) = c^{eq}(Ac^-) = c_0\alpha$，代入上式得：

$$K^\ominus(HAc) = \frac{(c_0\alpha)^2}{c_0(1-\alpha)} = \frac{c_0\alpha^2}{1-\alpha}$$

在一定温度下，用酸度计测一系列已知浓度 HAc 溶液的 pH 值，根据 $pH = -\lg c^{eq}(H^+)$，可求得各浓度 HAc 溶液对应的 $c^{eq}(H^+)$，利用 $c^{eq}(H^+) = c_0\alpha$，求得各对应的解离度 α 值，进而求得一系列对应的 $K^\ominus$ 值。取 $K^\ominus$ 的平均值，即得该温度下醋酸的解离常数 $K^\ominus(HAc)$。

三、仪器、试剂

1. 仪器　pHS-2 型酸度计（或 pHS-25A 型酸度计），酸式滴定管，碱式滴定管，100mL 烧杯。

2. 试剂　$0.1000mol \cdot L^{-1}$ HAc，$0.1000mol \cdot L^{-1}$ NaAc，$0.1000mol \cdot L^{-1}$ NaOH 标准溶液，酚酞。

四、实验步骤

1. 醋酸溶液浓度的标定

用移液管准确移取三份 25.00mL 0.1mol·L^{-1} 的 HAc 溶液，分别置于三个 250mL 的锥形瓶中，各加入 2～3 滴酚酞指示剂，分别用 NaOH 标准溶液滴定至溶液呈浅红色，30s 不褪色即为终点。记录所用 NaOH 标准溶液的体积，把滴定数据和计算结果填入表 2-1 中。

表 2-1　滴定数据和计算结果

项　　目	滴　定　序　号		
	I	II	III
NaOH 标准溶液浓度/mol·L^{-1}			
滴定前滴定管内液面的读数(V_1)/mL			
滴定后滴定管内液面的读数(V_2)/mL			
NaOH 标准溶液的用量($V=V_2-V_1$)/mL			
HAc 溶液的浓度/mol·L^{-1}			
HAc 溶液的浓度的平均值/mol·L^{-1}			

2. 配制不同浓度的醋酸溶液

① 取 5 只洗净烘干的 100mL 小烧杯依次编成 1$^\#$～5$^\#$。

② 从酸式滴定管中分别向 1$^\#$，2$^\#$，3$^\#$，4$^\#$，5$^\#$ 小烧杯中准确放入 3.00mL，6.00mL，12.00mL，24.00mL，48.00mL 已标定过的 HAc 溶液。

③ 用碱式滴定管分别向上述烧杯中依次准确放入 45.00mL，42.00mL，36.00mL，24.00mL，0.00mL 的蒸馏水，并用玻璃棒将杯中溶液搅混均匀。

3. 醋酸溶液 pH 值的测定

用酸度计分别依次测量 1$^\#$～5$^\#$ 小烧杯中醋酸溶液的 pH 值，并如实正确记录测定数据，把测定数据和计算结果填入表 2-2。

表 2-2　测定数据和计算结果　　c_0(HAc)/mol·L^{-1}：_____，室温/℃ _____

编号	V(HAc)/mL	V(H$_2$O)/mL	c(HAc)/mol·L^{-1}	pH	c^{eq}(H$^+$)/mol·L^{-1}	α	$K^\ominus$(HAc)
1$^\#$							
2$^\#$							
3$^\#$							
4$^\#$							
5$^\#$							

$K^\ominus$(HAc)平均值：

4. 醋酸-醋酸钠缓冲溶液 pH 值的测定

精确量取等体积的已标定的 0.1000mol·L^{-1} 的 HAc 溶液和 0.1000mol·L^{-1} 的 NaAc 溶液，注入烧杯中，混合均匀。用 pH 计测量该缓冲溶液的 pH 值，并计算此缓冲溶液中 HAc 的解离度。

思考题

1. 烧杯是否必须烘干？
2. 如果搅拌结束后玻璃棒上带出了部分溶液对测定结果有无影响？
3. 测量时可否不用按照溶液浓度由低到高的顺序进行测量？
4. 若改变所测醋酸溶液的浓度或温度，测定的解离度和解离常数有无变化？
5. 如何知道 pH 计已校正好？

实验六 解离平衡与沉淀平衡

预习指导

理论要点：解离平衡 同离子效应 缓冲溶液 沉淀溶解平衡 溶度积规则 分步沉淀
操作要点：离心操作 pH 试纸使用 固体样品取用

一、实验目的

1. 加深对解离平衡、同离子效应及沉淀平衡的理解。
2. 学习缓冲溶液的配制，了解缓冲溶液的缓冲作用。
3. 掌握溶度积规则及其应用。

二、实验原理

弱电解质在水溶液中部分解离，解离出的离子与未解离的分子间处于平衡状态，称为解离平衡。例如弱酸 HA 的解离平衡为：

$$HA(aq) \rightleftharpoons H^+(aq) + A^-(aq)$$

其解离常数 $K_a^\ominus$ 的表达式为：

$$K_a^\ominus = \frac{[c^{eq}(H^+)/c^\ominus][c^{eq}(A^-)/c^\ominus]}{[c^{eq}(HA)/c^\ominus]}$$

若往溶液中加入 A^- 或 H^+，可使平衡向左移动，使弱酸解离度降低，这种作用称为同离子效应。

由弱电解质与其共轭酸或共轭碱组成的溶液，其 pH 值能在一定范围内不因外加少量酸碱或稀释而发生显著变化，因此称为缓冲溶液。如 $HAc\text{-}Ac^-$ 溶液，$NH_3\text{-}NH_4^+$ 溶液等。其 $c^{eq}(H^+)$ 计算公式为：

$$c^{eq}(H^+) = K_a^\ominus \frac{c(共轭酸)}{c(共轭碱)}$$

缓冲溶液的 pH 值计算公式为：

$$pH = pK_a^\ominus - \lg \frac{c(共轭酸)}{c(共轭碱)}$$

在难溶电解质的饱和溶液中，存在着固体和水合离子间的沉淀溶解平衡。例如：

$$Ag_2CrO_4 \rightleftharpoons 2Ag^+ + CrO_4^{2-}$$

$$K_{sp}^{\ominus}(Ag_2CrO_4)=[c^{eq}(Ag^+)/c^{\ominus}]^2[c^{eq}(CrO_4^{2-})/c^{\ominus}]$$

$K_{sp}^{\ominus}$ 表示一定温度下，难溶电解质饱和溶液中，离子浓度的系数次方之积为一常数，称为溶度积常数，简称溶度积。根据溶度积可判断沉淀的生成和溶解：

当 $[c(Ag^+)/c^{\ominus}]^2[c(CrO_4^{2-})/c^{\ominus}]>K_{sp}^{\ominus}(Ag_2CrO_4)$ 时，为过饱和溶液，沉淀析出，直至饱和；

当 $[c(Ag^+)/c^{\ominus}]^2[c(CrO_4^{2-})/c^{\ominus}]=K_{sp}^{\ominus}(Ag_2CrO_4)$ 时，为饱和溶液，无沉淀析出；

当 $[c(Ag^+)/c^{\ominus}]^2[c(CrO_4^{2-})/c^{\ominus}]<K_{sp}^{\ominus}(Ag_2CrO_4)$ 时，溶液未饱和，无沉淀析出，若加入难溶电解质（Ag_2CrO_4），则继续溶解，这就是溶度积规则。

若溶液中含有几种离子，逐步加入沉淀剂可分别与溶液中的几种离子反应，先后产生沉淀，称为分步沉淀。沉淀产生的顺序可用溶度积规则来判断，谁的离子浓度的乘积先达到溶度积，谁就先沉淀出来。

对于相同类型的难溶电解质，可以根据其 $K_{sp}^{\ominus}$ 的相对大小判断沉淀的先后顺序，$K_{sp}^{\ominus}$ 小的难溶电解质先沉淀；对于不同类型的难溶电解质，要根据计算所需沉淀剂浓度大小来判断沉淀先后顺序。

三、仪器、试剂

1. 仪器　离心机，离心试管，10mL 量筒，50mL 烧杯，试管。

2. 试剂　6mol·L^{-1} HAc，2mol·L^{-1} HCl，2mol·L^{-1} NaOH，2mol·L^{-1} 氨水，6mol·L^{-1} 氨水，0.1mol·L^{-1} AgNO$_3$，0.1mol·L^{-1} BaCl$_2$，0.1mol·L^{-1} MgCl$_2$，0.1mol·L^{-1} NaCl，0.1mol·L^{-1} Na$_2$S，0.1mol·L^{-1} Pb（NO$_3$）$_2$，0.001mol·L^{-1} Pb（NO$_3$）$_2$，0.1mol·L^{-1} K$_2$CrO$_4$，0.1mol·L^{-1} KI，0.001mol·L^{-1} KI，0.1mol·L^{-1} ZnSO$_4$，0.1mol·L^{-1} NH$_4$Cl，饱和 (NH$_4$)$_2$C$_2$O$_4$ 溶液，固体 NH$_4$Ac，甲基橙试剂，pH 试纸。

四、实验步骤

1. 同离子效应和缓冲溶液

取一支大试管，向其中加入蒸馏水 10mL 和 6mol·L^{-1} HAc 10 滴，再加入甲基橙试剂 3 滴，摇匀，观察溶液的颜色，用 pH 试纸测定其 pH 值。然后将此溶液等分为 A 和 B 两份。

将其中的一份 A 等分于三支试管中，分别加入 2mol·L^{-1} HCl、2mol·L^{-1} NaOH 和蒸馏水各 1 滴，比较溶液颜色的变化，用 pH 试纸测定其 pH 值。解释之。

再向另一份溶液 B 中加入 NH$_4$Ac 固体少量（约黄豆大小），振荡后使之溶解，观察溶液颜色的变化，用 pH 试纸测定其 pH 值；将此溶液再等分于三支试管中，分别加入 2mol·L^{-1} HCl、2mol·L^{-1} NaOH 和蒸馏水各 1 滴，比较溶液颜色的变化，用 pH 试纸测定其 pH 值。解释之，并与前面的现象进行比较。

2. 缓冲溶液的配制

取 50mL 烧杯一只，配制 10mL pH＝10 的 NH$_3$-NH$_4$Cl 缓冲溶液（用 2mol·L^{-1} 氨水和 0.1mol·L^{-1} NH$_4$Cl 溶液），如何配制？按自己设计的方案配制后，用实验方法验证其 pH 值大小和缓冲作用，并与非缓冲体系对比，记录现象，写出结论。

综合以上实验结果，讨论影响解离平衡移动的条件和缓冲溶液的作用。

3. 沉淀的生成和溶解

① 取一支试管加入 2mL 0.1mol·L^{-1} MgCl$_2$ 溶液（1mL 约 20 滴），逐滴加入 2mol·L^{-1} NH$_3$·H$_2$O 溶液至有沉淀生成，然后等分至两支试管中，在一支试管中滴加 2mol·L^{-1} HCl

溶液，沉淀是否溶解？在另一试管中滴加 $0.1mol \cdot L^{-1}$ NH_4Cl 溶液，沉淀是否溶解？为什么？写出离子方程式，并解释之。

② 取 10 滴 $0.1mol \cdot L^{-1}$ $BaCl_2$ 溶液，滴加饱和（NH_4）$_2C_2O_4$ 溶液至沉淀大量生成后，在沉淀物上滴加 $2mol \cdot L^{-1}$ HCl 溶液，观察沉淀是否溶解。写出反应方程式，并解释之。

③ 取 $0.1mol \cdot L^{-1}$ NaCl 溶液 10 滴，加入 $0.1mol \cdot L^{-1}$ $AgNO_3$ 溶液 3 滴，观察现象，再逐滴加入 $6mol \cdot L^{-1}$ 氨水，有什么现象？解释之。并小结沉淀溶解的条件。

4. 溶度积规则的应用

① 在试管中加入 5 滴 $0.1mol \cdot L^{-1}$ $Pb(NO_3)_2$ 溶液，再加入 5 滴 $0.1mol \cdot L^{-1}$ K_2CrO_4 溶液，有什么现象？解释之。

② 在试管中加入 5 滴 $0.1mol \cdot L^{-1}$ $Pb(NO_3)_2$ 溶液，再加入 5 滴 $0.1mol \cdot L^{-1}$ Na_2S 溶液，有什么现象？解释之。

③ 根据溶度积规则判断下列沉淀是否生成，并用实验证明之。

5 滴 $0.1mol \cdot L^{-1}$ $Pb(NO_3)_2$ 加入 5 滴 $0.1mol \cdot L^{-1}$ KI。

5 滴 $0.001mol \cdot L^{-1}$ $Pb(NO_3)_2$ 加入 5 滴 $0.001mol \cdot L^{-1}$ KI。

5. 分步沉淀

① 在试管中加入 5mL 蒸馏水，依次加入 3 滴 $0.1mol \cdot L^{-1}$ $AgNO_3$ 溶液和 $0.1mol \cdot L^{-1}$ $Pb(NO_3)_2$ 溶液，摇匀后再逐滴加入 $0.1mol \cdot L^{-1}$ K_2CrO_4 溶液（注意每加 1 滴都要充分振荡），观察沉淀颜色的变化，判断那一种难溶物质先沉淀？通过计算解释之。

② 在离心试管中加入 5 滴 $0.1mol \cdot L^{-1}$ Na_2S 溶液和 5 滴 $0.1mol \cdot L^{-1}$ K_2CrO_4 溶液，摇匀，先加入 3 滴 $0.1mol \cdot L^{-1}$ $Pb(NO_3)_2$ 溶液，摇匀，观察沉淀的颜色，离心分离沉淀，把清液转入另一干净的试管中，向清液中再滴加 $0.1mol \cdot L^{-1}$ $Pb(NO_3)_2$ 溶液，观察有什么现象发生，解释之。

6. 沉淀的转化

① 取一支试管加入 1mL $0.1mol \cdot L^{-1}$ $ZnSO_4$ 溶液，滴加 $0.1mol \cdot L^{-1}$ Na_2S 溶液，待沉淀产生后再滴加 $0.1mol \cdot L^{-1}$ $AgNO_3$ 溶液并振荡片刻，观察沉淀颜色的变化，写出方程式并解释。

② 在离心试管中加入 0.5mL $0.1mol \cdot L^{-1}$ K_2CrO_4 溶液，滴加 $0.1mol \cdot L^{-1}$ $AgNO_3$ 溶液至沉淀生成，离心沉降，弃去清液，往沉淀中滴加 $0.1mol \cdot L^{-1}$ NaCl 溶液，并激烈振荡，观察沉淀颜色的变化，分析原因。

思考题

1. 缓冲溶液的缓冲作用由那些因素决定？其中主要的决定因素是什么？

2. 在实验步骤 1 中，B 试管中加入 NH_4Ac 固体后形成了缓冲溶液，如果该缓冲溶液等分为三等份，分别加入 $2mol \cdot L^{-1}$ HCl、$2mol \cdot L^{-1}$ NaOH 和蒸馏水 1 滴后，溶液 pH 值仍然变化明显，可能是什么原因造成的？

3. 沉淀形成的条件是什么？将 $0.1mol \cdot L^{-1}$ $Pb(NO_3)_2$ 溶液和 $0.02mol \cdot L^{-1}$ KI 溶液等体积混合有无沉淀生成？

4. 如果水中 Pb^{2+} 的安全极限是 $0.1mg \cdot L^{-1}$，饮用 $PbCrO_4$ 的饱和水溶液是否安全？ [$K_{sp}(PbCrO_4)=1.8 \times 10^{-14}$]。

实验七 二氯化铅溶度积的测定

预习指导

理论要点：溶度积原理　离子交换原理　酸碱滴定

操作要点：滴定　装柱　移液管使用　离子交换树脂的使用

一、实验目的

1. 掌握用离子交换法测定难溶电解质溶度积的原理和方法。
2. 了解离子交换树脂的使用方法。
3. 练习酸碱滴定的基本操作。

二、实验原理

在一定温度下，难溶电解质 $PbCl_2$ 的饱和溶液中，有如下沉淀溶解平衡：

$$PbCl_2(s) \rightleftharpoons Pb^{2+}(aq) + 2Cl^-(aq)$$

其溶度积为：

$$K_{sp}^{\ominus}(PbCl_2) = [c(Pb^{2+})/c^{\ominus}][c(Cl^-)/c^{\ominus}]^2$$

设 $PbCl_2$ 的溶解度为 $s(mol \cdot L^{-1})$，则平衡时：

$$c(Pb^{2+}) = s$$

$$c(Cl^-) = 2s$$

所以

$$K_{sp}^{\ominus}(PbCl_2) = [c(Pb^{2+})/c^{\ominus} \cdot [c(Cl^-)/c^{\ominus}]^2 = 4s^3(c^{\ominus})^{-3}$$

本实验采用离子交换树脂与 $PbCl_2$ 的饱和溶液进行离子交换，测定室温下 $PbCl_2$ 饱和溶液中 $c(Pb^{2+})$，从而求出 $PbCl_2$ 的溶度积。

离子交换树脂是一种能与其他物质进行离子交换的高分子化合物，是不溶性的固态物质，具有网状结构，含有与溶液中某些离子起交换作用的活性基团。含有酸性基团而能与其他物质交换阳离子的树脂叫阳离子交换树脂，如含有磺酸基团的强酸型离子交换树脂 $R—SO_3H$；含有碱性基团而能与其他物质交换阴离子的树脂叫阴离子交换树脂，如含有季铵盐基团的强碱型离子交换树脂 $R_4N^+OH^-$。

本实验用强酸型阳离子交换树脂，测定二氯化铅饱和溶液中的 Pb^{2+} 浓度。每个 Pb^{2+} 和阳离子交换树脂上的两个 H^+ 发生交换，其交换吸附过程如下：

$$2RSO_3H + Pb^{2+} \longrightarrow (RSO_3)_2Pb + 2H^+$$

饱和 $PbCl_2$ 溶液经过离子交换柱后的流出液为 HCl 溶液。用已知准确浓度的 $NaOH$ 溶液滴定流出液至终点。根据消耗的 $NaOH$ 标准溶液的体积，可以计算 $PbCl_2(s)$ 的溶解度和溶度积。

$$c(NaOH)V(NaOH) = c(HCl)V(HCl) = 2s(PbCl_2)V(PbCl_2)$$

$$s(PbCl_2) = \frac{c(NaOH)V(NaOH)}{2V(PbCl_2)}$$

$$K_{sp}^{\ominus}(PbCl_2) = 4s^3(PbCl_2)(c^{\ominus})^{-3}$$

市售的阳离子交换树脂大多是钠型（RSO_3Na）的。在使用时需用稀酸将钠型转化为酸型（RSO_3H），这一过程称为转型。使用过的树脂，可用稀酸淋洗，使树脂重新转化为酸型，这一过程称为再生［用 20mL 0.1mol·L^{-1} HNO_3 溶液（不含 Cl^-），以每分钟 25～30滴的流速通过离子交换树脂，然后用去离子水淋洗，直至流出液 pH＝6～7］，再生后的树脂可继续使用。

$PbCl_2$ 的溶解度参考数据见表 2-3。

表 2-3 $PbCl_2$ 的溶解度

温度/℃	0	15	25	35
溶解度/mol·L^{-1}	$2.42×10^{-2}$	$3.26×10^{-2}$	$3.74×10^{-2}$	$4.73×10^{-2}$

三、仪器、试剂

1. 仪器　离子交换柱，50mL 碱式滴定管，25mL 移液管，温度计，台秤。
2. 试剂　NaOH 标准溶液（已标定），1.0mol·L^{-1} HCl，0.1mol·L^{-1} HNO_3，饱和 $PbCl_2$ 溶液，0.1％溴百里酚蓝，强酸型阳离子交换树脂。

四、实验步骤

1. 饱和二氯化铅溶液的配制

根据室温时 $PbCl_2$ 的溶解度，在台秤上称取 1g 分析纯 $PbCl_2$ 晶体，溶于 70mL 经煮沸除去 CO_2 的蒸馏水中，充分搅拌，冷却至室温后，用干燥的漏斗、滤纸过滤，滤液用干燥的烧杯承接，此滤液即为该温度下的 $PbCl_2$ 饱和溶液。

2. 装柱

将离子交换柱（或用碱式滴定管代替，取出下端胶皮管中的玻璃球，换上螺丝夹）洗

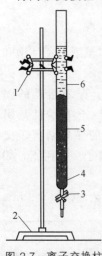

图 2-7　离子交换柱
装置示意图

1—滴定管夹；2—铁架台；
3—螺丝夹；4—玻璃纤维；
5—离子交换树脂；
6—碱式滴定管
（不带玻璃珠）

净，拧紧螺丝夹，往柱中加少许蒸馏水，然后将交换柱固定在铁架台上。称取 15～20g 阳离子交换树脂，放入小烧杯中，用少量蒸馏水浸泡树脂（最好预先用蒸馏水浸泡 24～48h），不断搅拌，倾去上层的水和悬浮的颗粒杂质后，充分调匀，注入交换柱内。如水太多，可拧开螺丝夹，让水慢慢流出，直至液面略高于离子交换树脂后，夹紧螺丝夹，如图 2-7 所示。装柱时，离子交换树脂应尽可能填得紧密，不应留有气泡。若出现气泡，可加少量蒸馏水，使液面高出树脂表面，并用玻璃棒搅动树脂，以便赶走气泡。

3. 转型

向交换柱中加入 25mL 1mol·L^{-1} HCl 溶液，以每分钟 40 滴的流速通过交换柱，柱中液面接近树脂表面时，用蒸馏水淋洗树脂直到流出液呈中性（用 pH 试纸检验）。

4. 交换和洗涤

用移液管量取 25.00mL 饱和 $PbCl_2$ 溶液，放入交换柱内。以每分钟 20～25 滴的流速通过交换柱，用 250mL 锥形瓶承接流出液。待液面接近树脂上表面时，用 50mL 蒸馏水分批洗涤树脂，直至流出液 pH＝6～7 为止。每次洗涤时，都要在液面接近树脂上表面时加蒸馏水。在交换和洗涤过程中，勿使流出液损失。

5. 滴定

向全部流出液中加入 2~3 滴溴百里酚蓝指示剂，用 NaOH 标准溶液滴定至终点，溶液的颜色由黄色转变为蓝色。记录消耗 NaOH 的体积。

6. 数据处理

见表 2-4。

表 2-4　数据处理　　　　　　　　　　　　　　　　　　　　　　室温＿＿＿℃

$c(NaOH)/mol \cdot L^{-1}$	$V(NaOH)/mL$	$V(HCl)/mL$	$c(HCl)/mol \cdot L^{-1}$	$s(PbCl_2)/mol \cdot L^{-1}$	$K_{sp}(PbCl_2)$

思考题

1. 本实验中测定 $PbCl_2$ 溶度积的原理是什么？

2. 为什么要精确量取 $PbCl_2$ 溶液的体积？

3. 在交换和洗涤过程中用来承接流出液的锥形瓶是否需要干燥？

4. 为什么要将淋洗流出液合并在 $PbCl_2$ 交换流出液的锥形瓶中？

5. 离子交换过程中，为什么要控制液体的流速不宜太快？并应自始至终注意液面不低于离子交换树脂上表面？

6. 交换柱中树脂颗粒间为什么不允许有气泡存在？

实验八　氧化还原与电化学

预习指导

理论要点：氧化还原反应　电极电势　能斯特方程

操作要点：试管操作　滴管　实验现象观察　电流计的使用

一、实验目的

1. 了解常见的氧化剂和还原剂的反应。

2. 掌握影响电极电势的因素及其与氧化还原反应的关系。

3. 了解原电池及电解池的组成及电极反应。

二、实验原理

氧化还原反应是指反应前后元素的氧化数发生变化的反应，其本质是氧化剂和还原剂之间发生了电子转移。将化学能转变成电能的装置叫做原电池，理论上任何一个氧化还原反应都可设计成原电池。在等温等压条件下，一个氧化还原反应体系对外所做的最大非体积功——电功等于该反应吉布斯自由能（函数）的降低。即

$$\Delta G = -W_e = -nFE$$

式中，n 为电池反应电子转移的物质的量；F 为法拉第常数，96485$C \cdot mol^{-1}$；E 为电

池电动势，等于电池正极电势减去负极电势，即 $E = \varphi_+ - \varphi_-$。

电极电势的大小是其相应的电对氧化态-还原态氧化还原能力的衡量，电极电势愈大，表明电对中氧化态氧化能力愈强，而还原态还原能力愈弱。反之，电对中氧化态氧化能力愈弱，而还原态还原能力愈强。较强的氧化（还原）剂可以和较强的还原（氧化）剂自发的发生氧化还原反应，即电极电势大的氧化态物质能氧化电极电势比它小的还原态物质。所以只有 $E > 0$，即 $\varphi_+ > \varphi_-$ 才能使 $\Delta G < 0$，也就使这个氧化还原反应能够正向进行。

电极电势的大小与氧化态和还原态的浓度、溶液的温度及介质酸度等因素有关。

对于任意电极反应 $Ox + ne = Red$，在25℃时，根据 Nernst 方程得

$$\varphi = \varphi^{\ominus} + \frac{0.0592}{n} \lg \frac{c(Ox)}{c(Red)}$$

电流通过电解质溶液在电极上发生的化学变化叫电解。电解产物与电极电势的大小、离子浓度和电极材料等因素有关。

三、仪器、试剂

1. 仪器　烧杯，试管，酒精灯，盐桥，电流计等。

2. 试剂　$3mol \cdot L^{-1}$ H_2SO_4，浓 HCl，$1mol \cdot L^{-1}$ HCl，$6mol \cdot L^{-1}$ NaOH，$0.1mol \cdot L^{-1}$ KI，$0.1mol \cdot L^{-1}$ KBr，$0.1mol \cdot L^{-1}$ $FeCl_3$，碘水，溴水，$0.1mol \cdot L^{-1}$ $FeSO_4$，$0.1mol \cdot L^{-1}$ $K_3[Fe(CN)_6]$，CCl_4，$0.02mol \cdot L^{-1}$ $KMnO_4$，$0.05mol \cdot L^{-1}$ $Na_2C_2O_4$，$0.1mol \cdot L^{-1}$ $K_2Cr_2O_7$，$0.1mol \cdot L^{-1}$ $Na_2S_2O_3$，$0.3mol \cdot L^{-1}$ Na_2SO_3，$0.1mol \cdot L^{-1}$ Na_3AsO_3，$1mol \cdot L^{-1}$ $CuSO_4$，$1mol \cdot L^{-1}$ $ZnSO_4$，锌片，铜片，$0.5mol \cdot L^{-1}$ NaCl，酚酞，淀粉，淀粉-KI 试纸等。

四、实验步骤

1. 氧化还原反应与电极电势

① Fe^{3+} 的氧化性。往试管里加入约10滴 $0.1mol \cdot L^{-1}$ KI 溶液和5滴 $0.1mol \cdot L^{-1}$ $FeCl_3$ 溶液，再加入 $5 \sim 10$ 滴 CCl_4 充分振荡，观察 CCl_4 层的颜色有何变化。写出有关反应方程式。

用 KBr 溶液代替 KI 溶液，进行上述实验，观察反应能否发生。

② Fe^{2+} 的还原性。取两支试管，分别加入2滴饱和碘水和溴水，再加入10滴 $0.1mol \cdot L^{-1}$ $FeSO_4$ 溶液，振荡试管，观察现象，再各加入10滴 CCl_4，振荡，观察现象。写出有关反应方程式。

根据以上实验结果，定性的比较 Br_2/Br^-、I_2/I^- 和 Fe^{3+}/Fe^{2+} 三个电对的电极电势大小，并指出其中哪一物质是最强的氧化剂，哪一物质是最强的还原剂。

2. 几种常见的氧化剂和还原剂

① $K_2Cr_2O_7$ 的氧化性。取 $0.1mol \cdot L^{-1}$ $K_2Cr_2O_7$ 溶液5滴于试管中，加5滴 $3mol \cdot L^{-1}$ H_2SO_4 酸化，再加 $0.1mol \cdot L^{-1}$ $FeSO_4$ 溶液8滴，观察溶液颜色的变化，写出反应方程式。

② $KMnO_4$ 的氧化性。在一支试管中加入 $0.02mol \cdot L^{-1}$ $KMnO_4$ 溶液5滴，$3mol \cdot L^{-1}$ H_2SO_4 溶液10滴，$0.05mol \cdot L^{-1}$ $Na_2C_2O_4$ 溶液15滴，混合均匀后，在酒精灯上微热，观察溶液颜色有何变化？写出有关离子反应方程式。该反应属于自身催化氧化还原反应，开始反应较慢，一旦有微量的 Mn^{2+} 生成时，它可作为催化剂加快反应的进行。

③ H_2O_2 的氧化还原性。在一支试管中加入 $0.1mol \cdot L^{-1}$ $FeSO_4$ 溶液和 3% H_2O_2 溶

液 5 滴，观察溶液颜色变化并解释之。然后再在另一支试管中加入 3％H_2O_2 溶液 10 滴和 3mol·L^{-1} H_2SO_4 溶液 2 滴，逐滴加入 0.02mol·L^{-1} $KMnO_4$ 溶液，边加边振荡（等第一滴 $KMnO_4$ 溶液颜色褪去后再加第二滴 $KMnO_4$），观察有什么现象发生，写出有关离子反应方程式。

④ I^- 的还原性与 I_2 的氧化性。在试管中加入 0.1mol·L^{-1} KI 溶液 5 滴和 3mol·L^{-1} H_2SO_4 溶液 4 滴，加 10 滴蒸馏水，然后加入 2 滴 0.1mol·L^{-1} $K_2Cr_2O_7$ 溶液和淀粉指示剂 1～3 滴，观察溶液颜色有何变化？再往试管中加入 0.1mol·L^{-1} $Na_2S_2O_3$ 溶液数滴，观察溶液颜色又有何变化？写出有关离子反应方程式。

3. 介质的酸度对氧化还原反应的影响

① 介质的酸度对氧化还原产物的影响。在三支试管中各加入 0.02mol·L^{-1} $KMnO_4$ 溶液 5 滴，在第一支试管中加入 3mol·L^{-1} H_2SO_4 溶液 2 滴，第二支试管中加入 6mol·L^{-1} NaOH 溶液 2 滴，第三支试管中加入蒸馏水 2 滴，然后再往三支试管中各加入 0.3mol·L^{-1} Na_2SO_3 溶液 3 滴，观察各试管中溶液颜色的变化，并写出有关反应方程式。

② 介质的酸度对氧化还原方向的影响。在试管中加入 0.1mol·L^{-1} I_2 溶液 4 滴，观察溶液的颜色。逐滴加入 0.1mol·L^{-1} Na_3AsO_3 溶液，加入 1 滴即振荡试管，到溶液刚变为无色，加入淀粉指示剂 3 滴，观察溶液颜色。再加入浓 HCl 溶液 10 滴，溶液颜色又有何变化，写出有关离子反应方程式。

4. 浓度对氧化还原反应的影响

在两支试管中分别加入浓 HCl 和 1mol·L^{-1} HCl 溶液各 1mL，再加入 0.1mol·L^{-1} $K_2Cr_2O_7$ 溶液 4 滴，水浴加热，观察各试管中溶液颜色的变化。在发生变化的试管口用淀粉 KI 试纸检验有无氯气放出。

5. 原电池与电解池

① 在两个 100mL 小烧杯中各加入 30mL 1mol·L^{-1} $CuSO_4$ 溶液和 1mol·L^{-1} $ZnSO_4$ 溶液，然后在 $CuSO_4$ 溶液中插入一铜片，在 $ZnSO_4$ 溶液中插入一锌片，将这两种溶液用盐桥连接起来组成原电池，将铜片和锌片通过导线分别与电流计的正极和负极相接。观察电流计指针的偏转，并记下读数。

② 将上面原电池中的锌片和铜片连接的铜丝的另一端插入到盛有 50mL 0.5mol·L^{-1} NaCl 溶液和 3 滴酚酞的小烧杯中，观察连接锌片的那根铜丝周围的硫酸钠溶液有何变化？在阳极上又有何现象发生？试写出两极上发生的反应方程式。

思考题

1. $KMnO_4$ 与 $Na_2C_2O_4$ 反应时，能否用 HCl 溶液作介质？为什么？
2. 试用能斯特方程解释 $K_2Cr_2O_7$ 为什么能与浓 HCl 溶液反应而不能与稀 HCl 溶液反应？
3. 原电池的正负极与电解池的阴阳极的电极反应本质是否相同？
4. 为什么 H_2O_2 既可作氧化剂，又可作还原剂？

实验九　配位化合物的形成和性质

预习指导

理论要点：配合物的组成　稳定常数　配合物的形成和解离

操作要点：试管操作　实验现象观察　点滴板的使用

一、实验目的

1. 了解有关配合物的生成及配离子与简单离子的区别。
2. 比较配离子的稳定性。
3. 了解配位平衡与酸碱平衡、沉淀平衡、氧化还原平衡的关系。
4. 了解螯合物的形成和特性。

二、实验原理

配离子是由中心离子（一般为简单正离子）和一定数目的配位体，按一定几何构型通过配位键而形成的复杂配位单元，含有配离子的化合物称为配合物。配离子和弱电解质一样，在溶液中能够发生一定的解离，达到相应的解离与配位平衡。

例如 $[Cu(NH_3)_4]^{2+}$ 配离子在溶液中存在下列配位解离平衡：

$$[Cu(NH_3)_4]^{2+} \rightleftharpoons Cu^{2+} + 4NH_3$$

$$K_d^\ominus = \frac{[c(Cu^{2+})/c^\ominus][c(NH_3)/c^\ominus]^4}{[c(Cu(NH_3)_4^{2+})/c^\ominus]}$$

$$K_f^\ominus = \frac{[c(Cu(NH_3)_4^{2+})/c^\ominus]}{[c(Cu^{2+})/c^\ominus][c(NH_3)/c^\ominus]^4}$$

$K_d^\ominus$ 和 $K_f^\ominus$ 分别是解离平衡常数和稳定平衡常数，它们是倒数关系。$K_d^\ominus$ 值越小或 $K_f^\ominus$ 值越大，表示配离子越稳定。

受到外界因素的干扰时，如酸度、能与中心离子或配离子发生反应的物质均能使配位平衡发生移动，也同样存在同离子效应。

螯合物是由中心离子与多齿配位体形成的具有环状结构的配合物。螯合物具有特殊的稳定性称为螯合效应。

三、仪器、试剂

1. 仪器　试管，试管架，玻璃棒，点滴板，洗瓶等。
2. 试剂　$0.1mol \cdot L^{-1}$ $HgCl_2$，$0.1mol \cdot L^{-1}$ KI，$0.1mol \cdot L^{-1}$ $CuSO_4$，$0.1mol \cdot L^{-1}$ $BaCl_2$，$2mol \cdot L^{-1}$ $NH_3 \cdot H_2O$，$2mol \cdot L^{-1}$ NaOH，$0.1mol \cdot L^{-1}$ NaOH，$0.2mol \cdot L^{-1}$ $FeCl_3$，$0.5mol \cdot L^{-1}$ NH_4SCN，$0.1mol \cdot L^{-1}$ $K_3[Fe(CN)_6]$，$0.1mol \cdot L^{-1}$ $AgNO_3$，$4mol \cdot L^{-1}$ NaF，饱和 $Na_2C_2O_4$，$3mol \cdot L^{-1}$ H_2SO_4，$0.1mol \cdot L^{-1}$ NaCl，$0.1mol \cdot L^{-1}$ KBr，$0.1mol \cdot L^{-1}$ $Na_2S_2O_3$，$0.1mol \cdot L^{-1}$ KCN，CCl_4，10%酒石酸钾钠，$0.01mol \cdot L^{-1}$ EDTA，$1mol \cdot L^{-1}$ $CoCl_2$。

四、实验步骤

1. 配离子的生成和配合物的组成

① 在试管中加入 4 滴 $0.1mol \cdot L^{-1}$ $HgCl_2$ 溶液（极毒！），加入 2 滴 $0.1mol \cdot L^{-1}$ KI 溶液，观察有何现象，再加入过量的 KI 溶液，又有何变化？写出有关变化的反应方程式。

② 在两支试管中分别加入 5 滴 $0.1mol \cdot L^{-1}$ $CuSO_4$ 溶液，然后在其中一支试管中加入几滴 $0.1mol \cdot L^{-1}$ $BaCl_2$ 溶液，另一支试管内加入 $0.1mol \cdot L^{-1}$ NaOH 溶液，观察现象，写

出有关反应式。

另取一支试管分别加入 10 滴 0.1mol·L⁻¹ CuSO₄ 溶液和 2 滴 2mol·L⁻¹ NH₃·H₂O 溶液，观察有无沉淀产生。然后继续加入 2mol·L⁻¹ NH₃·H₂O 溶液，直至沉淀完全溶解并过量数滴。将上述溶液分盛于两支试管中，往一支试管中加入 0.1mol·L⁻¹ BaCl₂ 溶液 1 滴，另一支试管中加入 0.1mol·L⁻¹ NaOH 溶液 1 滴，观察并解释有何现象发生，写出有关反应方程式。

2. 配离子与简单离子的区别

① 在试管中加入 5 滴 0.2mol·L⁻¹ FeCl₃ 溶液，加入 2 滴 0.5mol·L⁻¹ NH₄SCN 溶液，观察并解释有何现象发生，写出有关反应方程式。

② 以 0.1mol·L⁻¹ K₃[Fe(CN)₆] 溶液代替 FeCl₃ 溶液，做同样的实验，观察现象，并解释原因。

3. 配离子的解离

在两支试管中，各加入 2 滴 0.1mol·L⁻¹ AgNO₃ 溶液，再分别加入 2 滴 2mol·L⁻¹ NaOH 溶液和 0.1mol·L⁻¹ KI 溶液，观察各有什么现象发生。

在一支试管中加入 10 滴 0.1mol·L⁻¹ AgNO₃ 溶液，逐滴加入 2mol·L⁻¹ NH₃·H₂O 溶液，直到沉淀完全溶解，再加数滴。将此溶液分装于两支试管中，一支加入 2mol·L⁻¹ NaOH 溶液 1 滴，另一支加入 0.1mol·L⁻¹ KI 溶液 1 滴，观察并解释有何现象发生，写出有关反应方程式。

4. 配离子稳定性的比较

往试管中加入 0.2mol·L⁻¹ FeCl₃ 溶液 5 滴，然后加入 2mol·L⁻¹ HCl 溶液 3 滴，观察溶液颜色的变化。接着加入 1 滴 0.5mol·L⁻¹ NH₄SCN 溶液，观察溶液颜色有何变化。往溶液中逐滴加入 4mol·L⁻¹ NaF 溶液，直至刚好无色。最后往溶液中加入几滴饱和 Na₂C₂O₄ 溶液，溶液颜色又有何变化（冬天可用水浴加热）。根据实验结果，比较四种铁配离子的稳定性，说明配离子之间转化条件。

5. 配位平衡与酸碱平衡

在试管中加入 0.2mol·L⁻¹ FeCl₃ 溶液 10 滴，逐滴加入 4mol·L⁻¹ NaF 溶液，直至刚好无色。将此溶液分成两份，一份滴加 2mol·L⁻¹ NaOH 溶液，另一份滴加 3mol·L⁻¹ H₂SO₄ 溶液，观察溶液颜色的变化（此步会产生 HF 气体，最好在通风橱内进行该步实验）。写出有关反应方程式。

6. 配位平衡与沉淀平衡

往试管中加入 2 滴 0.1mol·L⁻¹ NaCl 和 0.1mol·L⁻¹ AgNO₃ 溶液，观察沉淀的生成，逐滴加入 2mol·L⁻¹ NH₃·H₂O 溶液，直至沉淀完全溶解，再加 2 滴 0.1mol·L⁻¹ KBr 溶液，观察是否有沉淀生成，再逐滴加入 0.1mol·L⁻¹ Na₂S₂O₃ 溶液，直至沉淀完全溶解，再加入 2 滴 0.1mol·L⁻¹ KI 溶液，观察是否有沉淀生成，再逐滴加入 0.1mol·L⁻¹ KCN 溶液，直至沉淀完全溶解。根据实验结果，说明配位平衡与沉淀平衡之间的转化条件。

7. 配位平衡与氧化还原平衡

① 在试管中加入 0.2mol·L⁻¹ FeCl₃ 溶液 5 滴，滴加 0.1mol·L⁻¹ KI 溶液至出现红棕色，然后加入 CCl₄ 充分振荡，观察 CCl₄ 层的颜色有何变化。写出有关反应方程式。

② 在另一试管中加入 0.2mol·L⁻¹ FeCl₃ 溶液 5 滴，逐滴加入 4mol·L⁻¹ NaF 溶液至无色，再加入 0.1mol·L⁻¹ KI 溶液和 CCl₄ 充分振荡，观察 CCl₄ 层的颜色有何变化。写出有关反应方程式。

8. 螯合物

① 在一试管中加入 5 滴 $0.2\,mol\cdot L^{-1}$ $CuSO_4$ 溶液和 4 滴 $2\,mol\cdot L^{-1}$ $NaOH$ 溶液，然后滴加 10 滴 10％酒石酸钾钠溶液，振荡试管，观察现象，写出有关反应方程式。

② 在试管中加入 $0.2\,mol\cdot L^{-1}$ $FeCl_3$ 溶液 5 滴和 1 滴 $0.5\,mol\cdot L^{-1}$ NH_4SCN 溶液，再逐滴加入 $0.01\,mol\cdot L^{-1}$ $EDTA$ 溶液，观察现象，写出有关反应方程式。

9. 配合物的水合异构现象

在试管中加入约 $1\,mL$ $1\,mol\cdot L^{-1}$ $CoCl_2$ 溶液，观察溶液颜色，将溶液加热，观察溶液变为蓝色，然后将溶液冷却，观察溶液又变成紫红色，反应式如下：

$$[Co(H_2O)_6]^{2+} + 4Cl^- \rightleftharpoons [Co(H_2O)_2Cl_4]^{2-} + 4H_2O$$

　　　　蓝色　　　　　　　　　　　　　　　紫红色

思考题

1. 总结本实验中所观察到的现象，说明配离子和简单离子的区别以及影响配位平衡的因素有哪些。

2. 螯合物与一般配合物相比有哪些特性？

3. 为什么在 $FeCl_3$ 溶液中加入 NaF 后，Fe^{3+} 就失去氧化 I^- 的能力？

4. 如何实现配离子之间的相互转化？

实验十　s 区元素化合物的性质

预习指导

理论要点：s 区元素化合物性质

操作要点：试管操作　离心机使用　实验现象观察

一、实验目的

1. 了解碱金属和碱土金属单质、氧化物和氢氧化物性质。

2. 了解钾、钠、镁、钙、钡盐的溶解性，比较镁、钙、钡难溶盐的生成与性质。

3. 掌握 K^+、Na^+、Ca^{2+}、Mg^{2+}、Ba^{2+} 的分离和鉴定方法。

二、实验原理

碱金属和碱土金属元素是最典型的金属元素，化学性质非常活泼。碱金属和碱土金属单质能与氧气和水发生反应生成氧化物和氢氧化物。碱金属氢氧化物易溶于水，而碱土金属氢氧化物在水中溶解度较低。碱金属盐大多数易溶于水，只有少数盐（如醋酸铀酰锌钠）难溶，可利用它们的难溶盐来鉴别 Na^+、K^+。

碱土金属盐中，硝酸盐、卤化物（氟化物除外）、醋酸盐易溶于水；碳酸盐、草酸盐等难溶于水。可利用难溶盐的生成和溶解性的差异来鉴别 Ca^{2+}、Mg^{2+}、Ba^{2+} 等离子。

三、仪器、试剂

1. 仪器　试管，离心试管，离心机，镊子，酒精灯，滤纸。

2. 试剂 酚酞指示剂，pH 试纸，金属钠，金属镁，0.1mol·L⁻¹ NaCl，0.1mol·L⁻¹ KCl，0.1mol·L⁻¹ MgCl₂，0.1mol·L⁻¹ CaCl₂，0.1mol·L⁻¹ BaCl₂，0.1mol·L⁻¹ Na₂CO₃，6mol·L⁻¹ HAc，2mol·L⁻¹ HAc，0.1mol·L⁻¹ NH₃·H₂O-0.1mol·L⁻¹ (NH₄)₂CO₃ 混合溶液，0.1mol·L⁻¹ K₂CrO₄，2mol·L⁻¹ HCl，95%乙醇，阳离子未知液（含 K⁺、Na⁺、Ca²⁺、Mg²⁺、Ba²⁺ 中的一种或几种）。

醋酸铀酰锌：①取 10g UO₂(Ac)₂·2H₂O 和 6mL 6mol·L⁻¹ HAc 溶于 50mL H₂O 中；②取30g Zn(Ac)₂·2H₂O 和 3mL 6mol·L⁻¹ HCl 溶于 50mL H₂O 中；将①、②两种溶液混合，24h 后取清液使用。

0.1mol·L⁻¹ 钴亚硝酸钠：溶解 230g NaNO₂ 于 500mL H₂O 中，加入 165mL 6mol·L⁻¹ HAc 和 30g Co(NO₃)₂·6H₂O，放置 24h，取其清液，稀释至 1L，并保存在棕色瓶中。此溶液应呈橙色，若变成红色，表示已分解，应重新配制。

四、实验步骤

1. 金属钠与氧气、水的作用

金属钠存放在煤油（或液体石蜡）中，用镊子取一小块，放于滤纸上，迅速用滤纸吸干表面的煤油，用小刀切取两块约米粒大小的金属钠。观察新鲜表面的颜色及变化，并完成下面的实验。

① 将一块金属钠放入盛有水的 250mL 烧杯中，观察反应情况，检验水溶液的酸碱性 。

② 将另一块钠置于坩埚中，微热至燃烧开始，立即停止加热，观察产物的颜色和状态。冷却后，将产物放入试管，加少量水，检验管口有无氧气放出，并检验溶液的酸碱性和氧化还原性。

2. 金属镁与氧气、水的作用

① 取一段镁条，用砂纸除去表面氧化层，点燃，观察燃烧情况、产物的颜色和状态。

② 另取一小段擦净的镁条，放在试管中与冷水作用，观察反应情况，检验溶液反应后的酸碱性。加热后反应情况如何？

3. 碱土金属氢氧化物溶解度

① 取 3 支试管，分别加入 5 滴 0.1mol·L⁻¹ MgCl₂、0.1mol·L⁻¹ CaCl₂、0.1mol·L⁻¹ BaCl₂ 溶液，然后与等体积的 2mol·L⁻¹ NaOH 混合，放置，观察形成沉淀的情况。

② 用 2mol·L⁻¹ NH₃·H₂O 代替 2mol·L⁻¹ NaOH 进行实验，观察现象。

由实验结果总结碱土金属氢氧化物溶解度变化情况。

4. Na⁺、K⁺ 的鉴定

① Na⁺ 的鉴定反应。在试管中加入 1 滴 0.1mol·L⁻¹ NaCl、8 滴醋酸铀酰锌 Zn[(UO₂)₃(Ac)₈] 溶液和适量乙醇，用玻璃棒摩擦管壁，观察现象。生成的醋酸铀酰锌钠 NaAc·Zn(Ac)₂·3UO₂(Ac)₂·9H₂O 为黄色沉淀，此反应可用作 Na⁺ 的鉴定反应。

② K⁺ 的鉴定反应。在试管中加入 5mL 0.1mol·L⁻¹ 钴亚硝酸钠 Na₃[Co(NO₂)₆] 溶液和 2 滴 6mol·L⁻¹ 醋酸溶液，再往试管中滴加 0.1mol·L⁻¹ KCl 溶液，溶液变浑浊，生成亮黄色 K₂Na[Co(NO₂)₆] 沉淀，表示 K⁺ 存在。

注意：检验 K⁺ 时，应在中性或弱酸性溶液中进行，因为碱和强酸都能使 Na₃[Co(NO₂)₆] 分解，妨碍鉴定，加入醋酸使溶液呈微酸性以利于鉴定。NH₄⁺ 具有类似反应，故氯化钾试剂必须纯净。

5. 镁、钙、钡难溶盐的生成和性质

① 碳酸盐的生成和性质。取 3 支试管，分别加入 5 滴浓度均为 $0.1mol \cdot L^{-1}$ 的 $MgCl_2$、$CaCl_2$、$BaCl_2$ 溶液，再加入 5 滴 $0.1mol \cdot L^{-1}$ Na_2CO_3 溶液，观察现象。再分别加 $2mol \cdot L^{-1}$ 的 HAc 约 10 滴，观察现象并写出反应式。

另取 3 支试管，分别加入 5 滴浓度均为为 $0.1mol \cdot L^{-1}$ 的 $MgCl_2$、$CaCl_2$、$BaCl_2$ 溶液，再加入 5 滴 $0.1mol \cdot L^{-1}$ $NH_3 \cdot H_2O$-$0.1mol \cdot L^{-1}$ $(NH_4)_2CO_3$ 混合溶液，观察现象并解释。

② 铬酸盐的生成和性质。取 3 支试管，分别加入 5 滴浓度均为 $0.1mol \cdot L^{-1}$ 的 $MgCl_2$、$CaCl_2$、$BaCl_2$ 溶液，再加入 5 滴 $0.1mol \cdot L^{-1}$ K_2CrO_4 溶液观察现象。将有沉淀产生的试管分成 2 份，分别加入 $2mol \cdot L^{-1}$ HCl 和 $6mol \cdot L^{-1}$ HAc 溶液，观察沉淀是否溶解，写出反应式。

6. 阳离子未知液的分析

取未知液一份，可能含有 K^+、Na^+、Ca^{2+}、Mg^{2+}、Ba^{2+}，根据本实验所提供的试剂，鉴别出未知液中所含的离子。

思考题

1. 解释下列问题

① $BaSO_4$ 不溶于 HCl，$BaCO_3$ 可溶于 HAc。

② 取饱和 Na_2CO_3 溶液上层清液，通入 CO_2 会有沉淀产生。

2. 商品 NaOH 中往往含有少量 Na_2CO_3，为什么？怎样简便地检验和除去？

3. 沉淀 Ca^{2+}、Mg^{2+}、Ba^{2+} 时，采用 $(NH_4)_2CO_3$，并加入 $NH_3 \cdot H_2O$ 和 NH_4Cl，其目的是什么？如果 $NH_3 \cdot H_2O$ 加得太多，对分离有何影响？NH_4Cl 加得太多又有何影响？

实验十一 p 区元素化合物的性质

预习指导

理论要点：p 区元素性质

操作要点：试管操作　离心机使用　实验现象观察　水浴加热

一、实验目的

1. 验证卤化银的物理性质及化学性质。
2. 验证过氧化氢、硫代硫酸盐的性质。
3. 学会 Cl^-、Br^-、I^- 的分离及鉴定方法。
4. 学会 S^{2-}、SO_3^{2-}、$S_2O_3^{2-}$ 的分离及鉴定方法。

二、实验原理

卤离子除了 F^- 外，均能和 Ag^+ 离子形成难溶于水的沉淀。其中 AgCl 能溶于稀氨水和 $(NH_4)_2CO_3$ 溶液，而 AgBr 和 AgI 则不溶。利用此性质可以将 AgCl 与 AgBr、AgI 分离。Br^- 和 I^- 可以用 Cl_2 将其氧化为 Br_2 和 I_2 后加以鉴定。

在过氧化氢（H_2O_2）分子中，氧的氧化数为 -1，处在中间价态，因此过氧化氢既有氧化性，又有还原性。在酸性介质中，H_2O_2 是强氧化剂；当 H_2O_2 与某些强氧化剂如 $KMnO_4$ 作用时，可显示出还原性。H_2O_2 在酸性条件下，可与 $K_2Cr_2O_7$ 反应，生成过氧化铬（CrO_5），它在乙醚中较稳定，显蓝色，用于 H_2O_2 鉴定。

硫代硫酸钠是常用的还原剂，能将 I_2 还原为 I^-。$Na_2S_2O_3$ 在酸性溶液中不稳定，会分解成 S 和 SO_2。$S_2O_3^{2-}$ 与 Ag^+ 生成白色 $Ag_2S_2O_3$ 沉淀，但迅速变为黄色、棕色，最后变为黑色的硫化银沉淀。这是 $S_2O_3^{2-}$ 最特殊的反应之一，可用来鉴定 $S_2O_3^{2-}$ 的存在。

利用 S^{2-}、SO_3^{2-}、$S_2O_3^{2-}$ 离子沉淀反应及各种沉淀溶解性的差异，可将其分离及鉴定。

三、仪器、试剂

1. 仪器　试管，离心试管，离心机，水浴锅，酒精灯。

2. 试剂　$0.1mol \cdot L^{-1}$ NaCl，$0.1mol \cdot L^{-1}$ KBr，$0.1mol \cdot L^{-1}$ KI，$0.1mol \cdot L^{-1}$ $AgNO_3$，$2mol \cdot L^{-1}$ HNO_3，$6mol \cdot L^{-1}$ HNO_3，$2mol \cdot L^{-1}$ H_2SO_4，$2mol \cdot L^{-1}$ HCl，$2mol \cdot L^{-1}$ $NH_3 \cdot H_2O$，3% H_2O_2，$0.1mol \cdot L^{-1}$ $Na_2S_2O_3$，Cl^-、Br^-、I^- 混合溶液，锌粉，氯水，碘水，四氯化碳，乙醚，1% 淀粉，$0.01mol \cdot L^{-1}$ $KMnO_4$，$0.1mol \cdot L^{-1}$ $K_2Cr_2O_7$，S^{2-}、SO_3^{2-}、$S_2O_3^{2-}$ 混合溶液，1% 亚硝酰五氰合铁(Ⅲ)酸钠，$CdCO_3$（或 $PbCO_3$）固体，$0.5 mol \cdot L^{-1}$ $Sr(NO_3)_2$。

四、实验步骤

1. 卤素

（1）卤化银的性质　取 2 支离心试管，各加入几滴 $0.1mol \cdot L^{-1}$ NaCl 溶液，再滴加 $0.1mol \cdot L^{-1}$ $AgNO_3$ 溶液至 AgCl 沉淀完全。离心分离，弃去上层清液，观察沉淀的颜色。在一个试管中加入 $2mol \cdot L^{-1}$ HNO_3，另一个试管中加入 $2mol \cdot L^{-1}$ $NH_3 \cdot H_2O$，观察沉淀是否溶解，写出有关反应式。

用 $0.1mol \cdot L^{-1}$ KBr 溶液和 $0.1mol \cdot L^{-1}$ KI 溶液进行上述同样实验，根据实验现象，指出 AgCl、AgBr、AgI 沉淀的颜色及溶解性差别。

（2）Cl^-、Br^-、I^- 混合离子的分离和鉴定

① AgCl、AgBr、AgI 沉淀的生成。在离心试管中加入 2mL Cl^-、Br^-、I^- 的混合溶液，加入 2~3 滴 $6mol \cdot L^{-1}$ HNO_3 酸化，逐滴加入 $0.1mol \cdot L^{-1}$ $AgNO_3$ 溶液至沉淀完全，然后置入水浴中加热 2min 使卤化银聚沉，离心分离，弃去上清液，再用蒸馏水将沉淀洗涤两次。

② Cl^- 的分离和鉴定。往卤化银沉淀上加 2mL $2mol \cdot L^{-1}$ $NH_3 \cdot H_2O$，搅拌 1min，离心分离（沉淀供下一步实验用），将上层清液转入另一试管中，用 $6mol \cdot L^{-1}$ HNO_3 酸化，有白色沉淀产生，表示有 Cl^- 存在。

③ Br^-、I^- 的鉴定。向实验②离心分离出的沉淀中加入 1mL 蒸馏水和少量锌粉，充分搅拌后，有黑色沉淀出现，离心分离，将上层清液（含 Br^-、I^-）转入另一试管中。

往清液（含 Br^-、I^-）中加入 1mL CCl_4，然后滴加新制氯水，每加入 1 滴后都要振荡试管，并观察 CCl_4 层的颜色变化。CCl_4 层出现紫色，表示有 I_2 存在，说明原试液中含有 I^-。继续滴加氯水，I_2 即被氧化为 HIO_3（无色），这时 CCl_4 层出现黄色或橙黄色，即表示

有 Br_2 存在，说明原试液中含有 Br^-。

2. 氧、硫

（1）过氧化氢的性质

① 过氧化氢的氧化性。在试管中加入 5 滴 $0.1mol \cdot L^{-1}$ KI 溶液和 1 滴 $2mol \cdot L^{-1}$ H_2SO_4 溶液，再加入 2 滴 3‰ H_2O_2 溶液，观察实验现象。然后加入 1 滴 1% 淀粉溶液，观察溶液颜色变化，写出反应式。

② 过氧化氢的还原性。在试管中加入 5 滴 $0.01mol \cdot L^{-1}$ $KMnO_4$ 溶液和 1 滴 $2mol \cdot L^{-1}$ H_2SO_4 溶液，然后滴加 3‰ H_2O_2 溶液，边滴加边振荡试管，观察溶液颜色变化，写出反应式。

③ 过氧化氢的鉴定。在试管中加入 2mL 3% H_2O_2 溶液，1mL 乙醚和 1mL $2mol \cdot L^{-1}$ H_2SO_4 溶液，再加入 2～3 滴 $0.1mol \cdot L^{-1}$ $K_2Cr_2O_7$ 溶液，观察溶液和乙醚层的颜色变化，写出过氧化铬生成的反应式。

（2）硫代硫酸盐的性质

① 还原性。在试管中加入 10 滴碘水，再逐滴加入 $0.1mol \cdot L^{-1}$ $Na_2S_2O_3$ 溶液，观察溶液颜色变化，写出反应式。

② 与酸的反应。在试管中加入 1mL $0.1mol \cdot L^{-1}$ $Na_2S_2O_3$ 溶液，再 $2mol \cdot L^{-1}$ HCl 10 滴，微热，观察实验现象，写出反应式。

③ 与 $AgNO_3$ 的反应。在试管中加入 10 滴 $0.1mol \cdot L^{-1}$ $AgNO_3$ 溶液，再加入几滴 $0.1mol \cdot L^{-1}$ $Na_2S_2O_3$ 溶液，振荡试管，观察沉淀颜色变化，写出反应式。

（3）S^{2-}、SO_3^{2-}、$S_2O_3^{2-}$ 混合离子的分离和检出

① S^{2-} 的鉴别。在试管中加入含 S^{2-}、SO_3^{2-}、$S_2O_3^{2-}$ 的混合离子试液 5 滴，$0.1mol \cdot L^{-1}$ NaOH 2 滴，混合后，加入新配制的 1% 亚硝酰五氰合铁（Ⅲ）酸钠 $\{Na_2[Fe(CN)_5NO]\}$ 溶液 2 滴，溶液出现紫色 $[Na_4Fe(CN)_5NOS]$，表示有 S^{2-} 离子存在。

② S^{2-}、SO_3^{2-} 和 $S_2O_3^{2-}$ 的分离及检出。取上述混合离子试液 1mL，加入 $CdCO_3$（或 $PbCO_3$）固体少许，使 S^{2-} 生成 CdS 沉淀，离心分离，弃去沉淀，将上清液转入另一离心管中。向其中加入 $0.5mol \cdot L^{-1}$ $Sr(NO_3)_2$ 溶液，使沉淀完全，离心分离，并将上层清液转入试管中；在沉淀中加入 $2mol \cdot L^{-1}$ HCl，使沉淀溶解，再加入 $0.01mol \cdot L^{-1}$ $KMnO_4$ 溶液，$KMnO_4$ 紫色褪去，表示有 SO_3^{2-} 存在；在上清液中加入过量 $0.1mol \cdot L^{-1}$ $AgNO_3$ 溶液，白色沉淀迅速变为黄色→棕色→黑色，表示有 $S_2O_3^{2-}$ 存在。

思考题

1. 在 SO_4^{2-}、Cl^-、Br^-、I^- 的混合溶液中，先分离出何种离子为好？采用什么方法分离？画出分离流程图。

2. $AgNO_3$ 和 $Na_2S_2O_3$ 在水溶液中反应，什么情况下生成黑色 Ag_2S 沉淀？什么情况下生成 $[Ag(S_2O_3)_2]^{3-}$ 配离子？

实验十二　过渡元素（铜、锌、汞）的性质

预习指导

理论要点：过渡元素性质

操作要点：试管操作　离心机使用　加热操作

一、实验目的

1. 了解铜、锌、汞重要化合物的常见反应。
2. 掌握 Cu^{2+}、Zn^{2+}、Hg^{2+} 及 Hg_2^{2+} 的鉴别方法。

二、实验原理

铜属ⅠB族元素，价电子层结构为 $3d^{10}4s^1$。锌、汞属ⅡB族元素，价电子层结构为 $(n-1)d^{10}ns^2$。由价电子层结构可知，它们与ⅠA/ⅡA族元素相比，性质上既有相似性又有许多差异。

Cu^{2+}、Zn^{2+}、Hg^{2+} 的氢氧化物均不溶于水。其中 $Zn(OH)_2$ 显两性；$Cu(OH)_2$ 微显两性；$Hg(OH)_2$ 极不稳定，马上分解为氧化物和水。

Cu^{2+}、Zn^{2+} 均能与 $NH_3 \cdot H_2O$ 作用生成配离子，但 Hg^{2+} 及 Hg_2^{2+} 与 $NH_3 \cdot H_2O$ 作用时生成沉淀。

Cu^{2+}、Zn^{2+}、Hg^{2+} 均可与 I^- 作用，生成不同颜色的沉淀。其中 HgI_2 可溶于过量的 I^- 生成稳定的配离子 $[HgI_4]^{2-}$；Hg_2I_2 则歧化为 $[HgI_4]^{2-}$ 和 Hg。

利用上述反应，可分离和鉴别 Cu^{2+}、Zn^{2+}、Hg^{2+} 及 Hg_2^{2+}。

三、仪器、试剂

1. **仪器**　试管，离心试管，离心机，酒精灯。
2. **试剂**　$2mol \cdot L^{-1}$ H_2SO_4，$2mol \cdot L^{-1}$ HNO_3，$2mol \cdot L^{-1}$ $NH_3 \cdot H_2O$，$2mol \cdot L^{-1}$、$6mol \cdot L^{-1}$ $NaOH$，$0.1 mol \cdot L^{-1}$ $CuSO_4$，$0.1 mol \cdot L^{-1}$ $ZnSO_4$，$0.1mol \cdot L^{-1}$ $Hg(NO_3)_2$，$0.1mol \cdot L^{-1}$ $Hg_2(NO_3)_2$，$0.1mol \cdot L^{-1}$ KI，$0.1mol \cdot L^{-1}$ NaS_2O_3，$0.1mol \cdot L^{-1}$ $SnCl_2$，$10g/L$ 淀粉溶液，$50g/L$ 葡萄糖溶液，固体 KI。

四、实验步骤

1. **铜的化合物**

① 氢氧化铜的生成和性质。在试管中加入 10 滴 $0.1mol \cdot L^{-1}$ $CuSO_4$ 溶液和 4 滴 $2mol \cdot L^{-1}$ $NaOH$ 溶液，观察沉淀的颜色和状态。将沉淀分为 2 份，分别加入 $2mol \cdot L^{-1}$ H_2SO_4 溶液和过量 $6mol \cdot L^{-1}$ $NaOH$ 溶液，观察沉淀是否溶解，写出反应式。

② 铜氨配离子的生成。在试管中加入 5 滴 $0.1mol \cdot L^{-1}$ $CuSO_4$ 溶液，然后逐滴加入 $2mol \cdot L^{-1}$ $NH_3 \cdot H_2O$，边加边摇，观察沉淀是否溶解，溶液颜色有何变化？

③ Cu^{2+} 与 KI 反应。在离心试管中加入 5 滴 $0.1mol \cdot L^{-1}$ $CuSO_4$ 溶液和 10 滴 $0.1mol \cdot L^{-1}$ KI 溶液，摇匀后离心分离。吸取上层清液于另 1 支试管中，滴入几滴 $10g/L$ 淀粉溶液，有何现象发生？在沉淀上加几滴 $0.1mol \cdot L^{-1}$ NaS_2O_3 溶液，又出现何现象？为什么？

④ Cu^{2+} 与葡萄糖溶液反应。在试管中加入 5 滴 $0.1mol \cdot L^{-1}$ $CuSO_4$ 溶液，再加入过量 $6mol \cdot L^{-1}$ $NaOH$ 溶液至沉淀溶解。继续加入 5 滴 $50g/L$ 葡萄糖溶液，混匀后微热之，观察实验现象并写出反应式。

2. **锌的化合物**

① 氢氧化锌的生成和两性。在试管中加入 10 滴 $0.1mol \cdot L^{-1}$ $ZnSO_4$ 溶液和 4 滴 $2mol \cdot L^{-1}$

NaOH 溶液，观察沉淀的颜色和状态。将沉淀分为 2 份，分别加入适量 2mol·L^{-1} H$_2$SO$_4$ 溶液和过量 6mol·L^{-1} NaOH 溶液，观察沉淀是否溶解，写出反应式。

② 锌氨配离子的生成。在试管中加入 5 滴 0.1mol·L^{-1} ZnSO$_4$ 溶液，然后逐滴加入 2mol·L^{-1} NH$_3$·H$_2$O，边加边摇，观察沉淀是否溶解，写出反应式。

3. 汞的化合物

① 与 NaOH 反应。在 2 支试管中分别加入 5 滴 0.1mol·L^{-1} Hg(NO$_3$)$_2$ 和 0.1mol·L^{-1} Hg$_2$(NO$_3$)$_2$ 溶液，然后再各加入 5 滴 2mol·L^{-1} NaOH 溶液，观察沉淀的颜色有何不同？将每个试管中的沉淀分成 2 份，分别加入 2mol·L^{-1} HNO$_3$ 和 6mol·L^{-1} NaOH 溶液，观察其溶解性，写出有关的反应式。

② 与 NH$_3$·H$_2$O 反应。在 2 支试管中分别加入 5 滴 0.1mol·L^{-1} Hg(NO$_3$)$_2$ 和 0.1mol·L^{-1} Hg$_2$(NO$_3$)$_2$ 溶液，然后分别滴加 2mol·L^{-1} NH$_3$·H$_2$O，边滴边摇，观察实验现象，写出反应式。

③ 与 SnCl$_2$ 反应。在 2 支试管中分别加入 5 滴 0.1mol·L^{-1} Hg(NO$_3$)$_2$ 和 0.1mol·L^{-1} Hg$_2$(NO$_3$)$_2$ 溶液，然后分别滴加 0.1mol·L^{-1} SnCl$_2$ 溶液，边滴边摇，观察实验现象，写出反应式。

④ 与 KI 反应。在 2 支试管中分别加入 5 滴 0.1mol·L^{-1} Hg(NO$_3$)$_2$ 和 0.1mol·L^{-1} Hg$_2$(NO$_3$)$_2$ 溶液，然后各加入 1～2 滴 0.1mol·L^{-1} KI 溶液，有何现象？再在两试管中各加入少量 KI 固体，又有何现象？为什么？

思考题

1. 比较 Cu^{2+}、Zn^{2+}、Hg^{2+}、Hg$_2^{2+}$ 与 NaOH 溶液反应的异同点。

2. 写出 Cu^{2+}、Zn^{2+}、Hg^{2+}、Hg$_2^{2+}$ 与过量 NH$_3$·H$_2$O 作用的反应式，能否用此反应区别上述离子？

实验十三　分析天平称量练习

预习指导
理论要点：分析天平的构造　有效数字
操作要点：台秤称量　差减称量法

一、实验目的

1. 了解分析天平的构造，学会正确的称量方法。
2. 初步掌握递减法的称样方法。
3. 掌握在称量中如何运用有效数字。

二、仪器、试剂

1. 仪器　分析天平，台秤，25mL 或 50mL 小烧杯，称量瓶。
2. 试剂　无水 Na$_2$CO$_3$。

三、实验步骤

① 准备两只洁净、干燥并编有号码的小烧杯，先在台秤上粗称其质量（准确到 0.1g），记在记录本上。然后在分析天平上精确称量，记录空烧杯的质量为 W_1 和 W_2 准确到 0.0001g（为什么？）。

② 取 1 只装有试样的称量瓶，粗称其质量，再在分析天平上精确称量，记下质量为 m_1。然后从天平中取出称量瓶，将试样慢慢倾入上面已称出质量的第 1 只小烧杯中〔倾样时，由于初次称量，缺乏经验，很难一次倾准，因此要试称，即第 1 次倾出少一些，粗称此量，根据此质量估计不足的量（为倾出量的几倍），继续倾出此量〕。然后再准确称量出称量瓶和试样的质量，设为 m_2，则 m_1-m_2 即为试样的质量。第 1 份试样称好后，再倾第 2 份试样于第 2 只烧杯中，称出称量瓶加剩余试样的质量，设为 m_3，则 m_2-m_3 即为第 2 份试样的质量。

③ 分别称出两个"小烧杯＋试样"的质量，记为 W_3 和 W_4。将记录结果填入表 2-5。

表 2-5　记录结果

记　录　项　目	Ⅰ	Ⅱ
（称量瓶＋试样）的质量（倒出前）	m_1	m_2
（称量瓶＋试样）的质量（倒出后）	m_2	m_3
称出试样的质量		
（烧杯＋称出试样）的质量	W_3	W_4
空烧杯质量	W_1	W_2
称出试样质量		
绝对差值		

④ 结果的检验：a. 检查 m_1-m_2 是否等于第 1 只小烧杯中增加的质量，即 W_3-W_1；m_2-m_3 是否等于第 2 只小烧杯中增加的质量，即 W_4-W_2；如不相等，求出差值，要求称量的绝对值小于 0.0005g。b. 再检查倒入小烧杯中的两份试样的质量是否合乎要求（即在 0.2～0.4g 之间）。c. 如不符合要求，分析原因后重新称量。

思考题

1. 如何表示分析天平的灵敏度？一般分析实验室所用的电光天平的灵敏度以多少为宜？灵敏度太低或太高有什么不好？

2. 什么是天平的零点和平衡点？电光天平的零点应怎样调节？如果偏离太大，又应该怎样调节？

3. 为什么天平梁没有托住以前，绝对不许把任何东西放入盘中或从盘上取下？

4. 递减法称样是怎样进行的？增量法的称样是怎样进行的？它们各有什么优缺点？宜在何种情况下采用？

5. 在称量的记录和计算中，如何正确运用有效数字？

实验十四　酸碱标准溶液的配制和比较滴定

预习指导
理论要点：标准溶液的配制　比较滴定　指示剂的选择
操作要点：台秤称量　滴定

一、实验目的

1. 练习酸碱标准溶液的配制和滴定操作。
2. 掌握酸碱滴定的终点控制。

二、实验原理

1. 酸标准溶液的配制

通常用盐酸或硫酸来配制酸标准溶液。盐酸一般不会破坏指示剂，稀盐酸溶液的稳定性相当好，使用较广泛。如果试样要同过量的酸标准溶液共同煮沸，最好用硫酸标准溶液，尤其是当所需酸的浓度较高时，更应如此。

2. 碱标准溶液的配制

① 常用 NaOH 或 KOH 来配制碱的标准溶液，也可用中强碱 $Ba(OH)_2$ 来配制，但以 NaOH 标准溶液应用最多。$Ba(OH)_2$ 可用来配制不含碳酸盐的碱标准溶液。碱溶液易腐蚀玻璃，最好用塑料容器储存。在一般情况下可用玻璃瓶储存碱标准溶液，但必须用橡皮塞或软木塞盖严。

② 碱试剂易吸收空气中的 CO_2 和 H_2O，酸试剂的浓度常不确定或易挥发。因此酸碱标准溶液不能直接配制，而是采取间接法配制，即先配制成近似浓度（$0.05 \sim 0.5 mol \cdot L^{-1}$）的溶液，再选用一定的基准物质进行标定。

③ 酸碱标准溶液相互之间可进行比较滴定。酸碱反应的实质是

$$H^+ + OH^- \Longrightarrow H_2O$$

对于 NaOH 和 HCl 的反应，达到化学计量点时有：

$$c(HCl)V(HCl) = c(NaOH)V(NaOH)$$

或

$$\frac{c(NaOH)}{c(HCl)} = \frac{V(HCl)}{V(NaOH)}$$

通过比较滴定，可以确定酸溶液和碱溶液之间的体积比。当某一种溶液的浓度是已知时，通过体积比可求得另一溶液的准确浓度。

三、仪器、试剂

1. **仪器**　台秤，500mL 细口试剂瓶，50mL 酸式、碱式滴定管，250mL 锥形瓶，10mL 量筒。
2. **试剂**　浓 HCl，固体 NaOH，0.1% 甲基橙水溶液，0.2% 酚酞乙醇溶液。

四、实验步骤

1. $0.1 mol \cdot L^{-1}$ HCl 标准溶液的配制

用洁净的 10mL 量筒量取分析纯的浓盐酸（密度 $1.19g \cdot mL^{-1}$，含 HCl 约 37%，浓度约为 $12mol \cdot L^{-1}$）溶液 ____ mL（自己计算，下同），倒入烧杯中用水稀释至总体积为 500mL，将溶液转入已洗净的带玻璃塞的试剂瓶中，摇匀，贴好标签。

2. $0.1mol \cdot L^{-1}$ NaOH 标准溶液的配制

在台秤上快速称取分析纯的 NaOH 固体 ____ g，转入烧杯中加 100mL 蒸馏水溶解，然后稀释至总体积为 500mL，将溶液转入已洗净的带木塞或橡皮塞的试剂瓶中，摇匀，贴好标签。

3. 酸碱标准溶液的比较滴定

① 用 NaOH 标准溶液润洗洁净的碱式滴定管 2～3 次，每次用 5～10mL，然后将碱标准溶液装入碱式滴定管中，赶去气泡，并调节管内溶液弯月面于零刻度或零刻度下附近处。

② 用 HCl 标准溶液润洗洁净的酸式滴定管 2～3 次，每次 5～10mL，然后将酸标准溶液装入酸式滴定管中，赶去气泡，并调节管内溶液弯月面于零刻度或零刻度下附近处。

③ 由碱式滴定管中放出 NaOH 溶液 20～30mL 于 250mL 锥形瓶中，加入甲基橙指示剂 2 滴，用 HCl 溶液滴定。滴定时应不断摇动锥形瓶，直到加入半滴或 1 滴 HCl 溶液，使溶液的颜色由黄色恰好转变为橙色为止（为便于终点的颜色观察，可用另一锥形瓶中加有甲基橙而未滴定的试液作参比）。若 HCl 过量，可用 NaOH 溶液返滴定，此时溶液的颜色由红色转变为橙色或黄色。如此反复练习滴定的基本操作和观察滴定终点的颜色变化。最后读准滴定消耗的 HCl 和 NaOH 溶液的体积（必须准确估读至 0.01mL），平行滴定 3 次。

另由酸式滴定管中放出 HCl 溶液 20～30mL 于 250mL 锥形瓶中，加入酚酞指示剂 2 滴，用 NaOH 溶液滴定。滴定时应不断摇动锥形瓶，直到加入半滴或 1 滴 NaOH 溶液，使溶液的颜色由无色恰好转变为浅红色并 30s 不褪色为止。若 NaOH 过量，可用 HCl 溶液返滴定，此时溶液的颜色由红色转变为无色。如此反复练习滴定的基本操作和观察滴定终点的颜色变化。最后读准滴定消耗的 HCl 和 NaOH 溶液的体积（必须准确估读至 0.01mL），平行滴定 3 次。计算体积比和相对平均偏差。

思考题

1. 配制酸碱溶液时，所加水的体积是否需要很准确？

2. 市售的 NaOH 试剂中常有少量的 Na_2CO_3 等杂质，它们与酸作用即生成 CO_2，这对滴定终点有无影响？在配制 NaOH 标准溶液时，应采取什么措施？

3. 分析纯的 NaOH 和 HCl 试剂能否直接配制成相应的标准溶液？

4. 滴定时用少量水吹洗锥形瓶壁，对结果有无影响？

实验十五　酸碱标准溶液浓度的标定

预习指导

理论要点：标准溶液的标定　强碱（酸）滴定弱酸（碱）　基准物质

操作要点：分析天平称量　滴定

一、实验目的

1. 进一步练习滴定操作和天平称量。
2. 掌握标定酸碱标准溶液浓度的方法。

二、实验原理

酸碱标准溶液是采用间接法配制的,其浓度需要基准物质来标定。也可根据酸碱溶液已标定的其中之一的浓度,按它们的体积比来计算另一种标准溶液的浓度。

标定酸的基准物质常用无水碳酸钠或硼砂。以无水碳酸钠为基准物质标定时,应选用甲基橙为指示剂,反应式如下:

$$Na_2CO_3 + 2HCl = 2NaCl + CO_2\uparrow + H_2O$$

以硼砂 $Na_2B_4O_7 \cdot 10H_2O$ 为基准物质标定时,反应产物是硼酸($K_a = 5.7 \times 10^{-10}$),溶液呈微酸性,因此应选用甲基红为指示剂,反应如下:

$$Na_2B_4O_7 + 2HCl + 5H_2O = 2NaCl + 4H_3BO_3$$

标定碱的基准物质常用的有邻苯二甲酸氢钾或草酸。邻苯二甲酸氢钾的酸性较弱, $K_{a_2} = 2.9 \times 10^{-6}$,与 NaOH 反应式如下:

反应产物是邻苯二甲酸钠钾,在水溶液中显微碱性,因此应选用酚酞为指示剂。

草酸 $H_2C_2O_4 \cdot 2H_2O$ 是二元酸,由于 K_{a_1} 与 K_{a_2} 值相近,不能分步滴定,反应产物为 $Na_2C_2O_4$,在水溶液中呈微碱性,应选用酚酞为指示剂。反应为:

$$H_2C_2O_4 + 2NaOH = Na_2C_2O_4 + 2H_2O$$

三、仪器、试剂

1. 仪器　酸式滴定管,碱式滴定管,锥形瓶,量筒,分析天平。
2. 试剂　0.1mol·L^{-1} HCl 标准溶液,0.1mol·L^{-1} NaOH 标准溶液,邻苯二甲酸氢钾(A.R.),无水碳酸钠(A.R.),0.1%甲基橙水溶液,0.2%酚酞乙醇溶液。

四、实验步骤

1. HCl 标准溶液浓度的标定

用差减法准确称取 Na_2CO_3 三份,每份 0.13g 左右,分别置于 250mL 锥形瓶中,各加蒸馏水 60mL,使之溶解,加甲基橙 2 滴,用待标定的 HCl 标准溶液滴定,近终点时,应逐滴或半滴加入,直至被滴定的溶液由黄色突变成橙色即为终点。读取读数,重复上述操作,滴定其余两份基准物质。

根据 Na_2CO_3 的质量 m 和消耗 HCl 溶液的体积 V ,按下式计算 HCl 标准溶液的浓度。

$$c(HCl) = \frac{m \times 2000}{M(Na_2CO_3)V(HCl)}$$

要求相对平均偏差不得大于 0.2%,否则应重新标定。

2. NaOH 标准溶液浓度的标定

用差减法准确称取邻苯二甲酸氢钾三份，每份 0.5g 左右，分别置于锥形瓶中，各加 50mL 蒸馏水溶解，必要时可小火温热溶解，冷却后加酚酞指示剂 2 滴，用待标定的 NaOH 标准溶液滴定，近终点时要逐滴或半滴加入，直至被滴定溶液由无色变成浅红色，摇动后半分钟内不褪色即为终点。读取读数，重复上述操作，滴定其余两份基准物质。

根据邻苯二甲酸氢钾的质量 m 和消耗 NaOH 标准溶液的体积 V，按下式计算 NaOH 标准溶液的浓度。

$$c(NaOH) = \frac{m \times 1000}{M(KHC_8H_4O_4)V(NaOH)}$$

要求相对平均偏差不得大于 0.2%，否则应重新标定。

思考题

1. 标定 HCl 溶液时，基准物 Na_2CO_3，称 0.13g 左右，标定 NaOH 溶液时，称邻苯二甲酸氢钾 0.5g 左右，这些称量要求是怎么算出来的？称太多或太少对标定有何影响？

2. 标定用的基准物质应具备哪些条件？

3. 溶解基准物质时加入 50mL 蒸馏水应使用移液管还是量筒？为什么？

4. 用邻苯二甲酸氢钾标定 NaOH 溶液时，为什么选用酚酞指示剂？用甲基橙可以吗？为什么？

5. $Na_2C_2O_4$ 能否作为标定酸的基准物？为什么？

实验十六　EDTA 标准溶液的配制和标定

预习指导

理论要点：EDTA 的性质　配位滴定法　EDTA 标准溶液的配制与标定

操作要点：滴定　定容　分析天平称量　移液管的使用

一、实验目的

1. 掌握配位滴定法的原理，了解配位滴定法的特点。

2. 练习 EDTA 标准溶液的配制与标定方法。

二、实验原理

EDTA 是乙二胺四乙酸的简称，为一种氨羧配位剂，能与大多数金属离子形成稳定的 1:1 型配合物。但由于乙二胺四乙酸在水中的溶解度很小，所以实际工作中通常使用溶解度较大的乙二胺四乙酸二钠盐（也称为 EDTA）来配制标准溶液。

EDTA 二钠盐可以制成基准物质。分析纯的 EDTA 二钠盐常含有 0.3% 湿存水，若采用直接配制法配制标准溶液，应将试剂在 80℃ 干燥过夜，或在 120℃ 烘至恒重。由于水和其他试剂中常含有少量金属离子，因此 EDTA 标准溶液常用间接法配制。

标定 EDTA 的基准物质很多，如金属 Zn、Cu、Pb、Bi 等，金属氧化物 ZnO、Bi_2O_3 等及 $CaCO_3$、$MgSO_4 \cdot 7H_2O$ 等。通常选用与其中被测组分相同的物质作基准物质，这样标定条件与测量条件尽可能一致，从而减少测量误差。

三、仪器、试剂

1. 仪器 酸式滴定管，20mL 移液管，100mL 容量瓶，250mL 锥形瓶，量筒，分析天平。

2. 试剂 0.1mol·L^{-1} EDTA 溶液，$MgSO_4·7H_2O$（A. R.），1∶1 氨水。

pH=10.0 的氨性缓冲溶液（称取 6.8g NH_4Cl 溶于 20mL 水中，加入 57mL 密度为 0.9g/mL 的浓氨水，用水稀释至 200mL）。

铬黑 T 指示剂（铬黑 T 与固体 NaCl 按 1∶100 的比例混合，研磨均匀备用）。

四、实验步骤

1. 0.01mol·L^{-1} EDTA 标准溶液的配制

称取 1.1g EDTA 二钠盐于烧杯中，加入 100mL 蒸馏水溶解，然后用蒸馏水稀释至总体积 300mL，转入已洗净带玻璃塞的试剂瓶中，贴好标签。

2. EDTA 标准溶液的标定

用差减法准确称取分析纯 $MgSO_4·7H_2O$ 0.6g 左右于 50mL 小烧杯中，用 20mL 蒸馏水溶解后，定量转入 250mL 容量瓶中，加蒸馏水稀释至刻度，摇匀。

用 25mL 移液管移取上述溶液 25.00mL 于 250mL 锥形瓶中，加蒸馏水 30mL，再加 pH=10.0 氨性缓冲液 5mL，加铬黑 T 指示剂 30mg（约绿豆粒大小），用待标定的 EDTA 溶液滴定至溶液由酒红色变为纯蓝色，即为终点。平行测定 3 次，其测定结果相对平均偏差不大于 0.2%，按下式计算 EDTA 溶液的准确浓度。

$$c(EDTA) = \frac{c(Mg^{2+})V(Mg^{2+})}{V(EDTA)}$$

思考题

1. 进行配位滴定时为什么要加入缓冲溶液？

2. EDTA 二钠盐（$Na_2H_2Y·2H_2O$）的水溶液是酸性还是碱性？其水溶液 pH 值约为多少？

实验十七　高锰酸钾标准溶液的配制和标定

预习指导

理论要点：氧化还原滴定　高锰酸钾标准溶液的配制和标定

操作要点：分析天平称量　过滤操作　滴定

一、实验目的

1. 掌握高锰酸钾标准溶液的配制、标定和保存方法。

2. 掌握以草酸钠为基准物标定高锰酸钾的基本原理、反应条件、操作方法和计算。

二、实验原理

高锰酸钾（KMnO₄）为强氧化剂，易和水中的有机物和空气中的尘埃等还原性物质作用；$KMnO_4$ 溶液还能自行分解，见光时分解更快，因此 $KMnO_4$ 标准溶液的浓度容易改变，必须采用间接法配制，标定后应保存在棕色瓶中。

$KMnO_4$ 溶液的标定常采用草酸钠（$Na_2C_2O_4$）作基准物，因为 $Na_2C_2O_4$ 不含结晶水，容易精制，操作简便。在酸性溶液中 $KMnO_4$ 和 $Na_2C_2O_4$ 反应如下：

$$2MnO_4^- + 5C_2O_4^{2-} + 16H^+ == 2Mn^{2+} + 10CO_2\uparrow + 8H_2O$$

滴定温度控制在 75～85℃，否则反应速度太慢，若温度过高，草酸将分解。

$$H_2C_2O_4 == CO_2\uparrow + CO\uparrow + H_2O$$

该滴定反应刚开始反应速度较慢，随着滴定的进行产生 Mn^{2+}，Mn^{2+} 能起自身催化作用而使反应速度加快。

三、仪器、试剂

1. 仪器　分析天平，500mL 烧杯，50mL 酸式滴定管，250mL 锥形瓶，10mL 量筒。
2. 试剂　基准试剂 $Na_2C_2O_4$，3mol·L⁻¹ H_2SO_4。

四、实验步骤

1. 0.02mol·L⁻¹ $KMnO_4$ 标准溶液的配制

称取 1.0g $KMnO_4$ 固体，置于 500mL 烧杯中，加蒸馏水 300mL 使之溶解，盖上表面皿，加热至沸，并缓缓煮沸 1h。冷却后，在暗处放置数天（至少 2～3 天），然后用微孔玻璃漏斗或玻璃棉过滤除去 MnO_2 沉淀。滤液储存在干燥棕色瓶中，摇匀。

2. $KMnO_4$ 标准溶液的标定

准确称取在 130℃烘干的 $Na_2C_2O_4$ 0.15～0.20g，置于 250mL 锥形瓶中，加入蒸馏水 40mL 及 3mol·L⁻¹ H_2SO_4 10mL，加热至 75～85℃（瓶口开始冒气，不可煮沸），立即用待标定的 $KMnO_4$ 溶液滴定至溶液呈微红色，并且在 30s 内不褪色即为终点。标定过程中要注意滴定速度，必须待前一滴溶液褪色后再加第二滴，此外还应使溶液保持适当的温度，滴定终了时的温度也不应低于 60℃。平行操作 2～3 次。

根据称取 $Na_2C_2O_4$ 的质量和消耗 $KMnO_4$ 标准溶液的体积，按下式计算 $KMnO_4$ 标准溶液的准确浓度，并求出平均值。

$$c(KMnO_4) = \frac{2m(Na_2C_2O_4) \times 1000}{5M(Na_2C_2O_4)V(KMnO_4)}$$

思考题

1. 配制 $KMnO_4$ 标准溶液时，为什么要把 $KMnO_4$ 溶液煮沸一定时间和放置数天？为什么还要过滤？是否可用滤纸过滤？

2. 用 $Na_2C_2O_4$ 标定 $KMnO_4$ 溶液浓度时，H_2SO_4 加入量的多少对标定有何影响？可否用盐酸或硝酸来代替？

3. 用 $Na_2C_2O_4$ 标定 $KMnO_4$ 溶液浓度时，为什么要加热？温度是否越高越好，为什么？

4. 本实验的滴定速度应如何掌握为宜？为什么？试解释溶液褪色的速度越来越快的原因。

5. 滴定管中的 $KMnO_4$ 溶液，应怎样准确地读取读数？

实验十八　硫代硫酸钠标准溶液的配制和标定

预习指导

理论要点：氧化还原滴定　碘量法

操作要点：分析天平称量　滴定　标定　碘量瓶的使用

一、实验目的

1. 掌握硫代硫酸钠标准溶液的配制、标定和保存方法；

2. 掌握以 $K_2Cr_2O_7$ 为基准物间接碘量法标定 $Na_2S_2O_3$ 的基本原理、反应条件、操作方法和计算。

二、实验原理

固体 $Na_2S_2O_3 \cdot 5H_2O$ 试剂一般都含有少量杂质，如 Na_2SO_3、Na_2SO_4、Na_2CO_3、$NaCl$ 和 S 等，并且放置过程易风化，因此不能用直接法配制标准溶液。$Na_2S_2O_3$ 溶液由于受水中微生物、空气中 CO_2 或 O_2、光线及微量的 Cu^{2+}、Fe^{3+} 等作用不稳定，容易分解。通常溶液的标定与它的使用时间不应相隔太久，将溶液放置 $10\sim14$ 天，稳定后可标定使用。

标定 $Na_2S_2O_3$ 溶液的基准物有多种，常用的有纯碘、$K_2Cr_2O_7$、KIO_3 或电解铜等。本实验采用 $K_2Cr_2O_7$，其反应为：

$$K_2Cr_2O_7 + 6KI + 14HCl == 8KCl + 2CrCl_3 + 3I_2 + 7H_2O$$
$$I_2 + 2Na_2S_2O_3 == Na_2S_4O_6 + 2NaI$$

$K_2Cr_2O_7$ 与 KI 作用而析出相当量 I_2 的反应，不是在瞬间就可以完成的，适当增加溶液的酸度能使反应加速。为了使反应进行完全并防止 I_2 的挥发，应该加入过量的 KI 及在碘量瓶中进行反应；又因为在强酸性介质中 I^- 容易被空气氧化，所以要将反应物在阴暗处放置数分钟。

在用 $Na_2S_2O_3$ 溶液滴定析出的 I_2 时，酸度不可太高。因此滴定之前要将溶液充分稀释，滴定不可太快或太慢，并且一定要滴定到临近终点时才加入淀粉指示剂。

三、仪器、试剂

1. 仪器　分析天平，50mL 碱式滴定管，250mL 碘量瓶，5mL、100mL 量筒，100mL试剂瓶。

2. 试剂　硫代硫酸钠，$K_2Cr_2O_7$（A. R.），KI（A. R.），20% H_2SO_4 溶液。

$5g \cdot L^{-1}$ 淀粉指示液：称取 0.5g 可溶性淀粉放入小烧杯中，加水 10mL，使成糊状，在搅拌下倒入 90mL 沸水中，微沸 2min，冷却后转移至 100mL 试剂瓶中，贴好标签。

74

四、实验步骤

1. 0.05mol·L⁻¹硫代硫酸钠（$Na_2S_2O_3$）标准溶液的配制

称取硫代硫酸钠 $Na_2S_2O_3 \cdot 5H_2O$ 6.5g（或 4g 无水硫代硫酸钠 $Na_2S_2O_3$）溶于 500mL 水中，缓缓煮沸 10min，冷却。放置两周后过滤、标定。

2. 硫代硫酸钠标准溶液的标定

（1）准确称取 0.6g 左右 $K_2Cr_2O_7$ 于小烧杯中，加入 30mL 煮沸并冷却后的蒸馏水溶解。定量转移到 250mL 容量瓶中，定容。

（2）准确移取 25.00mL 上述 $K_2Cr_2O_7$ 溶液于 250mL 碘量瓶中，加入 2g KI 固体及 5mL 20％ H_2SO_4 溶液，立即盖上碘量瓶塞，摇匀，瓶口加少许蒸馏水密封，以防止 I_2 的挥发。在暗处放置 5min，打开瓶塞，用蒸馏水冲洗磨口塞和瓶颈内壁，加 50mL 煮沸并冷却后的蒸馏水稀释，用待标定的 $Na_2S_2O_3$ 标准溶液滴定，至溶液出现淡黄绿色时，加 1mL 5g·L⁻¹的淀粉溶液，继续滴定至溶液由蓝色变为亮绿色即为终点。记录消耗 $Na_2S_2O_3$ 标准溶液的体积。平行测定 3 次，按下式计算 $Na_2S_2O_3$ 标准溶液的浓度。

$$c(Na_2S_2O_3) = \frac{6m(K_2Cr_2O_7) \times 1000}{M(K_2Cr_2O_7)V(Na_2S_2O_3)} \times \frac{25.00}{250.0}$$

思考题

1. 为什么滴定完了的溶液放置后会变蓝色？

2. 如果 $K_2Cr_2O_7$ 与 KI 的反应不经放置即加水稀释，对滴定会产生什么影响？

3. 为什么当滴定到溶液呈黄绿色时才加入淀粉指示剂？

第三部分
应用性实验

实验十九　果品中总酸度的测定

预习指导

理论要点：强碱滴定弱酸　CO_2 对弱酸滴定的影响及消除方法

操作要点：分析天平称量　滴定　定容

一、实验目的

1. 进一步掌握滴定管、容量瓶、移液管的操作方法。
2. 掌握果品中总酸度测定的原理和方法。
3. 进一步掌握滴定弱酸选择指示剂的方法。

二、实验原理

水果及其加工品中所含的酸为有机弱酸，这些弱酸可用 NaOH 标准溶液直接滴定，而求出其总酸度。它们与 NaOH 溶液的反应为

$$NaOH + HA \Longrightarrow NaA + H_2O$$
$$nNaOH + H_nA \Longrightarrow Na_nA + nH_2O$$

滴定终点时溶液呈弱碱性，故应选择在碱性范围内变色的指示剂，通常选用酚酞作指示剂。蒸馏水中 CO_2 的存在会多消耗 NaOH 标准溶液而产生正误差，为此应使用新煮沸后冷却的蒸馏水，或做空白实验，以消除 CO_2 的影响。

三、仪器、试剂

1. **仪器**　碱式滴定管，250mL 锥形瓶，100mL 小烧杯，500mL 试剂瓶，10mL 量筒，250mL 容量瓶，25mL 移液管，百分之一分析天平。
2. **试剂**　0.1mol·L^{-1} NaOH 标准溶液，水果试样（苹果、猕猴桃、橘子等），酚酞。

四、实验步骤

1. 果品中总酸度的测定

在小烧杯内称取粉碎并混合均匀的试样 20g（精确至 0.01g），用干燥纱布过滤除去滤

渣，如滤液颜色太深可加少量活性炭脱色（试液颜色较深时，有碍终点观察），将试液转入 250mL 容量瓶中，并多次洗涤烧杯，洗液一并转入容量瓶中，用无 CO_2 蒸馏水稀释至刻度，摇匀。用 25mL 移液管（如果试样酸度较低，可用 50mL 移液管）移取试液 25.00mL 于 250mL 锥形瓶中，加 2 滴酚酞指示剂，用 $0.1mol\cdot L^{-1}$ NaOH 标准溶液滴定至溶液由无色变为微红色，30s 内不褪色即为终点，记录消耗 NaOH 的体积 V_1，平行测定 3 次。

2. 空白试验

用蒸馏水代替试液，按上述同样操作。记录消耗 $0.1mol\cdot L^{-1}$ 氢氧化钠标准溶液的体积为 V_2。按下式计算总酸度：

$$酸度（以适当酸计）=\frac{c(V_1-V_2)K}{m(试样)}\times\frac{250.0}{25.00}$$

式中，K 为酸的换算系数，各种酸的换算系数分别为：苹果酸，0.067；乙酸，0.060；酒石酸，0.075；柠檬酸，0.064；乳酸，0.090；盐酸，0.036；磷酸，0.049。计算结果精确到小数点后第二位。

思考题

1. 本实验中为什么要做空白实验？
2. 测定有机酸含量为什么选用酚酞作指示剂，而不用甲基橙或甲基红作指示剂？
3. 称取果品试样时为什么不用万分之一分析天平？

实验二十　铵盐中含氮量的测定

预习指导

理论要点：酸碱滴定　强碱滴定弱酸　间接滴定法
操作要点：分析天平称量　定容　滴定

一、实验目的

掌握甲醛法测定铵盐中氮含量的原理和方法。

二、实验原理

硫酸铵是常用的氮肥之一。由于其中 NH_4^+ 的酸性较弱（$K_a=5.6\times10^{-10}$），所以不能用 NaOH 标准溶液直接滴定。但可将硫酸铵与甲醛作用，定量生成质子化六亚甲基四胺和 H^+，反应如下：

$$4NH_4^++6HCHO \Longrightarrow (CH_2)_6N_4H^++3H^++6H_2O$$

所生成的质子化六亚甲基四胺和 H^+，用 NaOH 标准溶液直接滴定，滴定反应如下：

$$(CH_2)_6N_4H^++3H^++4OH^- \Longrightarrow (CH_2)_6N_4+4H_2O$$

终点时由于生成 $(CH_2)_6N_4$，溶液呈弱碱性，可选酚酞作指示剂。

由反应式知，1mol NH_4^+ 相当于 1mol H^+，故氮与 NaOH 的化学计量比为 $1:1$。

三、仪器、试剂

1. 仪器　碱式滴定管，250mL 容量瓶，250mL 锥形瓶，25mL 移液管，分析天平。
2. 试剂　0.1mol·L^{-1} NaOH 标准溶液，固体（NH$_4$)$_2$SO$_4$，18% HCHO，酚酞指示剂，甲基红指示剂。

四、实验步骤

1. HCHO 溶液的处理

取 37%（原装）HCHO 于烧杯中，加等量 H$_2$O 稀释，滴入 1~2 滴酚酞指示剂，用 NaOH 溶液滴至 HCHO 溶液呈微红色为止。

2. 称样与定容

用差减法准确称取 1.5g 左右（NH$_4$)$_2$SO$_4$ 试样于烧杯中，加入 30mL 蒸馏水溶解，定量转移到 250mL 容量瓶中定容，摇匀。

3. 测定

用移液管吸取 25.00mL（NH$_4$)$_2$SO$_4$ 试液于锥形瓶中，加 20mL 蒸馏水和 2 滴甲基红指示剂，若呈现红色则表示铵盐中有游离酸，需先用 NaOH 标准溶液滴定至橙色，记录消耗 NaOH 标准溶液的体积 V$_1$，平行测三次，求出平均值。

另用移液管吸取 25.00mL（NH$_4$)$_2$SO$_4$ 试液于锥形瓶中，加 20mL 蒸馏水，加入 5mL 18%中性 HCHO，放置 5min 后，加入 1~2 滴酚酞指示剂，用 0.1mol·L^{-1} NaOH 标准溶液滴定至溶液呈微红且 30s 内不褪色为止。记录消耗 NaOH 溶液的体积（V$_2$），平行测定 3 次，求出平均值。根据下式计算试样中氮的质量分数

$$w(\text{N}) = \frac{c(\text{NaOH})(V_2 - V_1) \times M(\text{N})}{m(\text{试样}) \times 1000} \times \frac{250.0}{25.00}$$

思考题

1. 为什么中和 HCHO 中游离酸以酚酞作指示剂，而中和铵盐试样中游离酸则以甲基红作指示剂？
2. 铵盐中 N 的测定为何不采用 NaOH 直接滴定法？

实验二十一　食用碱中 Na$_2$CO$_3$ 和 NaHCO$_3$ 含量的测定

预习指导

理论要点：酸碱滴定

操作要点：分析天平称量　滴定　双指示剂的使用

一、实验目的

1. 了解强碱弱酸盐滴定过程中 pH 值的变化。

2. 掌握用双指示剂法测定碱液中 Na_2CO_3 和 $NaHCO_3$ 的方法。

3. 了解酸碱滴定法在碱度测定中的应用。

二、实验原理

Na_2CO_3 是工业上常用的化工原料，也是食用碱的主要成分，其中常含有少量的 $NaHCO_3$，可用双指示剂法分别测定它们的含量。所谓双指示剂法是指在同一份试液中用两种不同的指示剂来测定，这种方法简便、快速，在生产中应用普遍。

常用的两种指示剂是酚酞和甲基橙。在试液中先加酚酞，用盐酸标准溶液滴定至红色刚刚褪去，由于酚酞的变色范围在 pH=8～10，此时溶液中 Na_2CO_3 仅被滴定成 $NaHCO_3$，即 Na_2CO_3 只被中和了一半。此时消耗 HCl 标准溶液的体积为 V_1，其反应式为：

$$Na_2CO_3 + HCl = NaHCO_3 + NaCl$$

然后再加入甲基橙指示剂，继续用 HCl 标准溶液滴定至由黄色变为橙色，此时 $NaHCO_3$ 被滴定成 H_2CO_3，此时消耗 HCl 标准溶液的体积为 V_2，其反应式为：

$$NaHCO_3 + HCl = H_2CO_3 + NaCl$$

不难看出 $V_1 < V_2$，且 Na_2CO_3 消耗 HCl 标准溶液的体积为 $2V_1$，$NaHCO_3$ 消耗 HCl 标准溶液的体积为 $(V_2 - V_1)$。

双指示剂中的酚酞指示剂可用甲酚红和百里酚蓝混合指示剂代替，甲酚红的变色范围为 6.7(黄)～8.4(红)，百里酚蓝的变色范围为 8.0(黄)～9.6(蓝)，混合后的变色点是 8.3，酸色呈黄色，碱色呈紫色，在 pH=8.2 时为樱桃色，变色较敏锐。

三、仪器、试剂

1. 仪器 分析天平，50mL 酸式滴定管，250mL 锥形瓶，100mL 量筒。

2. 试剂 0.1mol·L^{-1} HCl 标准溶液，甲基橙，酚酞，食用碱试样。

四、实验步骤

用分析天平准确称取 2.0g 左右食用碱试样，于小烧杯中，加 30mL 蒸馏水溶解后，定量转移至 250mL 溶量瓶中，加水稀释至刻度，摇匀。用 25mL 移液管移取混合碱试液 25.00mL 置于 250mL 锥形瓶中，2～3 滴酚酞指示剂，溶液呈红色，用 0.1mol·L^{-1} HCl 标准溶液滴定，边滴加边充分摇动，以免局部 Na_2CO_3 直接被滴至 H_2CO_3。滴定至酚酞恰好褪色为止，此时即为终点，记下用去 HCl 的体积 (V_1)。然后再加 2 滴甲基橙指示剂，此时溶液呈黄色，继续以 HCl 标准溶液滴定至溶液呈橙色，此时即为终点，记下所用 HCl 的体积 (V_2)。平行测定三次。

根据 V_1、V_2 可以计算出试液中 Na_2CO_3 及 $NaHCO_3$ 的含量，计算式如下：

$$w(Na_2CO_3) = \frac{c(HCl)V_1 M(Na_2CO_3)}{m(试样) \times 1000}$$

$$w(NaHCO_3) = \frac{c(HCl)(V_2 - V_1)M(NaHCO_3)}{m(试样) \times 1000}$$

思考题

1. 有一碱液，可能为 NaOH 或 NaHCO$_3$ 或 Na$_2$CO$_3$ 或共存物质的混合液。用标准酸溶液滴定至酚酞终点时，耗去酸的体积为 $V_1(\text{mL})$，继以甲基橙为指示剂滴定至终点时有耗去酸的体积为 $V_2(\text{mL})$。根据 V_1 与 V_2 的关系判断该碱液的组成：

关　系	组　成	关　系	组　成
$V_1>V_2$		$V_1=0$　$V_2>0$	
$V_1<V_2$		$V_1>0$　$V_2=0$	
$V_1=V_2$			

2. $NaHCO_3$ 水溶液的 pH 值与其浓度有无关系？

实验二十二　铅铋混合液中铅铋的连续测定

预习指导

理论要点：配位滴定　金属指示剂变色原理及使用　提高配位滴定选择性的方法
操作要点：分析天平称量　定容　滴定　移液管的使用

一、实验目的

1. 了解在配位滴定中利用控制酸度进行金属离子连续滴定的原理。
2. 掌握二甲酚橙指示剂的使用条件及性质。

二、实验原理

Bi^{3+}、Pb^{2+} 均能和 EDTA 形成稳定的 1∶1 配合物，其 $\lg K$ 值分别为 27.04 和 18.04。由于二者的 $\lg K$ 值相差很大，故可控制不同的酸度分别进行滴定。

在 Bi^{3+}、Pb^{2+} 混合溶液中，首先调节溶液的 pH=1，以二甲酚橙为指示剂，Bi^{3+} 与指示剂形成紫红色配合物，而此时 Pb^{2+} 不与指示剂形成紫红色配合物，用 EDTA 标准溶液滴定至溶液由紫红色变为亮黄色即达到 Bi^{3+} 的滴定终点，Pb^{2+} 则不被滴定。在滴定 Bi^{3+} 后的溶液中，加入六亚甲基四胺溶液，调节溶液 pH=5～6，这时 Pb^{2+} 与二甲酚橙形成紫红色配合物，溶液再次呈现紫红色，然后用 EDTA 标准溶液继续滴定，至溶液由紫红色变为亮黄色，这是 Pb^{2+} 的滴定终点。

三、仪器、试剂

1. 仪器　酸式滴定管，容量瓶，锥形瓶，移液管，分析天平，小烧杯。
2. 试剂　0.01mol·L^{-1} EDTA 标准溶液，0.2% 二甲酚橙溶液，20% 六亚甲基四胺溶液，0.1mol·L^{-1} HNO_3，Bi^{3+}、Pb^{2+} 混合溶液（Bi^{3+}、Pb^{2+} 浓度均小于 0.01mol·L^{-1}）。

四、实验步骤

用移液管移取 25.00 mL Bi^{3+}、Pb^{2+} 混合溶液三份，分别置于 250mL 锥形瓶中（如果样品为铅铋合金，可准确称取试样 0.15～0.18g，加 2mol·L^{-1} HNO_3 10mL，微热溶解后，稀释至 100mL，此时 pH=1），用 0.1mol·L^{-1} HNO_3 调节溶液至 pH=1，加二甲酚橙指示

剂 1～2 滴，用 EDTA 标准溶液滴定至溶液由紫红色变为亮黄色，记下消耗 EDTA 标准溶液的体积 V_1（mL）。滴加 20% 的六亚甲基四胺溶液到滴定完 Bi^{3+} 的溶液中至呈稳定的紫红色后，再过量 5mL，此时溶液的 pH＝5～6，继续用 EDTA 标准溶液滴定至由紫红色变为亮黄色即为 Pb^{2+} 的终点，记下消耗 EDTA 的体积 V_2（mL），计算 Bi^{3+} 和 Pb^{2+} 的浓度（g/L）（若为固体样品则计算含量）及相对平均偏差。

思考题

1. 本实验中，能否先在 pH＝5～6 的溶液中滴定 Pb^{2+}，然后再调节溶液的 pH＝1 来滴定 Bi^{3+}？

2. Bi^{3+}，Pb^{2+} 连续滴定时，为什么用二甲酚橙指示剂？用铬黑 T 指示剂可以吗？

实验二十三 双氧水中过氧化氢含量的测定

预习指导

理论要点：高锰酸钾法基本原理及滴定条件

操作要点：定容 滴定 吸量管和移液管的使用

一、实验目的

掌握用高锰酸钾法测定过氧化氢含量的原理和方法。

二、实验原理

H_2O_2 在工业、生物、医药等方面应用很广泛。利用其氧化性可以漂白毛、丝织物；医药上常用于消毒和杀菌剂；纯过氧化氢用作火箭燃料的氧化剂；工业上利用过氧化氢的还原性除氯；此外还可利用过氧化氢制备有机或无机过氧化物、泡沫塑料和其他多孔物质等。由于过氧化氢的应用广泛，常需要对其含量进行测定。

H_2O_2 纯品为淡蓝色黏稠液体，市售商品一般为 30% 的水溶液。过氧化氢在酸性溶液中是一个强氧化剂，但遇到更强氧化剂，则表现为还原剂。因此可在稀硫酸溶液中，用高锰酸钾法来测定过氧化氢的含量，反应式如下：

$$5H_2O_2 + 2MnO_4^- + 6H^+ \Longrightarrow 2Mn^{2+} + 5O_2\uparrow + 8H_2O$$

室温条件下，滴定开始反应缓慢，待 Mn^{2+} 生成后，由于 Mn^{2+} 的催化作用，反应速度加快，因此可顺利地滴定至呈现稳定的微红色为终点。

本实验无需外加指示剂，当滴定反应达到化学计量点时，稍过量的高锰酸钾滴定剂（10^{-5} mol·L^{-1}）使溶液呈现淡红色（自身指示剂），即为终点。

过氧化氢储存时会发生分解，工业产品中常加入少量乙酰苯胺等有机物作稳定剂，由于此类有机物也会消耗 $KMnO_4$，在这种情况下，用 $KMnO_4$ 测定过氧化氢含量会存在较大误差，也可采用碘量法或铈量法测定过氧化氢的含量。

三、仪器、试剂

1. 仪器 酸式滴定管，吸量管，容量瓶，移液管，锥形瓶，量筒。

2. 试剂　0.02mol·L^{-1} $KMnO_4$ 标准溶液，3mol·L^{-1} H_2SO_4，3％H_2O_2。

四、实验步骤

1. 用吸量管吸取 10.00mL 3％的 H_2O_2 试样于 250mL 容量瓶中，加水定容，充分摇匀后，作为测定的样品。

2. 用移液管移取 25.00mL 稀释过的 H_2O_2 溶液，置于 250mL 锥形瓶中，加 20～30mL 水，10mL 3mol·L^{-1} H_2SO_4，用 $KMnO_4$ 标准溶液滴定到溶液呈微红色并保持 30s 不褪色即为终点，记录消耗 $KMnO_4$ 标准溶液的体积。平行测定 3 次。按下式计算试样 H_2O_2 的含量（以质量浓度 g·L^{-1} 表示）。

$$\rho(H_2O_2) = \frac{c(KMnO_4)V(KMnO_4)M(H_2O_2) \times 5/2}{10.00 \times 25.00} \times 250.0$$

思考题

1. 用 $KMnO_4$ 法测定 H_2O_2 时，能否用 HNO_3 或 HCl 来控制酸度？
2. 若用碘量法测定 H_2O_2，其基本反应是怎样的？

实验二十四　化学耗氧量（COD）的测定（$KMnO_4$ 法）

预习指导

理论要点：高锰酸钾法基本原理　滴定条件　测定 COD 的原理
操作要点：定容　移液管和吸量管的使用　滴定　电炉的使用

一、实验目的

1. 了解化学耗氧量的含义。
2. 掌握用 $KMnO_4$ 法测定 COD 的原理和方法。

二、实验原理

化学耗氧量（chemical oxygen demand，COD）是指污水中可被高锰酸钾或重铬酸钾等强氧化剂氧化的有机物的含量，以 O_2（mg·L^{-1}）表示。对水中 COD 的测定，我国规定用重铬酸钾法、库仑滴定法和高锰酸钾法。我国新的环境水质标准中，把 $KMnO_4$ 为氧化剂测得的化学耗氧量称为高锰酸盐指数，它是水质污染的重要指标之一，COD 数值越高，表示水质污染越严重。

按照测定溶液的介质不同，分为酸性高锰酸钾法和碱性高锰酸钾法。本实验采用高锰酸钾法，在酸性（或碱性）条件下，高锰酸钾具有很强的氧化性，水溶液中多数的有机物都可以被氧化，但反应过程相当复杂，只能用下式表示其中的部分过程：

$$4KMnO_4 + 5C + 6H_2SO_4 \Longrightarrow 2K_2SO_4 + 4MnSO_4 + 5CO_2 + 6H_2O$$

过量的 $KMnO_4$ 用 $Na_2C_2O_4$ 还原，再用 $KMnO_4$ 溶液滴定剩余的 $Na_2C_2O_4$ 至微红色为终点，反应如下：

$$2KMnO_4 + 5Na_2C_2O_4 + 8H_2SO_4 = 5Na_2SO_4 + K_2SO_4 + 2MnSO_4 + 10CO_2 + 8H_2O$$

当水样中 Cl^- 含量较高时（$100mg \cdot L^{-1}$），会发生如下反应：

$$2MnO_4^- + 10Cl^- + 16H^+ = 2Mn^{2+} + 5Cl_2 + 8H_2O$$

使结果偏高。为了避免这一干扰，可改在碱性溶液中氧化，反应为：

$$4MnO_4^- + 3C + 2H_2O = 4MnO_2 + 3CO_2 + 4OH^-$$

然后再将溶液调成酸性，加入 $Na_2C_2O_4$，把 MnO_2 和过量的 $KMnO_4$ 还原，再用 $KMnO_4$ 滴至微红色终点。

由上述反应可知，在碱性溶液中进行氧化，虽然生成 MnO_2，但最后仍被还原成 Mn^{2+}，所以酸性溶液和碱性溶液所得的结果是相同的。

COD 的测定属于条件实验，其结果与氧化温度和氧化时间有关，氧化温度与时间一般有 27℃ 4h 法、10min 煮沸法和 100℃ 30min 法。本实验采用 10min 煮沸法。

若水样中含有 Fe^{2+}、H_2S（或 S^{2-}）、SO_3^{2-}、NO_2^- 等还原性离子也会干扰测定，可在冷的水样中直接用 $KMnO_4$ 滴定至微红色后，再进行 COD 测定。

三、仪器、试剂

1. 仪器　酸式滴定管，25mL 移液管，吸量管，250mL 容量瓶，100mL 烧杯，250mL 锥形瓶，电炉。

2. 试剂　$0.002mol \cdot L^{-1}$ $KMnO_4$ 标准溶液，1∶3 H_2SO_4，$0.005mol \cdot L^{-1}$ $Na_2C_2O_4$。

四、实验步骤

1. 酸性溶液中 COD 的测定

取 10.00mL 水样于 250mL 锥形瓶中，用蒸馏水稀至 100mL，加入 10.00mL $KMnO_4$ 标准溶液、5mL 1∶3 H_2SO_4 和几粒沸石，加热煮沸 10min，立即加入 10.00mL $0.005mol \cdot L^{-1}$ $Na_2C_2O_4$ 溶液（此时应为无色，若仍为红色，再补加 5.00mL），趁热用 $KMnO_4$ 溶液滴至微红色（30s 不变即可。若滴定温度低于 60℃，应加热至 60～80℃间进行滴定）即为终点，记录消耗 $KMnO_4$ 体积为 V，重复做一次。以蒸馏水取代样品，做两次空白实验，记录消耗 $KMnO_4$ 体积为 V_0，按下式计算 COD 的含量。

$$COD = \frac{c(KMnO_4)(V-V_0)}{V(水样)} \times \frac{5}{4} M(O_2) \times 1000 (mg \cdot L^{-1})$$

2. 碱性溶液中 COD 的测定

移取 10.00mL 水样于 250mL 锥形瓶中，用蒸馏水稀至 100mL，加入 2mL 10% NaOH，10.00mL $KMnO_4$ 标准溶液，加热煮沸 10min，加入 5mL 1∶3 H_2SO_4 和 10.00mL $0.005mol \cdot L^{-1}$ $Na_2C_2O_4$ 溶液，用 $KMnO_4$ 标准溶液滴至微红色为终点（30s 不变）。计算公式同酸性溶液。

思考题

1. 加热煮沸 10min 应如何控制？时间要求是否严格？为什么？

2. 酸性溶液测 COD 时，若加热煮沸出现 MnO_2 为什么需要重做？而碱性溶液测定

COD 时，出现绿色或 MnO_2 却是允许的，其因何在？

实验二十五　葡萄糖酸钙片中葡萄糖酸钙含量的测定

预习指导

理论要点：高锰酸钾法　自动催化　自身指示剂

操作要点：溶解　过滤　沉淀　陈化　洗涤　定容　滴定

一、实验目的

1. 了解沉淀分离的基本要求及操作方法。

2. 掌握高锰酸钾法间接测定葡萄糖酸钙片中葡萄糖酸钙含量的原理及方法。

二、实验原理

葡萄糖酸钙片是一种补钙药，药典规定葡萄糖酸钙〔$(C_6H_{11}O_7)_2Ca\cdot H_2O$〕的质量分数应为标示量的 95.0%～105.0%。葡萄糖酸钙片中葡萄糖酸钙的含量可利用高锰酸钾法间接测定。测定时，先将葡萄糖酸钙片溶解，再加入过量的 $(NH_4)_2C_2O_4$ 溶液，Ca^{2+} 与 $C_2O_4^{2-}$ 生成 CaC_2O_4 沉淀，把生成的沉淀溶解在 H_2SO_4 溶液中，生成具有还原性的 $H_2C_2O_4$。用 $KMnO_4$ 标准溶液滴定生成的 $H_2C_2O_4$，即可间接测定葡萄糖酸钙的含量。有关反应为：

$$Ca^{2+}+C_2O_4^{2-}=\!=\!= CaC_2O_4\downarrow$$

$$CaC_2O_4+2H^+=\!=\!= Ca^{2+}+H_2C_2O_4$$

$$5H_2C_2O_4+2MnO_4^-+6H^+=\!=\!= 2Mn^{2+}+10CO_2\uparrow+8H_2O$$

三、仪器、试剂

1. 仪器　分析天平，台秤，低温电热板（或其他热源），25mL 移液管，100mL 容量瓶，酸式滴定管。

2. 试剂　$0.02mol\cdot L^{-1}$ $KMnO_4$（已标定），$5g\cdot L^{-1}$ $(NH_4)_2C_2O_4$，葡萄糖酸钙片（市售），$1mol\cdot L^{-1}$ H_2SO_4。

四、实验步骤

取 20 片葡萄糖酸钙片，研细，准确称取适量药粉（约含 2g 葡萄糖酸钙）于 250mL 烧杯中，加水约 50mL，微热使其溶解，冷却至室温，定量转移至 100mL 容量瓶中，加水至刻度，摇匀，用干燥滤纸过滤，准确移取 25.00mL 滤液于 250mL 烧杯中，加约 50mL $(NH_4)_2C_2O_4$ 溶液，在低温电热板上或水浴中陈化 30min。冷却后进行过滤，先将上层清液倾入漏斗中，再将烧杯中的沉淀洗涤数次后转入漏斗中，将带有沉淀的滤纸铺在原烧杯的内壁上，用 50mL $1mol\cdot L^{-1}$ H_2SO_4 溶液把沉淀洗入烧杯中，再用洗瓶洗三次，加入蒸馏水使总体积约为 100mL，加热至 70～80℃。用 $KMnO_4$ 标准溶液滴定至溶液呈淡红色，且 30s 不褪色即为终点。平行测定三次。按下式计算葡萄糖酸钙片中葡萄糖酸钙的含量。

$$w[(C_6H_{11}O_7)_2Ca \cdot H_2O] = \frac{5c(KMnO_4)V(KMnO_4)M[(C_6H_{11}O_7)_2Ca \cdot H_2O]}{2m(\text{试样}) \times 1000}$$

思考题

1. 用（NH_4）$_2C_2O_4$ 沉淀 Ca^{2+} 时，pH 值应大约控制为多少？
2. 溶解 CaC_2O_4 沉淀时，能否用 HCl 溶液代替 H_2SO_4 溶液？为什么？
3. 比较高锰酸钾法测定葡萄糖酸钙的含量与 EDTA 滴定法测定葡萄糖酸钙的含量的优缺点。

实验二十六　铁矿石中铁含量的测定

预习指导

理论要点：重铬酸钾法　预还原的目的、原理和方法
操作要点：分析天平称量　定容　滴定

一、实验目的

1. 掌握用酸分解矿石的方法。
2. 掌握不用汞盐的重铬酸钾法测定铁的原理和方法。
3. 了解预还原的目的和方法。

二、实验原理

铁矿石的主要成分是 Fe_2O_3。测定铁矿石中铁含量时，通常用盐酸作溶剂，溶解后铁转化成 Fe^{3+}，因此，必须用还原剂将它预先还原，才能用 $K_2Cr_2O_7$ 标准溶液滴定。经典的 $K_2Cr_2O_7$ 法测定铁时，用 $SnCl_2$ 作预还原剂，多余的 $SnCl_2$ 用 $HgCl_2$ 除去，然后用 $K_2Cr_2O_7$ 溶液滴定生成的 Fe^{2+}。虽然这种方法操作简便，结果准确，但是 $HgCl_2$ 有剧毒，会造成严重的环境污染。近年来推广采用各种不用汞盐的测定铁的方法。本实验采用的是 $SnCl_2$-$TiCl_3$ 联合还原铁的无汞测铁方法，即先用 $SnCl_2$ 将大部分 Fe^{3+} 还原，以钨酸钠为指示剂，再用 $TiCl_3$ 溶液还原剩余的 Fe^{3+}，其反应如下：

$$2Fe^{3+} + SnCl_4^{2-} + 2Cl^- \Longrightarrow 2Fe^{2+} + SnCl_6^{2-}$$

$$Fe^{3+} + Ti^{3+} + H_2O \Longrightarrow Fe^{2+} + TiO^{2+} + 2H^+$$

过量的 $TiCl_3$ 使钨酸钠还原为钨蓝，然后用 $K_2Cr_2O_7$ 溶液使钨蓝褪色，以消除过量的还原剂 $TiCl_3$ 的影响。最后以二苯胺磺酸钠为指示剂，用 $K_2Cr_2O_7$ 标准溶液滴定 Fe^{2+}。

$$6Fe^{2+} + Cr_2O_7^{2-} + 14H^+ \Longrightarrow 6Fe^{3+} + 2Cr^{3+} + 7H_2O$$

由于滴定过程中生成黄色的 Fe^{3+}，影响终点的正确判断，故加入 H_3PO_4，使之与 Fe^{3+} 结合成无色的 $[Fe(PO_4)_2]^{3-}$ 配离子，消除了 Fe^{3+} 的黄色影响。H_3PO_4 的加入还可以降低溶液中 Fe^{3+} 的浓度，从而降低 Fe^{3+}/Fe^{2+} 电对的电极电势，使滴定突跃范围增大，

用二苯胺磺酸钠指示剂能清楚正确地指示终点。

$K_2Cr_2O_7$ 标准溶液可以用干燥后的基准 $K_2Cr_2O_7$ 直接配制。

三、仪器、试剂

1. 仪器　分析天平，50mL 酸式滴定管，250mL 锥形瓶，10mL 量筒，1000mL 容量瓶。

2. 试剂　铁矿石试样，浓 HCl，$2g \cdot L^{-1}$ 二苯胺磺酸钠指示剂。

$60g \cdot L^{-1}$ $SnCl_2$ 溶液：称取 6g $SnCl_2 \cdot 2H_2O$ 溶于 20mL 热浓盐酸中，加水稀释至 100mL。

硫磷混酸：将 200mL 浓硫酸在搅拌下缓慢注入 500mL 水中，冷却后加入 300mL 浓磷酸，混匀。

$250g \cdot L^{-1}$ Na_2WO_4 溶液：称取 25g Na_2WO_4 溶于适量水中（若浑浊应过滤），加 5mL 浓磷酸，加水稀释至 100mL。

$0.008mol \cdot L^{-1}$ $K_2Cr_2O_7$ 标准溶液：按计算量称取 150℃烘干 1h 的 $K_2Cr_2O_7$（A. R. 或基准试剂），溶于水，移入 1000mL 容量瓶，用水稀释至刻度，摇匀。计算出 $K_2Cr_2O_7$ 标准溶液的准确浓度。

1∶19 $TiCl_3$ 溶液：取 15%～20% $TiCl_3$ 溶液，用 1∶9 盐酸稀释 20 倍，加一层液体石蜡保护。

四、实验步骤

用分析天平准确称取 0.15～0.20g 铁矿石试样（主要成分是 Fe_2O_3），置于 250mL 锥形瓶中，加几滴水湿润样品，再加 10～20mL 浓盐酸，低温加热 10～20min，滴加 $60g \cdot L^{-1}$ $SnCl_2$ 溶液至浅黄色〔加入 $SnCl_2$ 将 Fe(Ⅲ) 还原为 Fe(Ⅱ)，可帮助试样分解（如需分离，则不加 $SnCl_2$）。$SnCl_2$ 如过量，应滴加少量 0.4% $KMnO_4$ 溶液至溶液呈浅黄色〕，继续加热 10～20min（此时体积约为 10mL，溶样时如酸挥发太多，应适当补加盐酸，使最后滴定溶液中盐酸量不少于 10mL）至剩余残渣为白色或浅色时表示溶解完全（如残渣颜色较深，则需分离出残渣，用氢氟酸或焦硫酸钾处理，所得溶液并入上面的溶液中）。调整溶液体积 150～200mL，加 15 滴 $250g \cdot L^{-1}$ Na_2WO_4 溶液，（1∶19）$TiCl_3$ 溶液滴至溶液呈蓝色，再滴加 $K_2Cr_2O_7$ 标准溶液至无色（不能过量，不计读数），立即加入 10mL 硫磷混酸和 5 滴 $2g \cdot L^{-1}$ 二苯胺磺酸钠指示剂，用 $K_2Cr_2O_7$ 标准溶液滴至呈稳定的紫色。根据滴定结果，计算铁矿石中用 Fe 及 Fe_2O_3 表示的铁的质量分数。

$$w(\mathrm{Fe}) = \frac{6c(\mathrm{K_2Cr_2O_7})V(\mathrm{K_2Cr_2O_7})M(\mathrm{Fe})}{m(\text{试样}) \times 1000}$$

$$w(\mathrm{Fe_2O_3}) = \frac{3c(\mathrm{K_2Cr_2O_7})V(\mathrm{K_2Cr_2O_7})M(\mathrm{Fe_2O_3})}{m(\text{试样}) \times 1000}$$

思考题

1. 先后用 $SnCl_2$ 和 $TiCl_3$ 作还原剂的目的何在？如果不慎加入了过多的 $SnCl_2$ 和 $TiCl_3$ 应怎么办？

2. Na_2WO_4 和二苯胺磺酸钠是什么性质的指示剂？

3. 加入硫磷混酸的目的何在？

实验二十七　土壤中有机质含量的测定

预习指导

理论要点：重铬酸钾法测定土壤中有机质含量的原理　返滴定原理
操作要点：分析天平称量　滴定　硬质试管的使用　移液管的使用

一、实验目的

1. 掌握用重铬酸钾法测定土壤中有机质含量的原理和方法。
2. 进一步练习滴定操作。

二、实验原理

土壤中有机质的含量，是通过测定土壤中碳的含量而换算的。在浓 H_2SO_4 存在下，用过量的 $K_2Cr_2O_7$ 溶液与土壤共热（170～180℃），使土壤里的有机碳被氧化为 CO_2 逸出。剩余量的重铬酸钾用 $FeSO_4$ 溶液回滴。以二苯胺磺酸钠为指示剂，滴定到指示剂蓝紫色褪去，呈现亮绿色时即为终点。反应式如下：

$$2K_2Cr_2O_7 + 8H_2SO_4 + 3C \Longequal 2K_2SO_4 + 2Cr_2(SO_4)_3 + 3CO_2\uparrow + 8H_2O$$
（过量）

$$K_2Cr_2O_7 + 6FeSO_4 + 7H_2SO_4 \Longequal Cr_2(SO_4)_3 + K_2SO_4 + 3Fe_2(SO_4)_3 + 7H_2O$$
（剩余量）

滴定过程中，加入 H_3PO_4 以排除 Fe^{3+} 的颜色干扰，并扩大滴定曲线的突跃范围。氧化有机质时，加入 Ag_2SO_4 为催化剂，以促进氧化反应迅速完成，同时也可以与土壤中的 Cl^- 形成 $AgCl$ 沉淀，以尽可能排除 Cl^- 的干扰。

为了方便计算，土壤有机质常以碳表示。一般土壤中有机质含碳量平均为 58%。由土壤中含碳量换算为有机质量时，应乘以换算系数 $100/58 = 1.724$。另外，方法本身在 Ag_2SO_4 催化剂存在下，也只能氧化有机质 96%，所以有机质的氧化校正系数为 $100/96 = 1.04$。因此，在算出土壤碳含量后，换算为有机质含量应为：

$$w_{有机质} = w_C \times 1.724 \times 1.04$$

本方法存在有一定的误差，所以数据只需保留三位有效数字。

三、仪器、试剂

1. **仪器**　分析天平，50mL 酸式滴定管，250mL 锥形瓶，硬质试管，10mL 吸量管，小漏斗，100mL 量筒，25mL 移液管。

2. **试剂**　固体 Ag_2SO_4，$0.1mol \cdot L^{-1}$（$1/6\ K_2Cr_2O_7$）标准溶液，$3mol \cdot L^{-1}\ H_2SO_4$，0.5%二苯胺磺酸钠溶液、85% H_3PO_4，$0.01mol \cdot L^{-1}\ K_2Cr_2O_7$-浓 H_2SO_4 混合液。

$FeSO_4$ 标准溶液：称取 $FeSO_4 \cdot 7H_2O$ 28g 溶于 30mL $3mol \cdot L^{-1}\ H_2SO_4$ 中，溶解后定量转入 100mL 容量瓶中，定容，摇匀，用 $0.1mol \cdot L^{-1}$（$1/6K_2Cr_2O_7$）标准溶液标定。$FeSO_4$ 易氧化，使用前必须重新标定。

四、实验步骤

在分析天平上准确称取通过 100 目筛的风干土试样 0.1～0.5g（按有机质含量而定）于干燥的硬质试管中，加样时注意勿使样品黏附在试管壁上。加 0.1g Ag_2SO_4，用吸量管移取 10.00mL 0.01mol·L^{-1} $K_2Cr_2O_7$-浓 H_2SO_4 混合液，混合均匀。试管口加一小漏斗作回流用，将试管放在 170～180℃ 的石蜡浴中加热，从试管溶液开始沸腾时计时，加热消毒 5min。取出试管，擦净试管外壁油污，冷却。加入少许蒸馏水稀释，将试管内溶物小心定量地转移至已放有 50mL 水的 250mL 锥形瓶中。用水洗试管，洗液倒入锥形瓶中，稀释至 100mL，加 85% H_3PO_4 5mL，二苯胺磺酸钠指示剂 6 滴，用 $FeSO_4$ 标准溶液滴定。溶液起初为褐色，接近滴定终点时为蓝色，终点时呈亮绿色。记录 $FeSO_4$ 标准溶液用量 V(mL)。

另取 0.01mol·L^{-1} $K_2Cr_2O_7$-浓 H_2SO_4 混合液 10.00mL，加入 0.1g Ag_2SO_4，其余步骤同上述过程一样，滴定消耗 $FeSO_4$ 标准溶液的体积为 V_0(mL)。

按下式计算土壤中有机质的含量。

$$w = \frac{(V_0 - V)c(FeSO_4)M\left(\frac{1}{4}C\right)}{m(土样)} \times 1.724 \times 1.04 \times 10^{-3}$$

思考题

1. 在滴定过程中，加入 H_3PO_4 的作用是什么？
2. 氧化有机质时，为什么要加入 Ag_2SO_4？

实验二十八 维生素 C 的测定（直接碘量法）

预习指导

理论要点：维生素 C 的性质　测定维生素 C 的原理和方法　I_2 标准溶液的配制及标定
操作要点：分析天平称量　定容　移液管的使用　滴定

一、实验目的

1. 学习 I_2 标准溶液的配制、标定方法。
2. 掌握用碘量法测定维生素 C 的原理和方法。

二、实验原理

维生素 C 又叫抗坏血酸（简写 V_C），分子式为 $C_6H_8O_6$，它在农业、医药、化学上有着广泛的应用。维生素 C 纯品为白色或淡黄色结晶或晶体粉末，无臭、味酸，遇光、热、氧等易被氧化成脱氢抗坏血酸，而仍保留维生素 C 的生物活性。由于分子中的烯二醇具有还原性，能被 I_2 定量氧化成二酮基，反应式如下：

$$\text{C-C=C-C-C-CH}_2\text{OH} + \text{I}_2 \Longrightarrow \text{C-C-C-C-C-CH}_2\text{OH} + 2\text{HI}$$

根据 I_2 标准溶液的浓度和体积，可计算出试样中维生素 C 的含量。用直接碘量法可测定药片、注射液、水果及蔬菜中维生素 C 的含量。

由于维生素 C 的还原能力很强，在空气中易被氧化，尤其在碱性介质中更为突出，测定时加入 HAc 使溶液呈弱酸性，以减少维生素 C 的副反应发生。

三、仪器、试剂

1. 仪器　100mL 烧杯，250mL 容量瓶，25mL 移液管，250mL 锥形瓶，50mL 滴定管。

2. 试剂　0.1mol·L^{-1} $Na_2S_2O_3$ 标准溶液，2mol·L^{-1} 醋酸，维生素 C 片，0.05mol·L^{-1} I_2 溶液。

0.5% 的淀粉溶液：称取 0.5g 可溶性淀粉，用少量水搅匀后，加入 100mL 沸水中，搅匀。如需久置，可加入少量的 HgI_2 或硼酸为防腐剂。

四、实验步骤

1. I_2 标准溶液的配制和标定

称取 3.3g I_2 和 5g KI 置于研钵中，在通风橱中操作，加入少量水研磨，待 I_2 全部溶解后，将溶液转入棕色试剂瓶中，加水稀释至 250mL，充分摇匀，于暗处存放。

吸取 $Na_2S_2O_3$ 标准溶液 25.00mL 3 份，分别置于 250mL 锥形瓶中，加蒸馏水 50mL、淀粉指示剂 2mL，用 I_2 标准溶液滴定至呈稳定的蓝色，30s 内不褪色即为终点。计算 I_2 溶液的浓度。

2. 测定维生素 C 的含量

准确称取 0.2g 维生素 C 片，置于 250mL 锥形瓶中，加新煮沸过的冷却蒸馏水 100mL，加入 2mol·L^{-1} 醋酸 10mL、淀粉指示剂 2mL，立即用 I_2 标准溶液滴定至呈稳定的蓝色。平行测定 3 份，按下式计算维生素 C 的含量。

$$w(\text{C}_6\text{H}_8\text{O}_6) = \frac{c(\text{I}_2)V(\text{I}_2)M(\text{C}_6\text{H}_8\text{O}_6)}{m(\text{试样}) \times 1000}$$

思考题

1. 维生素 C 的测定溶液中，为什么要加入醋酸？

2. 维生素 C 的试样溶解后，为何要加入新煮沸的冷却蒸馏水？

实验二十九　碘盐中含碘量的测定

预习指导

理论要点：间接碘量法

操作要点：分析天平称量　定容　滴定　移液管的使用　碘量瓶的使用

一、实验目的

1. 了解食盐中加碘的目的和意义。
2. 掌握含碘食盐中碘含量的测定原理、操作方法和计算。

二、实验原理

碘（I_2）是人类生命活动不可缺少的元素之一，缺碘会导致人一系列疾病的产生，如智力下降、甲状腺肿大等。因而在人们的日常生活中，每天摄入一定量的碘是很必要的。将碘加入食盐中是一个很有效的方法。食盐加碘不是在食盐中加单质碘，而是添加少量合适的碘化物。过去常使用碘化钾，但碘化钾容易氧化，稳定性差，使用时需在食盐中同时加稳定剂。碘酸钾稳定性高且不需要稳定剂，所以目前我国在食盐中加碘主要使用碘酸钾。

食盐中碘含量的测定原理是：在酸性溶液中，试样中的碘酸根氧化 KI 析出 I_2，用硫代硫酸钠标准溶液滴定，测定碘的含量。其反应式如下：

$$IO_3^- + 5I^- + 6H^+ \rightleftharpoons 3I_2 + 3H_2O$$

$$I_2 + 2S_2O_3^{2-} \rightleftharpoons 2I^- + S_4O_6^{2-}$$

三、仪器、试剂

1. 仪器　分析天平，50mL 碱式滴定管，250mL 碘量瓶，5mL、100mL 量筒。
2. 试剂　加碘酸钾食盐试样，NaOH（A.R.），5％ KI 溶液（新配），0.5％ 淀粉溶液（新配）。

0.002mol·L^{-1} 的 $Na_2S_2O_3$ 标准溶液：量取前已标定过的 0.05mol·L^{-1} 的 $Na_2S_2O_3$ 标准溶液 10mL 定容至 250mL。

1mol·L^{-1} 磷酸溶液：量取 17mL 85％ 的磷酸，加水稀释至 250mL。

四、实验步骤

称取 10g 加碘食盐试样，称准至 0.01g，置于 250mL 碘量瓶中，加约 80mL 蒸馏水溶解。然后加 2mL 1mol·L^{-1} 磷酸溶液和 5mL 5％ 碘化钾溶液，用 0.002mol·L^{-1} 硫代硫酸钠标准溶液滴定，至溶液呈浅黄色时，加 5mL 0.5％ 淀粉溶液，继续滴定至蓝色恰好消失即为终点。记录所用 $Na_2S_2O_3$ 标准溶液的体积。平行测定 3 次。碘盐中含碘量（以 I 计）按下式计算：

$$w(I) = \frac{c(Na_2S_2O_3)V(Na_2S_2O_3)M(I)}{6m(试样) \times 1000}$$

思考题

1. 本实验中能否以锥形瓶代替碘量瓶？为什么？
2. 食盐中含碘量的测定中，加入磷酸溶液的目的是什么？
3. 为什么要在溶液呈浅黄色时加入淀粉溶液？过早加入会有什么影响？

实验三十　胆矾中 Cu 含量的测定

预习指导

理论要点：$Na_2S_2O_3$ 标准溶液的配制及标定　间接碘量法测定铜的原理与方法

操作要点：分析天平称量　滴定　碘量瓶的使用

一、实验目的

1. 掌握间接碘量法测定铜的原理与方法。
2. 掌握用淀粉指示剂正确判断滴定终点。

二、实验原理

铜含量的测定常采用间接碘量法。将待测样品处理成试样溶液后加入过量 KI，使其与 Cu^{2+} 定量反应释放出单质 I_2，再用 $Na_2S_2O_3$ 标准溶液滴定，根据所耗 $Na_2S_2O_3$ 溶液的浓度和体积，可求算出样品中铜的含量。主要反应如下：

$$2Cu^{2+}+4I^-\!=\!=\!=\!2CuI\!\downarrow\!+I_2$$
$$I_2+2S_2O_3^{2-}\!=\!=\!=\!2I^-+S_4O_6^{2-}$$

CuI 有一定的溶解度，且易吸附 I_3^-，而被 CuI 吸附的 I_3^- 难于被 $Na_2S_2O_3$ 滴定，导致测定结果偏低，且终点变色不明显，故常在接近终点时加入 KSCN 使 CuI 转变为不吸附 I_3^- 且溶解度更小的 CuSCN。其反应为：

$$CuI+SCN^-\!=\!=\!=\!CuSCN\!\downarrow\!+I^-$$

同时为防止 Cu^{2+} 水解为 $Cu(OH)_2$，反应体系常用稀硫酸或醋酸控制 $pH=3\sim4$，但酸度不宜过高，以免 I^- 被空气中氧所氧化：

$$4I^-+4H^++O_2\!=\!=\!=\!2I_2+2H_2O$$

另外，在强酸性溶液中，$Na_2S_2O_3$ 会发生分解：

$$S_2O_3^{2-}+2H^+\!=\!=\!=\!SO_2\!\uparrow\!+S\!\downarrow\!+H_2O$$

如果试样中存在 Fe^{3+}，则需加入 NaF 或 NH_4F，使 Fe^{3+} 形成 $[FeF_6]^{3-}$ 而降低其浓度，从而使 Fe^{3+} 氧化能力减弱，以排除其干扰。否则会因存在反应 $2Fe^{3+}+2I^-\!=\!=\!=\!Fe^{2+}+I_2$，使结果偏高。

三、仪器、试剂

1. 仪器　分析天平，碱式滴定管，碘量瓶，100mL、10mL 量筒。
2. 试剂　$0.05mol\cdot L^{-1}$ $Na_2S_2O_3$ 标准溶液，$3mol\cdot L^{-1}$ H_2SO_4，KI 固体，5％ KSCN，$5g\cdot L^{-1}$ 可溶性淀粉，胆矾试样。

四、实验步骤

在分析天平上准确称取胆矾试样 $0.2\sim0.25g$ $2\sim3$ 份，分别置于 250mL 碘量瓶中（或具塞锥形瓶中），加入 5mL $3mol\cdot L^{-1}$ H_2SO_4 及 50mL 蒸馏水，待试样溶解后再加入 10mL

2g KI 固体，轻轻摇匀后，用 $Na_2S_2O_3$ 标准溶液滴定至浅黄色后，再加入 1mL $5g \cdot L^{-1}$ 可溶性淀粉溶液（淀粉溶液不宜过早加入，加入过早则会吸附大量 I_2，形成稳定的蓝色复合物，使颜色变化滞后），继续滴定至浅蓝色后，再加入 5mL 5% KSCN 溶液，摇匀后再用 $Na_2S_2O_3$ 标准溶液滴定至蓝色刚好消失即达终点（滴定至终点后若变蓝，表示 Cu^{2+} 与 I^- 反应不完全，该份样品必须废弃，重做一份。若 30s 之后又恢复至蓝色，则因为空气中 O_2 氧化 I^- 生成单质 I_2 的原因，对测定结果没有影响）。记录 $V(Na_2S_2O_3)$，根据下式计算试样中铜含量，两次结果相对偏差不大于 0.2%。

$$w(\text{Cu}) = \frac{c(\text{Na}_2\text{S}_2\text{O}_3)V(\text{Na}_2\text{S}_2\text{O}_3)M(\text{Cu})}{m(\text{试样}) \times 1000}$$

思考题

1. 胆矾易溶于水，但为什么溶解时要加入 H_2SO_4？能用 HCl 代替 H_2SO_4 吗？

2. 测定时加入 NaF、KSCN 溶液的作用是什么？若不加入 NaF，则对测定结果有何影响？为什么？

3. 某铜精矿中含 30% 左右 CuO，另含有少量 Fe_2O_3，设计一个测定铜含量的实验方案。

实验三十一　漂白粉中有效氯的测定

预习指导

理论要点：间接碘量法的基本原理　漂白粉的性质

操作要点：滴定　定容　分析天平称量　移液管的使用　碘量瓶的使用

一、实验目的

1. 掌握间接碘量法测定漂白粉中有效氯的原理和方法。
2. 进一步掌握间接碘量法中淀粉指示剂的使用方法。

二、实验原理

漂白粉是重要的药剂之一，常用来消毒、杀菌、漂白等。漂白粉是 $Ca(OCl)_2$ 和 $CaCl_2$ 的混合物，通常以化学式 $Ca(OCl)Cl$ 表示，其中有效成分是 $Ca(OCl)_2$。漂白粉在储存过程中易被分解而逐渐失效，使用前需进行质量检查。不同条件下漂白粉分解的反应式如下：

$$2Ca(OCl)Cl + H_2O + CO_2 \Longrightarrow CaCO_3 + CaCl_2 + 2HClO（潮湿空气中）$$
$$2Ca(OCl)Cl + CO_2 \Longrightarrow CaCl_2 + CaCO_3 + Cl_2O（干燥空气中）$$
$$2Ca(OCl)Cl \Longrightarrow 2CaCl_2 + O_2（受热、见光）$$

所以分析试样应储存在密封瓶中，分析过程应尽量避免与空气长时间接触。漂白粉的质量以能释放出来的氯量作标准，称为有效氯，以 Cl% 表示。普通漂白粉有效氯含量约为 30%～35%。

常用碘量法来测定漂白粉中的有效氯。在一定量的漂白粉悬浊液中加入过量 KI，在酸性条件下，释放出的氯将 I⁻ 氧化为单质 I_2，然后用 $Na_2S_2O_3$ 标准溶液滴定析出的碘，有关反应式如下：

$$Ca(OCl)Cl + H_2SO_4 = CaSO_4 + Cl_2 + H_2O$$
$$Cl_2 + 2I^- = 2Cl^- + I_2$$
$$I_2 + 2Na_2S_2O_3 = Na_2S_4O_6 + 2NaI$$

根据消耗 $Na_2S_2O_3$ 的量及漂白粉的质量即可求出有效氯的含量。

三、仪器、试剂

1. 仪器　分析天平，碱式滴定管，25mL 移液管，250mL 容量瓶，250mL 碘量瓶。
2. 试剂　0.1mol·L⁻¹ $Na_2S_2O_3$ 标准溶液，6mol·L⁻¹ H_2SO_4 溶液，10% KI 溶液，0.5%淀粉溶液，漂白粉。

四、实验步骤

在分析天平上准确称取 1.0g 左右已研成粉末状的漂白粉试样（漂白粉能腐蚀天平，称量时应盖紧称量瓶的盖子，称量要快）置于 100mL 小烧杯中，加少量蒸馏水调成糊状，再加适量水使成悬浮液，转移至 250mL 容量瓶中，用水冲洗烧杯 3 次，并定量转入容量瓶中，迅速加水稀释至刻度，摇匀。

用移液管准确移取 25.00mL 试液于 250mL 碘量瓶中（吸取试液前必须摇匀，使其具有代表性），加水稀释至 50mL，加入 10mL 10% KI 溶液及 10mL 6mol·L⁻¹ H_2SO_4 溶液，摇匀。用 0.1mol·L⁻¹ $Na_2S_2O_3$ 标准溶液滴定至呈淡黄色后，再加入 3mL 0.5%淀粉溶液，继续用 0.1mol·L⁻¹ $Na_2S_2O_3$ 标准溶液滴定至溶液蓝色刚好消失即为终点，记下消耗溶液的体积，平行测定 2～3 次，按下式计算样品中有效氯的含量。

$$w(Cl) = \frac{c(Na_2S_2O_3)V(Na_2S_2O_3)M(Cl)}{m(试样) \times \frac{25.00}{250.00}} \times 10^{-3}$$

思考题

1. 为什么漂白粉必须保存在干燥的环境中？
2. 在称量和研磨漂白粉试样时应注意什么问题？
3. 加 KI 的量的多少，对测定结果是否有影响？

实验三十二　生理盐水中氯化钠含量的测定

预习指导

理论要点：莫尔法　指示剂用量　滴定酸度条件
操作要点：分析天平称量　移液管的使用　滴定　棕色滴定管的使用

一、实验目的

1. 掌握莫尔（Mohr）法的原理及测定条件。

2. 掌握莫尔法测定氯化钠含量的方法。

二、实验原理

生理盐水是医学临床上一种常用的电解质补充液，其中氯化钠含量的高低对医用效果和人体的健康有重要影响，药典规定其中所含 NaCl 的质量浓度应为 8.5～9.5g·L^{-1}。测定 NaCl 含量常采用莫尔法。此方法在中性或弱碱性溶液中用 K_2CrO_4 作指示剂，用 $AgNO_3$ 标准溶液滴定。根据分步沉淀的原理，溶解度小的 AgCl（$1.3×10^{-5}$ mol·L^{-1}）先沉淀，溶解度大的 Ag_2CrO_4（$7.9×10^{-5}$ mol·L^{-1}）后沉淀。当溶液中 Cl^- 全部沉淀为 AgCl 后，过量一滴 $AgNO_3$ 溶液立即生成砖红色的 Ag_2CrO_4 沉淀，指示终点的到达。其反应如下：

终点前 $\qquad\qquad\qquad Ag^+ + Cl^- \rightleftharpoons AgCl\downarrow$

终点时 $\qquad\qquad\qquad 2Ag^+ + CrO_4^{2-} \rightleftharpoons Ag_2CrO_4\downarrow$（砖红色）

应用莫尔法测定时，需注意以下滴定条件：

① 应在中性或弱碱性溶液中滴定。在酸性条件下，CrO_4^{2-} 转变为 $Cr_2O_7^{2-}$，使 Ag_2CrO_4 沉淀不易出现，影响滴定终点

$$4H^+ + 2CrO_4^{2-} \longrightarrow 2H_2CrO_4 \longrightarrow Cr_2O_7^{2-} + 2H^+ + H_2O$$

若碱性太强 $\quad 2Ag^+ + 2OH^- \rightleftharpoons 2AgOH\downarrow \longrightarrow Ag_2O\downarrow + H_2O$

② 指示剂用量要适当，K_2CrO_4 浓度太大会影响 Ag_2CrO_4 沉淀颜色和终点的观察，因此实际上加入 K_2CrO_4 浓度约为 $5×10^{-3}$ mol·L^{-1} 左右（在 50～100mL 溶液中加 5% K_2CrO_4 指示剂约 1～2mL）。

③ 在滴定过程中需不断振摇，因为 AgCl 沉淀可吸附 Cl^-，被吸附的 Cl^- 较难和 Ag^+ 反应，如振摇不充分可使终点提前。

④ 凡是能与 Ag^+ 或 CrO_4^{2-} 形成微溶化合物或配合物的物质都干扰测定，应预先分离。

必要时应进行空白试验，即取 50.00mL 蒸馏水按上述同样条件滴定，计算时应扣除空白滴定所消耗 $AgNO_3$ 标准溶液之体积。

三、仪器、试剂

1. 仪器　分析天平，50mL 酸式滴定管（棕色），10mL 移液管，250mL 锥形瓶，100mL 量筒。

2. 试剂　$AgNO_3$，NaCl（基准物质），5% 铬酸钾指示剂，生理盐水。

四、实验步骤

1. 0.10mol·L^{-1} $AgNO_3$ 标准溶液的配制与标定

$AgNO_3$ 标准溶液可以用基准的 $AgNO_3$ 试剂直接配制，但通常采用间接法配制。称取 $AgNO_3$ 试剂 8.5g，置于 250mL 烧杯中，加蒸馏水约 100mL 使溶解，转入棕色试剂瓶中，加蒸馏水稀释至 500mL，摇匀，避光保存。

准确称取在 110℃ 干燥至恒重的基准 NaCl 约 0.15g 三份，分别置于 3 个 250mL 锥形瓶中，各加入 50mL 蒸馏水使溶解，加 1mL 铬酸钾指示剂，摇匀。在充分振荡下，分别用 $AgNO_3$ 标准溶液滴定至溶液呈砖红色即为终点，记录每次所消耗 $AgNO_3$ 标准溶液的体积。按下式计算 $AgNO_3$ 标准溶液的浓度：

$$c(AgNO_3) = \frac{1000m(NaCl)}{V(AgNO_3)M(NaCl)}$$

取三次平均值作为 $AgNO_3$ 标准溶液的浓度。

2. 生理盐水中氯化钠含量的测定

用移液管准确移取生理盐水 10mL 于 250mL 锥形瓶中，加入 40mL 蒸馏水，加 1mL 铬酸钾指示剂，摇匀。在充分振荡下，用 $0.10mol \cdot L^{-1}$ $AgNO_3$ 标准溶液滴定至溶液呈砖红色即为终点，记录所消耗 $AgNO_3$ 标准溶液的体积。平行滴定三次，按下式计算生理盐水中 $NaCl$ 的含量。

$$\rho(NaCl) = \frac{c(AgNO_3)V(AgNO_3)M(NaCl)}{V(试样)}$$

思考题

1. 铬酸钾指示剂的用量过多或过少对测定结果各有何影响？
2. 莫尔法中能否用 $NaCl$ 溶液来滴定 $AgNO_3$ 标准溶液？为什么？

实验三十三　邻二氮菲分光光度法测定铁

预习指导

理论要点：光吸收基本定律　影响吸光度的因素　测量条件的选择　标准曲线

操作要点：定容　吸量管的使用　分光光度计的使用

一、实验目的

1. 掌握分光光度法测定微量铁的原理和方法。
2. 掌握 722（或 721s）型分光光度计的使用方法。

二、实验原理

分光光度法测定微量铁的方法有邻二氮菲法、磺基水杨酸法、硫氰酸盐法等。目前最常用的是邻二氮菲法，该法准确度高，重现性好，灵敏度高。在 pH＝2～9 的溶液中，Fe^{2+} 与邻二氮菲作用生成稳定的红色配合物，其 lgK_f＝21.3，摩尔吸光系数 ε＝1.1×10^4，最大吸收波长 λ_{max}＝508nm，反应如下：

$$Fe^{2+} + 3 \quad \longrightarrow \quad \left[Fe \right]^{2+}_3$$

为了减小其他离子的影响，通常反应在微酸性（pH＝5）溶液中进行。Fe^{3+} 也能与邻二氮菲反应生成淡蓝色配合物，因此，在显色前应加入盐酸羟胺将 Fe^{3+} 还原为 Fe^{2+}，反应式如下：

$$2Fe^{3+} + 2NH_2OH \cdot HCl \Longrightarrow 2Fe^{2+} + N_2 + 2H_2O + 4H^+ + 2Cl^-$$

本方法的选择性很高，相当于铁含量 40 倍的 Sn^{2+}、Al^{3+}、Ca^{2+}、Mg^{2+}、Zn^{2+}、SiO_3^{2-}，20 倍的 Cr^{3+}、Mn^{2+}、VO_3^-、PO_4^{3-}，5 倍的 Co^{2+}、Cu^{2+} 等均不干扰测定。

三、仪器、试剂

1. 仪器　722（或721s）型分光光度计，50mL 容量瓶6个，1mL、2mL、5mL 吸量管若干。
2. 试剂　1mol·L^{-1} NaAc，0.1mol·L^{-1} NaOH，6mol·L^{-1} HCl。

100μg·mL^{-1}铁标准溶液：准确称取 0.8634g NH$_4$Fe(SO$_4$)$_2$·12H$_2$O 置于小烧杯中，加入 20mL 6mol·L^{-1} HCl 和少量水，溶解后定量转移至 1L 容量瓶中，加水稀释至刻度，摇匀备用。

10%盐酸羟胺水溶液（用时新配）。

0.15%邻二氮菲水溶液：用时新配，配制时应先用少量酒精溶解，再用水稀释。

四、实验步骤

1. 熟悉仪器

按 722（或721s）分光光度计使用操作方法熟悉仪器。

2. 标准曲线的绘制

在 5 只 50mL 容量瓶中，用吸量管分别加入 0.50mL、1.00mL、1.50mL、2.00mL、2.50mL 铁标准溶液，分别加入 1.00mL 10%盐酸羟胺、2.00mL 0.15%邻二氮菲和 5.00mL 1mol·L^{-1} NaAc 溶液，用水稀释至刻度，摇匀。显色 20min 后，在 508nm 波长入射光下，用1cm 比色皿，以试剂空白溶液作参比溶液，测得各个溶液的吸光度。然后以吸光度为纵坐标，以溶液含铁的浓度为横坐标绘制出标准曲线。

3. 待测液的测定

在第 6 只 50mL 容量瓶中加待测液 1.50mL，在与标准溶液相同条件下，按上述方法显色并测其吸光度。从工作曲线上查出相应的铁含量，计算出原始待测液中铁的浓度，并求出一元线性回归方程。

思考题

1. 分光光度法中为什么要用单色光？
2. 本实验中加入的盐酸羟胺、邻二氮菲各起什么作用？它们加入的顺序可否颠倒？为什么？
3. 该测定铁的方法与重铬酸钾法测铁有什么不同？

附：一元线性回归方程

在分光光度分析中，溶液浓度 c 与吸光度 A 在一定范围内可用直线方程描述。但是由于测量仪器本身的精密度及测量条件的微小变化，即使同一浓度的溶液，两次测量结果也不完全一致。因而各测量点对于以朗伯-比尔定律为基础所建立的直线，往往会有一定的偏离，这就需要用数理统计方法找出对各数据点误差最小的直线。最简单的单一组分测定的线性校正模式可用一元线性回归。对于 n 个实验点 $(x_i, y_i, i = 1, 2, \cdots, n)$，其一元线性回归方程为

$$y_i = a + bx_i$$

根据有关数据处理可得

$$a = \frac{\sum\limits_{i=1}^{n} y_i - b \sum\limits_{i=1}^{n} x_i}{n} = \overline{y} - b\overline{x} \qquad b = \frac{\sum\limits_{i=1}^{n} (x_i - \overline{x})(y_i - \overline{y})}{\sum\limits_{i=1}^{n} (x_i - \overline{x})^2}$$

式中，$\overline{x}$，$\overline{y}$ 分别为 x 和 y 的平均值；a 为直线的截距；b 为直线的斜率。它们的值确定之后，一元线性回归方程及回归直线就确定了。

当两个变量之间直线关系不够严格，数据偏离较严重时，虽然也可以求得一条回归线，但实际上只有当两个变量之间存在某种线性关系时，这条回归线才有意义。可用相关系数 r 来检验回归线是否有意义。相关系数 r 的定义式为

$$r = b \sqrt{\frac{\sum_{i=1}^{n} (x_i - \overline{x})^2}{\sum_{i=1}^{n} (y_i - \overline{y})^2}}$$

相关系数 r 的物理意义：$r=1$ 表示所有的 y_i 都在回归线上；$r=0$，表示 y 与 x 之间完全不存在线性关系；$r=0\sim1$ 之间，表示 y 与 x 之间完全存在线性关系，r 值越接近 1，线性关系越好。以相关系数判断线性关系时，还应考虑测定次数及置信度。下表列出了不同置信度及自由度时的相关系数。

$f=n-2$		1	2	3	4	5	6	7	8	9	10
	90%	0.988	0.900	0.805	0.729	0.669	0.622	0.582	0.549	0.521	0.497
置信度	95%	0.997	0.950	0.878	0.811	0.755	0.707	0.666	0.632	0.602	0.576
	99%	0.9998	0.990	0.959	0.917	0.875	0.834	0.798	0.765	0.735	0.708

只有计算出的相关系数 r 大于表中相应数值时，这种线性关系才有意义。

实验三十四 B-Z 振荡反应

预习指导

理论要点：化学反应动力学原理

操作要点：721S 分光光度计操作

一、实验目的

1. 认识自然科学领域中存在的非平衡非线性问题。

2. 了解 B-Z 振荡反应的基本原理

二、实验原理

一般的化学反应随时间增加，反应物浓度逐渐降低，生成物浓度逐渐增加，达到化学平衡时，反应物和生成物浓度均不再发生变化。在化学振荡反应体系中，某组分或中间产物的浓度会随着时间发生周期性变化。这种现象反映了自然科学领域中普遍存在的非平衡非线性问题。这类反应是苏联化学家 Belousov 在 1958 年首次发现，后经 Zhabotinsky 等人对这类反应又进行了深入的研究，将反应的范围大大扩展，故称这类反应为 B-Z 振荡反应。以溴酸盐反应系统为例阐述其反应机理如下。

A 过程：$BrO_3^- + 2Br^- + 3CH_2(COOH)_2 + 3H^+ \rightleftharpoons 3BrCH(COOH)_2 + 3H_2O$

B 过程：$BrO_3^- + 4Ce^{3+} + 5H^+ \rightleftharpoons HOBr + 4Ce^{4+} + 2H_2O$

C 过程：$HOBr + 4Ce^{4+} + BrCH(COOH)_2 + H_2O \rightleftharpoons 2Br^- + 4Ce^{3+} + 3CO_2 + 6H^+$

这三个过程合起来就构成一个反应的振荡周期。

当 $c(Br^-)$ 足够大时，反应按过程 A 进行。随着 $c(Br^-)$ 降低，反应从过程 A 转化到过程 B 进行，最后通过过程 C 使 Br^- 再生。因此，Br^- 在此振荡反应中相当于一个"选择开关"，而铈离子在过程 B 和过程 C 反应中起催化作用。由此可见，反应中 $c(Br^-)$ 和 $c(Ce^{4+}/Ce^{3+})$ 随时间周期性变化。由于 Ce^{4+} 为黄色，Ce^{3+} 为无色，所以反应液就在黄色和无色之间振荡。反应的振荡周期大约是 30s。

如果向上述反应液中滴加适量的邻二氮菲亚铁溶液，则反应的颜色就在蓝色和红色之间振荡。这是由于铁离子与铈离子一样，对反应过程 B 和过程 C 起催化作用，致使 $c(Br^-)$ 和 $c(Fe^{3+}/Fe^{2+})$ 随时间周期性变化。Fe^{3+} 与邻二氮菲生成蓝色配合物，而 Fe^{2+} 与邻二氮菲生成红色配合物，所以反应液就在蓝色和红色之间振荡。振荡反应体系在适当条件下能形成各种图案，这种图案像一粒石子投入水中形成的水波，人们形象地称这种运动图案为化学波。

随着反应的进行，BrO_3^- 的浓度逐渐减小，CO_2 气体不断放出，系统的能量与物质逐渐耗散，如果不补充原料则最终会导致振荡反应结束，所以把这种状态称为耗散结构。

三、仪器与试剂

1. 仪器 烧杯（50mL 3 个，100mL 1 个，200mL 1 个，1000mL 1 个），量筒（10mL 1 个，100mL 1 个），培养皿（9cm），酸度计，电磁搅拌器，722（或 721s）型分光光度计。

2. 试剂 $0.1mol \cdot L^{-1} NaCl$。

丙二酸铈试液：称取 3g $CH_2(COOH)_2$ 放入 100mL 烧杯中，加入 47mL 蒸馏水，用玻璃棒搅拌溶解后，小心加入 3mL 浓 H_2SO_4，再加入 0.2g 硝酸铈铵，搅拌溶解。

$KBrO_3$ 试液：称取 2.5g $KBrO_3$ 放入 100mL 烧杯中，加入 50mL 蒸馏水，用玻璃棒搅拌溶解。

邻二氮菲亚铁指示剂：称取 0.7g $FeSO_4$ 和 0.5g 邻二氮菲置于 200mL 烧杯中，加入 100mL 蒸馏水，用玻璃棒搅拌溶解。

四、实验步骤

1. 用量筒分别量取 8mL 丙二酸铈试液和 8mL $KBrO_3$ 试液混合于 50mL 小烧杯中，用玻璃棒搅拌混匀，1~2min 后，观察并记录溶液颜色的变化（即反复由无色变为黄色和黄色变为无色）周期。

2. 在上述混合液中再加入 10 滴邻二氮菲亚铁指示剂，观察溶液颜色在红色与蓝色之间振荡，并记录颜色变化周期。

3. 在上述混合液中继续加入 2.5mL 邻二氮菲亚铁指示剂，充分混匀后倒入培养皿中，将培养皿水平放置在桌面上，其下垫一块白瓷板（或白纸）以利于观察。这时培养皿中溶液先呈均匀红色，片刻后出现蓝点，并呈环状向外扩展，形成各种同心圆式图案。如果倾斜培养皿，使其中的一些同心圆破坏，则可观察到螺旋式图案形成，这些图案同样能向四周扩展。这些空间化学波现象能持续 1h 左右。认真观察后，在实验报告上画出示意图。

4. 再现振荡。当上述混合液不再变色，停止振荡时，往混合液中再加一些溴酸钾试液，混匀后又可重新观察到振荡反应，记录现象。

5. 加快振荡。在上述混合液中小心加入一滴浓 H_2SO_4，观察振荡反应的振荡周期是否加快了，记录实验现象。

6. 抑制振荡。向正在振荡的混合液中加入 10 滴 $0.1mol \cdot L^{-1} NaCl$ 溶液，记录现象。

7. 溶液颜色振荡周期的测定

用 722（或 721S）型分光光度计，选择波长为 508nm 的入射光，用蒸馏水作参比溶液，调至透光率为 100%。然后取一个比色皿，加入 1mL 丙二酸铈试液和 1mL $KBrO_3$ 试液混合，滴入 4 滴邻二氮菲亚铁指示剂，混匀后，迅速放入光路中，盖上比色皿暗箱盖，等振荡反应开始后，用秒表记录透光率数据变化 1 个周期的时间，共测 10 个振荡周期，选取其中连续比较稳定的 6 个数据，并计算出其平均振荡周期。

改变丙二酸铈试液和 $KBrO_3$ 试液的用量比例（例如体积比为 2：1 或 1：2），加入相同的邻二氮菲亚铁指示剂，混匀后，按上述相同步骤重复测定颜色振荡周期。

思考题

1. 仔细分析振荡反应三个过程，解释振荡反应衰减并最终停止的原因。
2. 分析各物质浓度改变对振荡周期的影响。

实验三十五 土壤中速效磷的测定

预习指导

理论要点：分光光度法

操作要点：分析天平称量　移液管的使用　定容　过滤　分光光度计的使用

一、实验目的

1. 掌握土壤中速效磷的比色测定方法和原理。
2. 进一步练习分光光度计的使用。

二、实验原理

土壤中速效磷是指植物能及时吸收利用的磷。在进行土壤中速效磷的测定时，应选择合适的浸提剂，把相当于植物根系分泌物溶解出来的磷化合物浸提出来。土壤中速效磷被浸提的程度与浸提剂的种类、浸提时的土水比和浸提振荡的时间有关。常用的几种浸提方法见表 3-1。

表 3-1　土壤中速效磷的几种浸提方法

适用土壤	浸提剂	土水比	振荡时间
酸性土壤	$0.05mol \cdot L^{-1}$ HCl-$0.0125mol \cdot L^{-1}$ H_2SO_4	5：20	5min
酸性土壤	$0.03mol \cdot L^{-1}$ NH_4F-$0.025mol \cdot L^{-1}$ HCl	1：7	1min
石灰性土壤	$0.05mol \cdot L^{-1}$ $NaHCO_3$	5：100	30min

浸提液中磷在酸性条件下与钼酸铵作用生成黄色的钼磷酸：

$$PO_4^{3-} + 12MoO_4^{2-} + 27H^+ =\!=\!= H_7[P(Mo_2O_7)_6](黄色) + 10H_2O$$

钼磷酸与 $SnCl_2$ 或抗坏血酸等还原剂作用生成蓝色的磷钼蓝，使溶液呈蓝色。

$$H_7\big[P(Mo_2O_7)_6\big] \xrightarrow{SnCl_2} H_7\left[P\begin{matrix} Mo_2O_5 \\ (Mo_2O_7)_5 \end{matrix}\right] \text{(蓝色)}$$

蓝色的深浅与磷的含量成正比。

用 $SnCl_2$ 作还原剂，反应灵敏度高，显色快，但蓝色稳定时间短，要求酸度和钼酸铵试剂浓度较严格，干扰离子较多。用抗坏血酸作还原剂，反应灵敏度高，稳定时间长，反应要求的酸度范围宽，Fe^{3+}、AsO_3^{3-}、SiO_3^{2-} 干扰较小，但显色反应慢，需要沸水浴加热。若用抗坏血酸-氯化亚锡比色法，即在加入 $SnCl_2$ 前，先加入少量抗坏血酸，这样不但可以消除大量 Fe^{3+} 的干扰，增加钼蓝的稳定性，并能使显色反应在室温下迅速完成，简化操作手续。磷的含量为 $0.05\sim2.0mg/kg$ 时，符合朗伯-比耳定律，生成的钼蓝在 650nm 波长下测定其吸光度。

三、仪器、试剂

1. 仪器 50mL 容量瓶，10mL 吸量管，25mL 移液管，烧杯，锥形瓶，漏斗及漏斗架，分析天平，分光光度计。

2. 试剂

4% 盐酸钼酸铵溶液：称取 40g 钼酸铵（A.R.），溶于 600mL 浓盐酸中，慢慢加入 400mL 蒸馏水，混匀，溶液中 HCl 的浓度为 $7.2mol\cdot L^{-1}$。

2% 抗坏血酸溶液：称取 0.5g 抗坏血酸（A.R.），溶于 25mL 蒸馏水中，（用时现配）。

0.5% $SnCl_2$ 溶液：称取 $0.2gSnCl_2$（A.R.），用浓盐酸溶解，加蒸馏水稀释至 40mL（用时现配）。

$0.03mol\cdot L^{-1}$ NH_4F-$0.025mol\cdot L^{-1}$ HCl 浸提剂：称取 1.11g NH_4F 溶于 800mL 蒸馏水中，加入 25mL $1.0mol\cdot L^{-1}$ HCl，稀释至 1L，储于塑料瓶中。

无磷滤纸：将定性滤纸浸于 $0.2mol\cdot L^{-1}$ HCl 中约 4h，使磷的化合物溶出，取出后在蒸馏水中粗洗去 HCl。然后用多孔磁漏斗在吸滤瓶上以 $0.2mol\cdot L^{-1}$ HCl 淋洗数次，最后用蒸馏水洗至无酸性，取出在 60℃ 左右的烘箱内烘干备用。

磷标准溶液：将 KH_2PO_4（A.R.）预先在 $105\sim110$℃ 的烘箱内烘干 2h，冷却至室温。准确称取 0.2197g KH_2PO_4 用少量蒸馏水溶解并定量转移到 1000mL 容量瓶定容。再移取此溶液 25.00mL 于容量瓶，稀释成 250mL，即得含磷 $5.00mg\cdot L^{-1}$ 的标准溶液。

四、实验步骤

1. 标准工作曲线

移取含磷 $5.00mg\cdot L^{-1}$ 的标准溶液 0.00mL、2.00mL、4.00mL、6.00mL、8.00mL 和 10.00mL，分别放入 6 个已编号的 50mL 容量瓶中，加蒸馏水至 20mL 左右，各加浸提剂 10.00mL，再分别加入 10 滴 2% 抗坏血酸和 5mL 盐酸-钼酸铵溶液，摇匀，放置 5min，加入 5 滴 0.5% $SnCl_2$，用蒸馏水稀释至刻度，充分摇匀。以 1 号瓶中溶液为空白，调节透光率为 100%，选用 650nm 入射光，在分光光度计上测定标准溶液的吸光度。并以吸光度为纵坐标，磷含量为横坐标绘制标准曲线。

2. 土壤（酸性）速效磷的测定

准确称取 5g 预处理好的土壤试样，放于干燥的锥形瓶中，加入 25.00mL 浸提剂，振摇 1min，用不含磷的干滤纸过滤到一干燥的烧杯中。用移液管移取 10.00mL 滤液，置于 50mL 容量瓶中，在与标准溶液相同条件下显色，测定其吸光度（650nm 波长光）。

从标准曲线上查得试液中磷含量，再按下式计算出土壤试样中磷含量。

$$土壤中的含磷量(mg \cdot kg^{-1}) = \frac{从工作曲线上查得的试液(mg \cdot L^{-1}) \times 2.5 \times 50.00}{m(试样)}$$

思考题

1. 何谓速效磷？测定土壤中速效磷时如何选择浸提剂？
2. 在实验中，各容量瓶中加入的显色剂的量是否要准确？多加或少加对测定是否有影响？

实验三十六　土壤 pH 值的测定

预习指导

理论要点：电位法

操作要点：试样预处理　酸度计的使用

一、实验目的

1. 掌握用电位法测定土壤 pH 值的原理和方法。
2. 进一步练习酸度计的使用。

二、实验原理

土壤 pH 值是土壤的一个重要理化指标，它直接影响到土壤中各种养分的存在形式、有效性和土壤微生物的活性等。测定土壤 pH 值最常用的方法是直接电位法，一般以玻璃电极为指示电极、饱和甘汞电极为参比电极进行测量。

当指示电极与参比电极插入被测溶液中，可组成原电池：

$$Ag,AgCl \mid HCl \mid 玻璃膜 \mid 试液 \parallel KCl(饱和) \mid Hg_2Cl_2,Hg$$

一定条件下，电池的电动势是 pH 值的直线函数：

$$E = K + 0.0592pH(25℃)$$

测得电动势 E 就可以计算出被测溶液的 pH 值。但因上式中 K 值是由内外参比电极电位及难以求得的不对称电位和液接电位所决定，不易求得，因此在实际工作，用酸度计测定溶液的 pH 值时，必须先用与试液接近的 pH 标准缓冲溶液加以校正（称为"定位"）。使用校正后的酸度计，可以直接测定溶液的 pH 值。

测定土壤的 pH 值时，一般是将土壤样品风干、研磨和过筛后，按一定的水土比用水浸提土壤，然后测定浸提液 pH 值。

三、仪器、试剂

1. 仪器　酸度计，电极，100mL 塑料烧杯 4 只。
2. 试剂　pH 标准缓冲溶液。

四、实验步骤

1. 1：5 土壤悬浊液制备

称取处理好的风干土样 10g，放入 100mL 塑料烧杯中，加入 50mL 蒸馏水，间歇搅拌 15min，放置平衡 15min。

2. 酸度计定位

将电极洗净吸干并与酸度计接好，待通电预热至稳定状态后，用相应 pH 标准缓冲溶液定位。定位后，取出电极并洗净吸干。

3. 测量试样 pH 值

将洗净吸干后的电极插入土壤悬浊液中，轻轻摇动烧杯，稍停达到平衡后进行测量，在 pH 刻度上读出试液的 pH 值。

测量完毕，小心将电极洗净，妥善保存。

思考题

1. 在使用玻璃电极时应注意哪些问题？
2. 为什么在测量之前，要用标准溶液"定位"？进行定位时应注意哪些问题？

实验三十七　水中微量氟的测定

预习指导

理论要点：电位法

操作要点：定容　吸量管的使用　电磁搅拌器的使用　酸度计的使用

一、实验目的

1. 学会正确使用氟离子选择性电极。
2. 掌握标准曲线法测定氟含量的原理及方法。

二、实验原理

当以氟离子选择性电极（简称氟电极）为指示电极和以饱和甘汞电极为参比电极，与试液组成原电池时，电动势 E 与溶液中 F^- 的活度关系为：

$$E = K - 0.05915 \lg \alpha(F^-)$$

式中，K 为包括内外参比电极的电位、液接电位等常数。

当溶液的总离子强度不变时，离子活度系数为一定值，则

$$E = K' - 0.05915 \lg c(F^-)$$

由上式可知，电动势 E 与氟离子浓度的对数值成直线关系。因此，通过测定电动势，可用标准曲线法求得氟离子浓度。

氟电极仅对游离的 F^- 有响应。在酸性溶液中，H^+ 与部分 F^- 形成 HF 或 HF_2^-，会降低 F^- 的浓度。在碱性溶液中，OH^- 有干扰。通常被测试液的 pH 值应保持在 5～7 之间。此外，能与 F^- 生成稳定配合物或难溶化合物的元素，如 Al、Fe、Zn、Ca、Mg、Li 和稀土元素等会干扰测定，通常可加掩蔽剂消除其干扰。因此，为了测定 F^- 的浓度，常在标准溶液与试样溶液中，同时加入足够量的相等的总离子强度调节缓冲液，以控制一定的离子强度

102

和酸度，并消除其他离子的干扰。总离子强度调节缓冲液通常由惰性电解质、金属配位剂及pH缓冲剂组成。根据试样的不同情况，加入不同的调节缓冲溶液。不同的总离子强度调节缓冲液，掩蔽干扰离子的效果不同，且影响电极的灵敏度。

三、仪器、试剂

1. 仪器　pHS-25A（25B）型酸度计，氟离子选择性电极，饱和甘汞电极，电磁搅拌器，100mL 容量瓶，吸量管。

2. 试剂　0.100mol·L^{-1} NaF。

总离子强度调节缓冲液：取 29g NaNO$_3$ 和 0.2g 二水合柠檬酸钠，溶于 50mL 1：1 醋酸与 50mL 5mol·L^{-1} NaOH 的混合溶液中，测量该溶液的 pH，若不在 5.0～5.5 之间，可用 5mol·L^{-1} NaOH 或 6mol·L^{-1} HCl 调节至此范围内。

四、实验步骤

1. 氟电极的准备

使用前应将氟电极放在 0.01mol·L^{-1} NaF 溶液中浸泡数小时，然后用蒸馏水清洗电极，最后浸泡在蒸馏水中待用。

2. 标准曲线的绘制

取 5 个 100mL 容量瓶并编号，用吸量管移取 10mL 0.100mol·L^{-1} NaF 标准溶液于 1 号容量瓶中，加入 10mL 总离子强度调节缓冲液，用蒸馏水稀释至刻度，摇匀。取所得溶液 10.00mL 于 2 号容量瓶中，加入 9mL 总离子强度调节缓冲液，定容。按此法依次配制 3、4、5 号溶液，则 $c(F^-)$ 依次为 1.00×10^{-2} mol·L^{-1}、1.00×10^{-3} mol·L^{-1}、1.00×10^{-4} mol·L^{-1}、1.00×10^{-5} mol·L^{-1} 和 1.00×10^{-6} mol·L^{-1}。

将氟电极和饱和甘汞电极插入盛有 NaF 标准溶液的塑料烧杯中，按酸度计的操作步骤和由稀到浓的顺序分别测定标准溶液的电动势。测定时，用电磁搅拌器搅拌 3min 后，停止搅拌，读取并记录电动势。每隔半分钟读一次，直到 3min 内不变为止。每次更换溶液时，都必须用滤纸吸干电极上吸附着的溶液，最好用待测定的溶液冲洗电极。

以 pF 为横坐标，测得的电动势为纵坐标绘制出标准曲线。

3. 样品测定

准确吸取水样 50mL 于 100mL 容量瓶中，加入 10mL 总离子强度调节缓冲液，用蒸馏水定容，在与标准溶液相同条件下测定其电动势。从标准曲线上查出 F$^-$ 浓度，再计算出水样中 F$^-$ 的含量。

思考题

1. 用氟电极测定 F$^-$ 浓度的原理是什么？

2. 使用氟电极应注意哪些问题？

3. 总离子强度调节缓冲液包含哪些组成？各组成部分的作用是什么？

第四部分
综合、设计性实验

实验三十八　硫酸亚铁铵的制备与纯度检验

预习指导

理论要点：硫酸亚铁铵的性质和制备方法　　NH_4^+、Fe^{2+}、SO_4^{2-}、Fe^{3+} 的检验
　　　　　$K_2Cr_2O_7$ 法测定铁的原理方法

操作要点：分析天平称量　滴定　定容　水浴加热　过滤　比色管的使用

一、实验目的

1. 了解复盐的一般特性，学习硫酸亚铁铵的制备方法。
2. 掌握水浴加热、过滤、蒸发、结晶、干燥等基本操作。
3. 学习利用特效反应来鉴定个别离子及利用目视比色法检验产品质量的方法。

二、实验原理

硫酸亚铁铵 $[(NH_4)_2SO_4 \cdot FeSO_4 \cdot 6H_2O]$ 商品名为摩尔盐，为浅蓝绿色单斜晶体。一般亚铁盐在空气中易被氧化，而硫酸亚铁铵在空气中比一般亚铁盐要稳定，不易被氧化，并且价格低，制造工艺简单，容易得到较纯净的晶体，因此应用广泛。在定量分析中常用来配制亚铁离子的标准溶液。

铁与稀硫酸反应生成硫酸亚铁，在硫酸亚铁溶液中加入等物质的量的硫酸铵，利用硫酸亚铁铵 $[(NH_4)_2SO_4 \cdot FeSO_4 \cdot 6H_2O]$ 在水中的溶解度比组成它的每一组分 $FeSO_4$ 或 $(NH_4)_2SO_4$ 的溶解度都要小的特点，通过蒸发浓缩以制取硫酸亚铁铵晶体。三种盐的溶解度数据见表 4-1。

表 4-1　三种盐的溶解度（每 100g 水中溶解的克数）

温度/℃	$FeSO_4$	$(NH_4)_2SO_4$	$(NH_4)_2SO_4 \cdot FeSO_4 \cdot 6H_2O$
10	20.0	73.0	17.2
20	26.5	75.4	21.6
30	32.9	78.0	28.1

本实验中主要反应如下：

$$Fe + H_2SO_4 == FeSO_4 + H_2 \uparrow$$

$$FeSO_4 + (NH_4)_2SO_4 + 6H_2O == (NH_4)_2SO_4 \cdot FeSO_4 \cdot 6H_2O$$

硫酸亚铁铵在空气中可逐渐风化及氧化，但因它比一般亚铁盐稳定，故在定量分析中常用来制亚铁离子的溶液。

三、仪器、试剂

1. 仪器 台秤，水浴锅，比色管，蒸发皿，250mL 锥形瓶，100mL、400mL 烧杯，250mL 容量瓶，酸式滴定管。

2. 试剂 $3mol \cdot L^{-1}$ H_2SO_4，10% Na_2CO_3，$2mol \cdot L^{-1}$ NaOH，10% $K_3[Fe(CN)_6]$，$1mol \cdot L^{-1}$ $BaCl_2$，$2mol \cdot L^{-1}$ HCl，$1mol \cdot L^{-1}$ KSCN，Fe^{3+} 标准溶液，铁屑，95%乙醇，$(NH_4)_2SO_4$（固体），0.2%二苯胺磺酸钠，85% H_3PO_4，$K_2Cr_2O_7$（固体）。

四、实验步骤

1. 铁屑的净化

用台秤称取 3.0g 铁屑，放入锥形瓶内，加入 20mL 10% Na_2CO_3 溶液，小火加热煮沸约 10min，倾去碱液，并用水将铁屑洗净。

2. 硫酸亚铁溶液的制备

往盛有铁屑的锥形瓶中，加入 $3mol \cdot L^{-1}$ 的 H_2SO_4 溶液 30mL，盖上表面皿，水浴加热，使铁屑和 H_2SO_4 反应至无气泡产生为止。在加热过程中，应密切注视反应情况，防止因反应过于猛烈而使溶液外溢，并补充蒸发掉的水分，以免 $FeSO_4 \cdot 7H_2O$ 晶体析出，趁热过滤，将滤液转移至洁净的蒸发皿中。将留在锥形瓶中和滤纸上的残渣收集在一起用滤纸吸干后称重，由已作用的铁屑质量计算出溶液中生成的 $FeSO_4$ 的量。

3. 硫酸亚铁铵的制备

称取 7.0g 固体 $(NH_4)_2SO_4$，加到上述 $FeSO_4$ 溶液中，水浴加热，搅拌使 $(NH_4)_2SO_4$ 全部溶解，并用 $3mol \cdot L^{-1}$ H_2SO_4 溶液调节至 pH=1～2，继续在水浴中蒸发浓缩至表面出现晶膜为止（蒸发过程不宜搅动溶液）。静置，使之缓慢冷却，即有硫酸亚铁铵晶体析出。抽气过滤，并用少量的 95%乙醇洗涤晶体。取出晶体，摊在两滤纸之间，轻压吸干，称重并计算产率。

4. 产品检验

(1) 产品中 NH_4^+、Fe^{2+}、SO_4^{2-} 的检验 取少量产品溶于蒸馏水中分别检验产品中的 NH_4^+、Fe^{2+}、SO_4^{2-}。

① NH_4^+ 的检验。将一小块 pH 试纸用蒸馏水湿润，贴在表面皿中央，另一表面皿中加入数滴产品试液，滴入 $2mol \cdot L^{-1}$ 的 NaOH 溶液，迅速用贴有湿 pH 试纸的表面皿盖上，做成气室放在水浴中加热，若 pH 试纸的颜色呈碱性颜色，表示溶液中有 NH_4^+。

② Fe^{2+} 的检验。取试液 1 滴于白色点滴板上，加 1 滴 $2mol \cdot L^{-1}$ HCl 溶液，使溶液呈微酸性，加 10% $K_3[Fe(CN)_6]$ 溶液 1 滴，若产生蓝色沉淀，则说明溶液中有 Fe^{2+} 存在。

③ SO_4^{2-} 检验。取 2 滴试液滴入试管中，加入 2 滴 $2mol \cdot L^{-1}$ 的 HCl 溶液，再加上 2 滴 $1mol \cdot L^{-1}$ 的 $BaCl_2$ 溶液，若析出白色沉淀，则说明溶液中有 SO_4^{2-}。

(2) Fe^{3+} 的限量分析 称取 1g 产品置于 25mL 比色管中，用 15mL 无氧蒸馏水溶解，加入 2mL $2mol \cdot L^{-1}$ 的 HCl 溶液和 1mL $1mol \cdot L^{-1}$ 的 KSCN 溶液，稀释至刻度，摇匀后与标准色阶（实验室准备）相比较，确定产品符合哪一级试剂的规格。

标准色阶（三支 25mL 比色管分别含有）：

① Fe^{3+} 0.05mg（符合Ⅰ级试剂）。

② Fe^{3+} 0.10mg（符合Ⅱ级试剂）。

③ Fe^{3+} 0.20mg（符合Ⅲ级试剂）。

5. $(NH_4)_2SO_4 \cdot FeSO_4 \cdot 6H_2O$ 含量的测定

（1）$(NH_4)_2SO_4 \cdot FeSO_4 \cdot 6H_2O$ 的干燥　将步骤 3 中所制得的晶体在 100℃ 左右干燥 2～3h，脱去结晶水。冷却至室温后，将晶体装在干燥的称量瓶中。

（2）$K_2Cr_2O_7$ 标准溶液的配制　在分析天平上用差减法准确称取约 1.2g $K_2Cr_2O_7$，放入 100mL 烧杯中，加少量蒸馏水溶解，定量转移至 250mL 容量瓶中，用蒸馏水稀释至刻度，计算 $K_2Cr_2O_7$ 的准确浓度。

$$c(K_2Cr_2O_7) = \frac{m(K_2Cr_2O_7) \times 1000}{M(K_2Cr_2O_7) \times 250}$$

（3）测定含量　用差减法准确称取 0.6～0.8g $(NH_4)_2SO_4 \cdot FeSO_4 \cdot 6H_2O$ 两份，分别放入 250mL 锥形瓶中，各加 100mL H_2O 及 20mL 3mol·L^{-1} H_2SO_4，加 5mL 85% H_3PO_4，滴加 6～8 滴二苯胺磺酸钠指示剂，用 $K_2Cr_2O_7$ 标准溶液滴定至溶液由深绿色变为蓝紫色为终点。根据下式计算含量。

$$w(Fe) = \frac{6c(K_2Cr_2O_7)V(K_2Cr_2O_7)M(Fe)}{m(试样) \times 1000}$$

思考题

1. 在整个制备过程中，为何要保持溶液酸性？

2. 为什么在制备 $FeSO_4$ 时要趁热过滤。而在制备 $(NH_4)_2SO_4 \cdot FeSO_4 \cdot 6H_2O$ 时要冷却过滤？

3. 能否用其他方法证明产品中含有 NH_4^+、Fe^{2+}、SO_4^{2-}？

实验三十九　水的净化与水质检测

预习指导

理论要点：离子交换法净化水原理　水中的常见离子的性质　配位滴定

操作要点：移液管使用　滴定　电导率仪的使用

一、实验目的

1. 了解离子交换法净化水的原理与方法。

2. 了解自来水中的常见离子及其鉴定方法。

3. 学习电导率仪的使用方法并测定各类水样的电导率。

4. 了解配位滴定法测定水的总硬度的原理与方法。

二、实验原理

1. 水的净化原理

净化水的方法很多，常用的有蒸馏法、化学转化法、电渗析法和离子交换法等。

离子交换法是用阴阳离子交换树脂中的可交换离子与水中杂质离子进行交换。离子交换树脂是一种不溶于水但能以本身的离子与溶液中的同性离子进行交换的有机高分子聚合物。含有酸性基团并能与溶液中阳离子交换的树脂称为阳离子交换树脂，如本实验用的强酸型阳离子交换树脂用 $R—SO_3H$ 表示。含有碱性基团并能与溶液中阴离子交换的树脂称为阴离子交换树脂，如本实验用的强碱型阴离子交换树脂用 $R—N(CH_3)_3OH$ 表示。其中 R 表示树脂中不变的组成部分。

当原水从阳离子交换柱顶部流入并由底部流出时，水中杂质阳离子与离子交换树脂进行下述交换反应：

$$2R—SO_3H+Ca^{2+} \rightleftharpoons (R—SO_3)_2Ca+2H^+$$

$$R—SO_3H+Na^+ \rightleftharpoons R—SO_3Na+H^+$$

原水中的阳离子如 Ca^{2+}、Mg^{2+}、Na^+、NH_4^+ 等离子固定在阳离子交换树脂上，树脂上的 H^+ 进入水中。经阳离子交换后的水由阴离子交换柱顶部流入时，水中的杂质阴离子与树脂上的 OH^- 发生下列交换反应：

$$2R—N(CH_3)_3OH+SO_4^{2-} \rightleftharpoons [R—N(CH_3)_3]_2SO_4+2OH^-$$

$$R—N(CH_3)_3OH+Cl^- \rightleftharpoons R—N(CH_3)_3Cl+OH^-$$

交换产生的 H^+ 和 OH^- 结合成 H_2O。

为进一步提高水质，一般很少单独使用阳（阴）离子交换柱，而是将它们与阴阳离子交换树脂混合柱串联使用。常用的交换系统流程如图 4-1 所示。

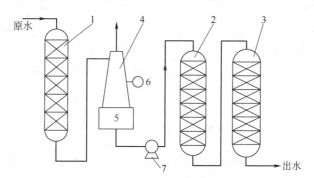

图 4-1　离子交换复床-混合床系统

1—阳离子交换柱；2—阴离子交换柱；3—混合离子交换柱；
4—CO_2 脱气塔；5—中间水箱；6—鼓风机；7—水泵

由于水中含 CO_3^{2-}、HCO_3^-，当水经过阳离子交换后产生的 H^+，有一部分会与 CO_3^{2-}、HCO_3^- 结合形成 H_2CO_3。$pH<4$ 时，H_2CO_3 分解出 CO_2。如 CO_2 进入阴离子交换柱，则影响交换容积的充分利用，故在制备去离子水时，当含盐量大于 $50mg·L^{-1}$ 时，均需设置 CO_2 脱气塔。

交换树脂使用一段时间后，交换树脂将达到饱和，丧失交换能力，需用稀 NaOH 和稀 HCl 溶液分别进行化学处理，使其"再生"，恢复交换能力，以便继续使用。

如阳离子交换树脂用 5%～8% HCl 溶液进行再生处理：

$$R—SO_3Na+HCl \rightleftharpoons R—SO_3H+NaCl$$

阴离子交换树脂用 5%～10% NaOH 溶液进行再生处理：

$$R—N(CH_3)_3Cl+NaOH \rightleftharpoons R—N(CH_3)_3OH+NaCl$$

再生后的树脂用去离子水将其中残留的酸碱冲洗干净，就可再次使用。

用离子交换法制备的去离子水，是纯度较高的水，它可以满足电子工业等各种技术要求。

2. 水质检测原理

工业用水一般用含盐量来表示水的纯度。但由于直接测定水中的含盐量手续比较烦琐，所以目前常用电导率（K）或电导（Ω）间接表示。水中含盐量越高导电性越好，电导率越大；反之，水的纯度越高，电导率越小。因此可以通过测定水的电导率测定水质。各种水样的电导率如表 4-2 所示。

表 4-2 各种水样的电导率

水　　样	使用电极	电导率/$S \cdot cm^{-1}$
绝对水（理论上最小电导）	光亮铂电极	5.5×10^{-8}
二十八次蒸馏水（石英）	光亮铂电极	6.3×10^{-8}
三次蒸馏水（石英）	光亮铂电极	6.7×10^{-7}
一次蒸馏水（玻璃）	铂黑电极	2.8×10^{-6}
去离子水	铂黑电极	$8.0 \times 10^{-7} \sim 1.0 \times 10^{-5}$
自来水	铂黑电极	$5.0 \times 10^{-3} \sim 5.0 \times 10^{-4}$

水中的 Cl^- 和 SO_4^{2-} 的存在可以用 $AgNO_3$ 和 $BaCl_2$ 溶液进行检验，水中 Mg^{2+} 用铬黑 T（简称 EBT）进行检验。在 pH＝7～11 的溶液中，铬黑 T 自身显蓝色，但铬黑 T 与 Mg^{2+} 作用后形成红色配合物。水中 Ca^{2+} 可以用钙指示剂进行检验。在 pH＞12 的溶液中，钙指示剂自身显蓝色，但钙指示剂与 Ca^{2+} 作用后形成酒红色配合物。在此 pH 值下 Mg^{2+} 的存在不干扰 Ca^{2+} 的检验。因为这时 Mg^{2+} 以 $Mg(OH)_2$ 沉淀析出。

3. 水的总硬度测定原理

水的总硬度主要由钙盐和镁盐的含量所决定，所以可用水中钙盐和镁盐（均以 $CaCO_3$ 计）的总含量来表征水的硬度的大小。本实验采用配位滴定法测定水的总硬度。所用的配位剂为 EDTA（H_2Y^{2-}），它可与 Ca^{2+}、Mg^{2+} 形成 1∶1 的易溶于水的配位化合物。

测定总硬度是在 pH＝10 的水溶液中进行的。加入铬黑 T 指示剂（HIn^{2-}）后，它与水中 Mg^{2+} 的离子反应为

$$Mg^{2+} + HIn^{2-} \Longleftrightarrow [MgIn]^- + H^+$$
（纯蓝）　　　　　　（酒红色）

当滴入 EDTA 溶液时，它首先与游离的 Ca^{2+}、Mg^{2+} 离子配位，反应如下：

$$Ca^{2+} + H_2Y^{2-} \Longleftrightarrow [CaY]^{2-} + 2H^+$$
（无色）　　　　　　（无色）

$$Mg^{2+} + H_2Y^{2-} \Longleftrightarrow [MgY]^{2-} + 2H^+$$
（无色）　　　　　　（无色）

由于 $[CaY]^{2-}$、$[MgY]^{2-}$ 的稳定性大于 $[MgIn]^-$，当水中 Mg^{2+}、Ca^{2+} 完全被配位后，继续加入的 EDTA 夺取 $[MgIn]^-$ 中的金属离子，使指示剂 HIn^{2-} 游离出来，溶液由酒红色变为纯蓝色，反应即达终点，反应式为

$$[MgIn]^- + [H_2Y]^{2-} \Longleftrightarrow [MgY]^{2-} + HIn^{2-} + H^+$$
（酒红色）　　（无色）　　　　（无色）　　（纯蓝色）

根据 EDTA 标准溶液的用量即可计算出水的总硬度。

三、仪器、试剂

1. 仪器　阳离子交换柱，阴离子交换柱，混合离子交换柱，取样瓶，电导率仪，铂黑电极，50mL、100mL 烧杯，酸式滴定管，250mL 锥形瓶，25mL 移液管，10mL、50mL 量筒，试管。

2. 试剂　2mol·L^{-1} NH$_3$·H$_2$O，0.1mol·L^{-1} AgNO$_3$，1mol·L^{-1} BaCl$_2$，铬黑T，钙指示剂，1mol·L^{-1} HNO$_3$，6mol·L^{-1} NaOH。

EDTA 标准溶液（约 0.01mol·L^{-1}，已标定）。

NH$_3$-NH$_4$Cl 缓冲溶液（pH＝10）：称取 20g NH$_4$Cl 加 500mL 蒸馏水，再加分析纯浓氨水 100mL，用水稀释至 1L。

四、实验步骤

1. 水的净化

打开自来水开关，调节水的流量，从离子交换系统中取水样，以备进行有关项目的检测。

2. 水质检测

（1）水中 Ca^{2+}、Mg^{2+}、Cl$^-$、SO$_4^{2-}$ 等离子的检测　检验自来水、去离子水中有无 Ca^{2+}、Mg^{2+}、Cl$^-$、SO$_4^{2-}$ 等离子。

① Ca^{2+} 的检验。取 2 支洗净的试管分别加入自来水和去离子水（在装去离子水前必须用去离子水冲洗三次）各 1mL，再各加 8 滴 2mol·L^{-1}氨水和少量钙指示剂，振动试管。观察溶液颜色。

② Mg^{2+} 的检验。取 2 支试管分别加入 1mL 自来水和去离子水，再加 2mol·L^{-1}氨水 1 滴、NH$_3$-NH$_4$Cl 缓冲溶液 10 滴，铬黑 T 少许，观察溶液颜色。

③ Cl$^-$ 的检验。取 2 支试管分别加入 1mL 自来水和去离子水，再各加 1 滴 1mol·L^{-1} HNO$_3$ 使之酸化，然后各加入 1 滴 0.1mol·L^{-1}的 AgNO$_3$。观察是否出现白色浑浊。

④ SO$_4^{2-}$ 的检验。取 2 支试管分别加入自来水和去离子水各 1mL，再各加入 4 滴 1mol·L^{-1} BaCl$_2$。观察是否出现白色浑浊。

（2）水样电导率的测定　测定自来水和去离子水的电导率。在测定前每次用待测水样冲洗电导电极及烧杯 2～3 次，然后分别取各种水样约 30mL（用烧杯直接取）于 50mL 的烧杯内，依次测出它们的电导率（测量顺序应如何安排？电导电极应如何选择？）

3. 水的总硬度测定

用移液管移取 50.00mL 水样放入 250mL 锥形瓶中，加入 NH$_3$-NH$_4$Cl 缓冲溶液 5mL，再加入铬黑 T 指示剂约 30mg（用牛角勺尾端取，约绿豆粒大小），摇匀。然后用 EDTA 标准溶液滴定至由酒红色至纯蓝色，即指示达到终点。记录所用 EDTA 标准溶液的体积 V_1。平行测定三次。总硬度可以 CaCO$_3$ 的质量浓度 ρ(CaCO$_3$)（g·L^{-1}）表示。按下式计算：

$$\rho(\text{CaCO}_3) = \frac{M(\text{CaCO}_3)cV_1}{V(\text{水})}$$

式中，M(CaCO$_3$) 为 CaCO$_3$ 的摩尔质量；c 为 EDTA 标准溶液的浓度；V_1 为消耗 EDTA 标准溶液的体积，mL；V(水) 为测定水样的体积，L。

除以上水总硬度表示方法以外，我国通常还以德国度表示水的总硬度，即以每升水中含 10mg CaO 为 1 度，计算式如下：

$$\text{德国度} = \frac{cV_1M(\text{CaO})}{V(\text{水})} \times \frac{1}{10}$$

注意，式中 V_1 单位为 mL，V(水) 单位为 L。

4. Ca^{2+} 和 Mg^{2+} 含量的测定

用移液管移取水样 50.00mL 于 250mL 锥形瓶中，加 2mL 10% NaOH 溶液，摇匀后加钙指示剂约 30mg（约绿豆粒大小），用 EDTA 标准溶液滴定至溶液由红色变为纯蓝色即为终点，记录消耗 EDTA 体积为 V_2。平行测定 3 次，计算水中钙和镁的含量。

$$\rho(\mathrm{Ca}) = \frac{cV_2 M(\mathrm{Ca})}{V(水)}$$

$$\rho(\mathrm{Mg}) = \frac{c(V_1 - V_2)M(\mathrm{Mg})}{V(水)}$$

思考题

1. 进行去离子水中离子鉴定实验时，取水样操作中应注意些什么问题？
2. 下列情况对测定电导率有无影响？怎样影响？
① 所测的各水样体积不相同。
② 测定电导率时电导电极上的铂片未全部浸入待测水样。
③ 测定电导率时烧杯或电导电极洗涤不干净。
④ 测定过去离子水电导率后，电导电极没有用自来水冲洗就直接测自来水电导率。
3. 测定水的总硬度时，锥形瓶应怎样洗涤？为什么？

实验四十　含铬废水处理及铬（Ⅵ）含量的测定

预习指导

理论要点：Cr(Ⅵ) 的化学鉴定　含铬废水的电化学处理　标准曲线绘制与使用
操作要点：吸量管使用　比色管使用　721 型或 722 型分光光度计使用　电解池使用

一、实验目的

1. 了解工业废水处理的一般方法。
2. 了解含铬废水的电化学处理过程。
3. 掌握 Cr(Ⅵ) 的鉴定方法。
4. 掌握溶液中微量铬含量的测定方法。

二、实验原理

水污染是环境污染中的重要部分。它是由人类生活和生产中排出的废污水未经处理即大量排入水体，并超过了水体的自净能力而形成的，其中主要是化学污染。污染物质可分为需氧污染物、植物营养素、难降解的有机物、无机污染物（酸、碱、盐、重金属、氟化物、氰化物）、有机有毒物、放射性污染物等。

工业废水处理的方法主要有电化学处理法、离子交换法及微生物法。电化学处理法可归纳为以下四种方法。

（1）电极表面氧化处理法　工业废水中溶解性的有害污染物，直接通过阳极氧化或阴极还原后生成无毒化合物或沉淀物，叫电极表面氧化处理法。如含氰废水的电化学氧化：

$$CN^- + 2OH^- - 2e^- \longrightarrow CNO^- + H_2O$$

$$2CNO^- + 4OH^- - 6e^- \longrightarrow 2CO_2 \uparrow + N_2 \uparrow + 2H_2O$$

（2）电凝聚处理法　由于铁或铝制阳极溶解，形成 $Fe(OH)_2$ 或 $Al(OH)_3$ 等不溶于水的金属氢氧化物活性凝聚体，对废水中的有机或无机污染物起抱合凝聚作用及对溶解物有吸附作用，叫电凝聚处理法。

（3）电浮选法　通直流电，当电压达到水的分解电压时，所产生的氢气和氧气泡浮选废水中的絮凝物，叫电浮选法。

（4）间接氧化还原法　利用电极氧化或还原产物与溶于废水中的污染物反应生成不溶于水的沉淀物，叫间接氧化还原法。

无机污染物中的铬化合物来自电镀、制革及染料等工业废水。$Cr(Ⅵ)$ 对皮肤有刺激性，能使之溃烂，而且是一种致癌物，并能在体内积蓄，而三价铬的毒性很低。世界卫生组织规定饮用水中六价铬含量不得超过 $0.05mg \cdot L^{-1}$。因此要将六价铬处理成三价铬。

本实验采用间接氧化还原法处理铬废水中的 $Cr(Ⅵ)$，铁板作为阳极。

阳极反应
$$Fe - 2e^- === Fe^{2+}$$

$$6Fe^{2+} + Cr_2O_7^{2-} + 14H^+ === 2Cr^{3+} + 6Fe^{3+} + 7H_2O$$

阴极反应
$$2H^+ + 2e^- === H_2 \uparrow$$

随着电解进行，溶液酸性逐渐减弱而呈现碱性，促使 Fe^{3+} 和 Cr^{3+} 生成氢氧化物沉淀：
$$Cr^{3+} + 3OH^- === Cr(OH)_3 \downarrow$$
$$Fe^{3+} + 3OH^- === Fe(OH)_3 \downarrow$$

电化学处理的优点是可在常温常压下进行，使用的药品少，操作管理容易自动化，而且简便、故障少等。通过电化学处理前后 $Cr(Ⅵ)$ 含量的测定，可以检验电解处理的效果。

$Cr(Ⅵ)$ 的鉴定方法：在 $Cr_2O_7^{2-}$ 的酸性溶液中，加入 H_2O_2 和乙醚时，在乙醚层中有蓝色的过氧化物 $CrO(O_2)_2 \cdot (C_2H_5)_2O$ 生成，这一反应常用来鉴定溶液中是否存在 $Cr(Ⅵ)$，但此化合物不稳定，放置过久或微热时可分解为 Cr^{3+} 并放出 O_2。

微量 $Cr(Ⅵ)$ 含量的测定方法：微量 $Cr(Ⅵ)$ 含量的测定用分光光度法。在微酸性溶液中 $Cr(Ⅵ)$ 与加入的显色剂二苯碳酰二肼（$C_6H_5—NH—NH—CO—NH—NH—C_6H_5$）反应生成紫红色的化合物，通过可见分光光度计，可以测定溶液中的 $Cr(Ⅵ)$ 含量。但处理后废水中 Fe^{3+} 的浓度大于 $1mg \cdot L^{-1}$ 时能与显色剂生成黄色干扰物，为此要加入浓氨水用以沉淀 Fe^{3+}，微量 Fe^{3+} 可加 H_3PO_4 使之形成配合物。

三、仪器、试剂

1. 仪器　721 型或 722 型分光光度计，半导体交直流稳压电源，"H"电池，5mL、10mL 吸量管，25mL 容量瓶或 25mL 比色管，温度计，酒精灯，1cm 比色皿，漏斗，100mL 烧杯，试管，石墨电极，铁电极，三角架、滤纸。

2. 试剂　$1mol \cdot L^{-1}$ H_2SO_4，$1mol \cdot L^{-1}$ HCl，85% H_3PO_4，浓氨水，$0.1mol \cdot L^{-1}$ KI，15% H_2O_2，乙醚，铬废水试样，低浓度含铬废水试样，pH 试纸。

二苯碳酰二肼溶液：称取 0.05g 二苯碳酰二肼溶于 25mL 95%乙醇中，再加入 1∶9 H_2SO_4 100mL，保存于冰箱内。试剂应无色，变色后不宜使用。

铬储备液：称取经 100～120℃烘干 2h 的优级纯 $K_2Cr_2O_7$ 0.5656g，用少量蒸馏水溶解后移入 1000mL 容量瓶中，加蒸馏水至刻度，摇匀。此溶液浓度为 $0.20mg \cdot mL^{-1}$ $Cr(Ⅵ)$。

铬标准溶液：临用时取 5.00mL 铬储备液稀释至 1L，此溶液浓度为 $1.00\mu g \cdot mL^{-1}$ $Cr(Ⅵ)$。

四、实验步骤

1. $Cr_2O_7^{2-}$ 的鉴定

取一支试管加入 1mL 含铬废水，酸化（加 1~2 滴盐酸或硝酸）后加入 3 滴 15% H_2O_2、1mL 乙醚，充分振荡，观察乙醚层的颜色。

取一支试管加入 1mL 含铬废水、10 滴 1mol·L^{-1} HCl、10 滴 0.1mol·L^{-1} KI，振荡，观察实验现象；再加 CCl_4 10 滴，振荡后静置，观察溶液颜色的变化，写出反应式，记录现象。

2. 含铬废水的电化学处理

在 250mL 烧杯中加入低浓度含铬废水至 100mL 体积处，铁电极作为阳极，石墨电极作为阴极，铬废水用 H_2SO_4 酸化至 pH=2~3，控制阳极电流密度为 0.6A·dm^{-2}，时间为 15~20min，观察阳极附近溶液逐渐变为绿色。写出电极反应式。

3. 处理前后 Cr(Ⅵ) 含量的测定

（1）参比溶液的配置　取一支 25mL 的比色管，向其中加入 1.50mL 二苯碳酰二肼溶液，用蒸馏水稀释至刻度，摇匀，即得参比溶液（即试剂空白溶液）。

（2）标准曲线的绘制　在 7 支 25mL 的比色管中，按表 4-3 配制标准系列溶液。

表 4-3　Cr(Ⅵ) 标准系列溶液的配制

项目	0	1	2	3	4	5	6
铬标准液体积/mL	0	2.00	4.00	6.00	8.00	10.00	12.00
25mL 溶液中 Cr(Ⅵ)含量/μg	0	2.00	4.00	6.00	8.00	10.00	12.00
吸光度 A							

各比色管再分别加入 1.50mL 二苯碳酰二肼溶液，用蒸馏水稀释至刻度，摇匀，15min 后在波长 540nm 处用 1cm 比色皿以试剂空白液作参比，测定吸光度 A，填入表中。以 A 作为纵坐标，Cr(Ⅵ) 含量作为横坐标，绘制标准曲线。

（3）处理前 Cr(Ⅵ) 含量的测定　取 10.00mL 低浓度含铬废水于 25mL 比色管中，加入 1.50mL 二苯碳酰二肼溶液，加蒸馏水至刻度，摇匀静置后，在波长 540nm 处测其吸光度。

（4）处理后 Cr(Ⅵ) 含量的测定　取电解处理后阳极附近溶液 10.00mL 于 100mL 烧杯中，边搅拌边滴加浓氨水至 pH=7~8，过滤，用少量蒸馏水洗涤沉淀数次（注意每次蒸馏水一定少量以免总体积过量），滤液和洗液全部转移入 25mL 比色管中，用 85% H_3PO_4 酸化至 pH=5~6，加入 1.50mL 二苯碳酰二肼溶液，加蒸馏水至刻度，摇匀静置后，在波长 540nm 处测其吸光度。

将测定结果与标准曲线进行比较，计算出电解处理前、后 Cr(Ⅵ) 的含量，并分析电化学处理后，Cr(Ⅵ) 废水是否达到排放标准。

思考题

1. 电化学处理废水有哪些基本方法？
2. 电解法处理含铬废水的原理是什么？
3. 分光光度法测定 Cr(Ⅵ) 含量的原理是什么？

4. 标准曲线中得到的 Cr（Ⅵ）含量是不是所测溶液中的 Cr（Ⅵ）含量？

实验四十一　金属的腐蚀与金属的防护处理

预习指导

理论要点：金属腐蚀　金属腐蚀防护　钢铁表面发蓝处理　铝的阳极氧化

操作要点：直流电源操作　调温电炉使用　水浴加热　变压器使用　电解池操作

一、实验目的

1. 了解电化学腐蚀原理和形成条件。
2. 了解常见的金属防护处理方法。
3. 掌握钢铁表面发蓝处理和铝的阳极氧化方法。

二、实验原理

金属的腐蚀包括化学腐蚀和电化学腐蚀。电化学腐蚀是由于金属表面存在许多微小的短路原电池（微电池）作用的结果。较活泼的金属为负极被氧化，即被腐蚀，而其他部分作为正极，仅传递电子，本身不发生变化，即不被腐蚀。

影响金属腐蚀的因素主要来自两方面：一是材料因素，如金属和合金的电极电势不同。二是环境因素，如腐蚀介质的 pH 值、浓度、温度、湿度、流速以及潮湿腐蚀性气体的压力等影响，使金属的电位不均匀，而引起金属的腐蚀。

金属腐蚀的防护方法主要有缓释剂法、阴极保护法和金属的表面处理法。金属的表面处理主要有增加表面涂层、钢铁表面发蓝处理和铝的阳极氧化等。

（1）缓释剂法　在腐蚀性介质中，可加入少量能延缓腐蚀过程的物质，称为缓蚀剂。缓释剂使用方便、投放量小、见效快、成本较低，目前广泛用于石油化工、化肥、动力等部门。特别是在酸洗过程中缓释效果明显。如乌洛托品（六亚甲基四胺）常用作钢铁在酸性介质中的缓蚀剂。

（2）阴极保护法　金属的阴护法有牺牲阳极阴极保护法和外加电流阴极保护法两种。牺牲阳极阴极保护法是在被保护金属设备上联结一个电位更负（更活泼）的金属或合金做阳极，依靠它不断溶解所产生的阴极电流对金属进行阴极极化。常用的阳极金属有锌、铝、锌合金、镁合金等。外加电流保护法是将被保护金属设备与直流电源的负极连接，辅助阳极与直流电源的正极连接，利用外部阴极电极对金属进行阴极极化，达到保护的目的。

（3）钢铁表面发蓝处理　在钢铁表面用氧化剂进行氧化，获得致密的有一定防护性能的由蓝色到黑色的 Fe_3O_4 薄膜，工业上将这种氧化处理称为"发蓝"或"煮黑"。常用的氧化处理有碱性氧化法和酸性氧化法。这里介绍的是碱性氧化法，将钢铁零件投入含有氧化剂（如 $NaNO_2$）的热浓氢氧化钠溶液中进行氧化处理，即可在钢铁表面形成蓝黑色的氧化膜。其反应可用下列反应式表示：

$$3Fe + NaNO_2 + 5NaOH \Longrightarrow 3Na_2FeO_2 + NH_3 \uparrow + H_2O$$

$$6Na_2FeO_2 + NaNO_2 + 5H_2O \Longrightarrow 3Na_2Fe_2O_4 + NH_3 \uparrow + 7NaOH$$

$$Na_2FeO_2 + Na_2Fe_2O_4 + 2H_2O == Fe_3O_4 + 4NaOH$$

氧化膜厚度一般为 $0.5 \sim 1.5\mu m$，外表美观，又不影响金属零件的精密度。所以一些精密仪器和光学仪器的零件，常用它作为装饰防护层。

为提高氧化膜的抗蚀性能与润滑性能，一般在氧化处理后进行补充处理。如在重铬酸钾溶液中进行钝化、浸油或浸肥皂液处理等。

（4）铝的阳极氧化　用电化学方法在铝表面生成较致密的氧化膜过程，称为铝的阳极氧化。所形成的氧化膜有较高的硬度和抗腐蚀性能，它既可作为电的绝缘层，又可作油漆的底层。新鲜的氧化膜能吸附多种有机染料和无机颜料，从而形成各种彩色膜，既防腐又美观，常作为防护-装饰层。

在硫酸电解液中，铝为阳极，铅为阴极，铝在外加电流作用下失电子，成为 Al^{3+}，经水解形成 $Al(OH)_3$，其反应为

$$Al == Al^{3+} + 3e^-$$

$$Al^{3+} + 3H_2O \rightleftharpoons Al(OH)_3 + 3H^+$$

随着电解的进行，$Al(OH)_3$ 在阳极附近很快达到饱和，并在阳极表面形成致密的 $Al(OH)_3$ 薄膜。由于电解液对膜的溶解，致使膜有较多的孔隙。$Al(OH)_3$ 膜本身是电介质，电流只能经孔隙通过，并伴随有大量的热量放出，导致 $Al(OH)_3$ 脱水，形成 Al_2O_3 薄膜。

阳极氧化法形成的 Al_2O_3 膜有较高的吸附性，当腐蚀介质进入孔隙时，将会引起孔隙腐蚀。因此，在实际生产中，氧化后不论染色与否，通常都要对氧化膜进行封闭处理。经封闭处理后氧化膜的抗蚀能力可提高 $15 \sim 20$ 倍。本实验采用沸水封闭法，它是利用 Al_2O_3 的水化作用，即

$$Al_2O_3 + H_2O == Al_2O_3 \cdot H_2O$$

Al_2O_3 氧化膜水化为一水化合物（$Al_2O_3 \cdot H_2O$）时，其体积增加 33%，水化为三水化合物（$Al_2O_3 \cdot 3H_2O$）时，体积几乎增加 100%。因此，经封闭处理后氧化膜的小孔得到封闭，其抗蚀性有明显的提高。

三、仪器、试剂

1. 仪器　变压器，直流稳压电源，铅电极，铜板电极，电解槽，调温电炉，$0 \sim 100℃$，$0 \sim 200℃$ 温度计，表面皿，500mL、250mL、100mL 烧杯，试管，酒精灯，水浴锅。

2. 试剂　$1mol \cdot L^{-1} H_2SO_4$，$0.1mol \cdot L^{-1} HCl$，$2mol \cdot L^{-1} HNO_3$，$2mol \cdot L^{-1} NaOH$，$0.1mol \cdot L^{-1} NaCl$，$0.1mol \cdot L^{-1} FeCl_3$，$0.1mol \cdot L^{-1} FeSO_4$，$0.1mol \cdot L^{-1} K_3[Fe(CN)_6]$，铝试剂，$20\%$ 乌洛托品，硫酸电解液（$150 \sim 200g \cdot L^{-1}$），染色液（茜素黄 $0.3g \cdot L^{-1}$）。

发蓝碱洗液（NaOH：$30 \sim 50g \cdot L^{-1}$，Na_2CO_3：$10 \sim 30g \cdot L^{-1}$，Na_2SiO_3：$5 \sim 10g \cdot L^{-1}$）。

发蓝酸洗液（20% HCl，5% 乌洛托品）。

发蓝处理液（NaOH：$600 \sim 650g \cdot L^{-1}$，$NaNO_2$：$100 \sim 150g \cdot L^{-1}$）。

其他：铝板，铝片，铝丝，铜丝，铁片，不锈钢，锌片，铁钉，三角架，砂纸，滤纸，石棉网。

四、实验步骤

1. 金属腐蚀

① 将锌片投入盛有 2mL 1mol·L^{-1} H$_2$SO$_4$ 溶液的试管中，观察其反应情况。然后用一铜丝与锌片接触，观察反应有何变化？根据实验现象可得出什么结论。

② 取两铝片用砂纸打磨并水洗后，置于表面皿上，分别滴加 2 滴 0.1mol·L^{-1} NaCl 溶液和 0.1mol·L^{-1} FeCl$_3$ 溶液，并各加 1 滴铝试剂，放置 15～20min，若有红色螯合物生成，说明铝被腐蚀。记录实验现象并解释原因。

2. 金属腐蚀的防护

（1）缓蚀剂法　取一支试管，加入 2mL 蒸馏水和 1 滴 0.1mol·L^{-1} K$_3$[Fe(CN)$_6$] 溶液，然后等分到两支试管中。向其中分别加入 1 滴 0.1mol·L^{-1} FeSO$_4$ 和 FeCl$_3$ 溶液，振荡试管，观察现象，解释原因。

将除锈后的两枚铁钉用自来水冲洗后缓缓投入两支试管中，向其中一试管加入 5 滴 20% 乌洛托品溶液，然后向两试管中各加入 2mL 0.1mol·L^{-1} 的 HCl 溶液和 1 滴 0.1mol·L^{-1} K$_3$[Fe(CN)$_6$] 溶液，比较两试管中蓝色出现的快慢与颜色深浅的差异。写出反应式并解释之。

（2）阴极保护法　在 50mL 烧杯中，加入约 30mL 0.1mol·L^{-1} NaCl 溶液，再加入 3 滴 0.1mol·L^{-1} HCl 和 3 滴 0.1mol·L^{-1} K$_3$[Fe(CN)$_6$] 溶液，振荡，并插入两个铁电极。用导线将两个电极与直流稳压电源整流器连接，通电后，有什么现象？阴极和阳极哪个电极发生了腐蚀？

（3）钢铁的发蓝处理

① 发蓝前处理。用砂纸将大铁钉表面擦净，用一根铁丝系上，并用水洗净。

碱洗：将铁钉投入温度为 60～100℃ 的碱洗液中，10min 后，取出铁钉，先用热水后用自来水淋洗。

酸洗：将碱洗后的铁钉投入酸洗液中，1min 后，取出铁钉并用水洗干净。

② 发蓝处理。将表面处理过的铁钉投入发蓝液，煮沸约 20min，温度控制在 130～150℃。取出铁钉用热水冲洗后，再放入温度为 60～80℃ 的封闭液中，10～15min 后取出铁钉，用水洗净，观察铁钉表面的颜色。

（4）铝的阳极氧化

① 氧化前的表面处理

碱洗：将铝片投入温度为 60～70℃ 的 2mol·L^{-1} NaOH 溶液中，浸 1min，取出用自来水冲洗，以除去铝片表面的油污。

酸洗：将碱洗后的铝片放入 2mol·L^{-1} HNO$_3$ 溶液中，浸 0.5～1min，取出用自来水冲洗，以除去表面氧化物。洗净后的铝板放在盛有蒸馏水的烧杯中。

② 氧化处理。在电解槽中加入 100mL 硫酸电解液，将铜板电极挂在阴极，铝板挂在阳极，调节电压，开始时用 0.5A·dm^{-2} 的电流密度，1min 后逐渐使阳极电流密度达到 0.8～1.0A·dm^{-2}，30min 后切断电源，取出铝片，用自来水冲洗数次。

③ 氧化膜的染色。将氧化后用水洗净的铝片投入染色液中（为保证氧化膜的最大吸附能力，氧化后染色最多不能滞后半小时），控制温度 75～85℃，10min 后取出铝片，在空气中停留半分钟，再用自来水洗净。

④ 氧化膜的封闭。将染色后并洗净的铝片放入煮沸的蒸馏水中（若用中性自来水煮沸封闭时，45min 也不易完全封闭），煮沸 10min 即可。控制水的 pH=4.5～6.5。

思考题

1. 为什么纯度低的金属比纯度高的金属容易腐蚀？

2. 本实验中出现过哪几种腐蚀？如何检验它们的腐蚀产物？

实验四十二 三草酸合铁（Ⅲ）酸钾的制备、性质及组成分析

预习指导

理论要点：三草酸合铁（Ⅲ）酸钾的性质和制备方法　氧化还原法测定 $C_2O_4^{2-}$ 和 Fe^{2+} 的原理、方法　化合物组成的确定

操作要点：分析天平称量　定容　滴定　过滤　干燥　蒸发　浓缩　结晶

一、实验目的

1. 学习制备三草酸合铁（Ⅲ）酸钾的方法。
2. 学习用氧化还原滴定法测定 $C_2O_4^{2-}$ 和 Fe^{2+} 的原理、方法。
3. 了解三草酸合铁（Ⅲ）酸钾的性质。
4. 掌握确定化合物组成的基本原理和方法。
5. 综合训练无机合成、重量分析的基本操作。

二、实验原理

三草酸合铁（Ⅲ）酸钾 $K_3[Fe(C_2O_4)_3] \cdot 3H_2O$ 是一种亮绿色单斜晶体，易溶于水，难溶于有机溶剂。110℃时可失去全部结晶水，230℃时分解。该配合物对光敏感，在日光照射下进行光化学反应，分解产生草酸亚铁，其反应为：

$$2[Fe(C_2O_4)_3]^{3-} = 2FeC_2O_4 + 3C_2O_4^{2-} + 2CO_2$$

分解生成的草酸亚铁与六氰合铁（Ⅲ）酸钾生成滕氏蓝，反应为：

$$3FeC_2O_4 + 2K_3[Fe(CN)_6] = Fe_3[Fe(CN)_6]_2 + 3K_2C_2O_4$$

因此，在实验室中，可做成感光纸，进行感光实验。另外，由于它的光化学活性，能进行光化学反应，常用作化学光亮计。同时，三草酸合铁（Ⅲ）酸钾还是制备负载型活性铁催化剂的主要原料，也是一些有机反应很好的催化剂，因此在工业上具有一定的应用价值。

目前，有多种制备三草酸合铁（Ⅲ）酸钾的方法。本实验所采用的方法是：首先利用硫酸亚铁铵与草酸反应制备出草酸亚铁，然后在过量草酸根的存在下，用过氧化氢氧化草酸亚铁即可制得三草酸合铁（Ⅲ）酸钾配合物。加入乙醇后，从溶液中析出 $K_3[Fe(C_2O_4)_3] \cdot 3H_2O$ 晶体。反应如下：

$(NH_4)_2SO_4 \cdot FeSO_4 \cdot 6H_2O + H_2C_2O_4 =$

$$2FeC_2O_4 \cdot 2H_2O + (NH_4)_2SO_4 + H_2SO_4 + 4H_2O$$

$2FeC_2O_4 \cdot 2H_2O + H_2O_2 + 3K_2C_2O_4 + H_2C_2O_4 = 2K_3[Fe(C_2O_4)_3] \cdot 3H_2O$

该配合物的组成可用重量分析和滴定分析方法确定。

结晶水的含量采用重量分析法测定。将一定量的 $K_3[Fe(C_2O_4)_3] \cdot 3H_2O$ 晶体，在110℃下干燥脱水，待脱水完全后称量，便可计算出结晶水的质量分数。

草酸根含量采用氧化还原滴定法测定。草酸根在酸性介质中可被高锰酸钾定量氧化，反应为：

$$5C_2O_4^{2-} + 2MnO_4^- + 16H^+ \Longrightarrow 2Mn^{2+} + 10CO_2 + 8H_2O$$

用已知准确浓度的高锰酸钾标准溶液滴定 $C_2O_4^{2-}$。根据消耗的高锰酸钾的体积，便可计算出 $C_2O_4^{2-}$ 的质量分数。

铁含量的测定同样采用氧化还原滴定法。在上述测定草酸根后剩余的溶液中，用过量的还原剂锌粉将 Fe^{3+} 还原为 Fe^{2+}，将剩余的锌粉过滤掉，然后用高锰酸钾标准溶液滴定 Fe^{2+}，反应为：

$$Zn + 2Fe^{3+} \Longrightarrow 2Fe^{2+} + Zn^{2+}$$
$$5Fe^{2+} + MnO_4^- + 8H^+ \Longrightarrow 5Fe^{3+} + Mn^{2+} + 4H_2O$$

由消耗的高锰酸钾溶液的体积计算出铁的质量分数。

钾的含量可根据配合物中铁、草酸根、结晶水的含量计算出，由总量 100% 减去铁、草酸根、结晶水的质量分数即为钾的质量分数。

由上述测定结果推断三草酸合铁(Ⅲ)酸钾的化学式：

$$K^+ : C_2O_4^{2-} : H_2O : Fe^{3+} = (K^+\%/39.1) : (C_2O_4^{2-}\%/88.0) : (H_2O\%/18.0) : (Fe^{3+}\%/55.8)$$

三、仪器、试剂

1. 仪器　酸式滴定管，分析天平，移液管，容量瓶，锥形瓶，烧杯，量筒，称量瓶，台秤，表面皿，滤纸，布氏漏斗，抽滤瓶，烘箱。

2. 试剂　$0.02mol \cdot L^{-1}$ $KMnO_4$ 标准溶液，$(NH_4)_2Fe(SO_4)_2 \cdot 6H_2O$（s），$3mol \cdot L^{-1}$ H_2SO_4，$1mol \cdot L^{-1}$ $H_2C_2O_4$，$3\%H_2O_2$，饱和 $K_2C_2O_4$ 溶液，$Na_2C_2O_4$（A.R.），95%乙醇，锌粉，铁氰化钾（A.R.），3.5%六氰合铁酸钾。

四、实验步骤

1. 三草酸合铁(Ⅲ)酸钾的制备

在台秤上称取 $5.0g$ 硫酸亚铁铵固体，放入 $200mL$ 的烧杯中，加入 $15mL$ 蒸馏水和 $1mL$ $3mol \cdot L^{-1}$ $H_2C_2O_4$ 溶液，搅拌加热至沸，保持微沸 $5min$。静置，得到黄色的 $FeC_2O_4 \cdot 2H_2O$ 晶体，待晶体沉降后，弃去上层清液。在沉淀上加入 $20mL$ 蒸馏水，搅拌并加热，静置后倾出上层清液。再洗涤一次以除去可溶性杂质。

往上述已洗涤过的沉淀中加入 $10mL$ 饱和 $K_2C_2O_4$ 溶液，水浴加热至 $40℃$，用滴管缓慢地滴加 $20mL$ $3\%H_2O_2$，不断搅拌并保持温度 $40℃$左右，使 Fe^{2+} 充分被氧化为 Fe^{3+}，然后，将溶液加热至沸以除去过量的 H_2O_2（煮沸时间不宜过长，H_2O_2 分解基本完全即停止加热）。再逐滴加入 $8mL$ $1mol \cdot L^{-1}$ $H_2C_2O_4$，使沉淀溶解，此时应快速搅拌（或用电磁搅拌器）。然后溶液过滤，在滤液中加入 $10mL$ 乙醇（95%）。若溶液中已出现晶体可温热使生成的沉淀溶解。冷却，结晶，抽滤至干。称量，计算产率。晶体置于干燥器内避光保存。

2. 三草酸合铁(Ⅲ)酸钾的组成分析

将所得产品用研钵研成粉状，储存备用。

(1) 结晶水含量的测定　将两个称量瓶洗净并编号，放入烘箱中，在 $110℃$ 下干燥 $1h$，然后置于干燥器中冷却至室温，在分析天平上称量。然后再放到烘箱中在 $110℃$ 下干燥 $0.5h$，取出、冷却、称重。重复上述操作（干燥、冷却、称重），直至恒重（两次称量相差不超过 0.3mg）为止。

在分析天平上准确称取 0.5～0.6g 产物两份，分别放入上述两个已恒重的称量瓶中。置于烘箱中，在 110℃ 下干燥 1h，取出后置于干燥器中冷却至室温，称重。重复上述干燥（0.5h）、冷却、称重等操作，直至恒重。

根据称量结果，计算结晶水的含量（以质量分数表示）。

（2）草酸根含量的测定　准确称取 0.18～0.22g 干燥过 $K_3[Fe(C_2O_4)_3]$ 样品 3 份，分别放入 3 个已编号的锥形瓶中，各加入约 30mL 蒸馏水和 10mL 3mol·L^{-1} H_2SO_4。将溶液加热至 75～85℃（不能高于 90℃，若高于此温度，草酸易分解），用 0.02mol·L^{-1} $KMnO_4$ 标准溶液趁热滴定，开始反应速度很慢，第一滴滴入后，待紫红色褪去，再滴第二滴，溶液中产生 Mn^{2+} 后，由于 Mn^{2+} 的催化作用使反应速度加快，但滴定仍需逐滴加入，直到溶液呈粉红色 30s 不褪色，即为滴定终点。根据消耗的 $KMnO_4$ 标准溶液的体积，计算出 $C_2O_4^{2-}$ 的质量分数。滴定完的溶液保留待用。

（3）铁含量的测定　将上述保留溶液中加入过量的还原剂锌粉，加热溶液近沸，直到黄色消失，使 Fe^{3+} 还原为 Fe^{2+}。用短颈漏斗趁热过滤以除去多余的锌粉，滤液用另一干净的锥形瓶盛接，再用 5mL 蒸馏水洗涤漏斗内残渣锌粉 2～3 次，洗涤液一并收集在上述锥形瓶中。再用 0.02mol·L^{-1} $KMnO_4$ 溶液滴定至溶液呈粉红色且 30s 不褪色。根据消耗 $KMnO_4$ 标准溶液的体积，计算出铁的质量分数。

由测得的 $C_2O_4^{2-}$、Fe^{3+}、H_2O 的质量分数可计算出 K^+ 的质量分数，从而确定配合物的组成及化学式。

3. 三草酸合铁（Ⅲ）酸钾的性质

（1）日光下及暗处的晶体比较　将少量产品放在表面皿上，在日光下观察晶体颜色变化并与放在暗处的晶体比较。

（2）制感光纸　按三草酸合铁（Ⅲ）酸钾 0.3g，铁氰化钾 0.4g，水 5mL 的比例配成溶液，涂在纸上即成感光纸。附上图案，在日光直照下（或红外灯光下）数秒钟，曝光部分呈深蓝色，被遮盖的部分就显影出图案来。

（3）配感光液　取 0.3～0.5g 三草酸合铁（Ⅲ）酸钾，加 5mL 去离子水配成溶液，用滤纸条做成感光纸，同上操作。曝光后去掉图案，用约 3.5% 六氰合铁（Ⅲ）酸钾溶液湿润或漂洗即显影映出图案来。

思考题

1. 制备三草酸合铁（Ⅲ）酸钾配合物时加入 3% H_2O_2 后为什么要煮沸溶液？

2. 在制备三草酸合铁（Ⅲ）酸钾的最后一步能否用蒸干的办法来提高产率？为什么？

3. 在制备三草酸合铁（Ⅲ）酸钾配合物过程中加入乙醇的作用是什么？

4. 三草酸合铁（Ⅲ）酸钾易见光分解，应如何保存？

实验四十三　阿司匹林药片中阿司匹林含量的测定

预习指导

理论要点：酯的水解　酸碱滴定　非水滴定　返滴定

操作要点：分析天平称量　移液管的使用　滴定

一、实验目的

1. 掌握阿司匹林的测定方法。
2. 进一步熟悉酸碱滴定法的原理和终点的判断方法。

二、实验提示

阿司匹林是一种常用的解热、消炎镇痛药物，其学名为乙酰水杨酸，其结构式如下：

$$\text{（COOH / OCOCH}_3\text{苯环结构式）}$$

阿司匹林为有机弱酸，其解离常数 $K_a^{\ominus}=1.0\times10^{-3}$，可用 NaOH 标准溶液直接滴定。但阿司匹林片中常加入少量酒石酸或柠檬酸作稳定剂，另外，在制药的工艺过程中可能残留有水杨酸或醋酸等杂质，这些有机酸都会与 NaOH 反应，导致结果偏高。因此，阿司匹林片中阿司匹林质量分数的测定采用两步滴定法。

第一步，先用 NaOH 在常温下滴定使阿司匹林和共存的有机酸中和成钠盐，其反应方程式为：

$$\text{（COONa / OCOCH}_3\text{）} + NaOH \longrightarrow \text{（COONa / OCOCH}_3\text{）}$$

$$R\text{—}COOH + NaOH \longrightarrow R\text{—}COONa$$

第二步，加入过量且定量的 NaOH 标准溶液，加热水解后，剩余的 NaOH 用 H_2SO_4 标准溶液滴定，其反应方程式为：

$$\text{（COONa / OCOCH}_3\text{）} + NaOH \xrightarrow{\triangle} \text{（COONa / OH）} + CH_3COONa$$

$$H_2SO_4 + 2NaOH \Longrightarrow Na_2SO_4 + 2H_2O$$

三、仪器、试剂

1. 仪器　分析天平，台秤，研钵，50mL 酸式滴定管，50mL 碱式滴定管，25mL 移液管，250mL 锥形瓶，100mL 量筒。
2. 试剂　市售阿司匹林药片，$0.10\text{mol}\cdot\text{L}^{-1}$ NaOH（已标定），$0.05\text{mol}\cdot\text{L}^{-1}$ H_2SO_4（已标定），95% 中性乙醇，酚酞指示剂（$2\text{g}\cdot\text{L}^{-1}$ 乙醇溶液）。

四、实验要求

1. 在第一步中和滴定时，为防止乙酰水杨酸的水解使测定结果产生误差，应选择合适的溶剂和温度。
2. 在第二步中和滴定前，应使乙酰水杨酸充分水解，选择合适的温度和反应时间，滴定时应采用返滴定法。
3. 弄清计量关系，根据实验数据，计算出实验结果。

实验四十四 食品中微量元素的鉴定

预习指导

理论要点：食品中常见离子的性质及鉴定方法。

操作要点：高温炉、点滴板、烘箱等的使用。

一、实验目的

1. 学习常见元素的性质。
2. 了解食品中一些微量元素的鉴定方法。

二、实验原理

人体中大约有 27 种生命元素，其中 11 种元素的质量之和约占人体质量的 99.9%，称之为常量元素；其余元素质量之和占人体质量 0.1% 以下，称之为微量元素，但其在生命过程中具有重要作用。人体通过食物从各种食品中摄取这些微量元素，但同时还会摄入一些对人体有害的元素，如铅、铝等，有必要对常见食品进行鉴定。

1. 大豆中微量铁的鉴定

豆类制品是营养丰富的食物，深得人们喜爱，大豆中不仅含有丰富的植物蛋白，不含胆固醇，而且还含有人体必须的铁、锌、铬等微量元素。其中的铁，样品经灰化、酸浸处理后，Fe^{3+} 与 SCN^- 反应生成血红色配合物：

$$Fe^{3+} + SCN^- = [Fe(SCN)]^{2+}$$

2. 海带中微量碘的鉴定

海带是营养价值较高的食品，特别是其中的碘元素是人体必需的微量元素，人体缺乏碘不但会引起甲状腺疾病，而且还会造成智力低下。将海带样品在碱性条件下灰化，其中的碘被有机物还原为 I^-，可将生成的碘化物在酸性条件下用 $NaNO_2$ 将 I^- 氧化为 I_2，I_2 与淀粉分子结合形成蓝色配合物。

3. 谷物中微量锌的鉴定

锌是维持人体正常生理活动和生长发育所必需的一种微量元素，各类坚果、豆类、谷物中含量较多，如小麦、玉米的胚芽和皮中含量较为丰富。在 pH 为 4.5～5 的弱酸性溶液中，锌与二苯硫腙反应生成紫红色配合物：

该配合物能溶于 CCl_4 等有机溶剂中，所以可用有机溶剂萃取。但 Pb^{2+}、Fe^{3+}、Hg^{2+}、Ca^{2+}、Cu^{2+} 等离子有干扰作用，可用 $Na_2S_2O_3$ 和盐酸羟胺掩蔽之。

4. 油条中微量铝的鉴定

油条（或油饼）是很多人喜欢食用的大众化食品，为了使油条蓬松可口，通常加入明矾

[KAl（SO$_4$）$_2$·12H$_2$O] 和小苏打（NaHCO$_3$），因此油条中含有微量铝元素。现代医学研究证明，铝是一种低毒、非必需的微量元素，对人体健康构成一定危害，人体摄入微量的铝也能引起痴呆、骨痛、贫血、甲状腺功能降低、胃液分泌减少等多种疾病。若摄入铝量较大还会影响人体对磷的吸收和能量代谢，降低生物酶的活性。铝元素还可以引起神经细胞的死亡，并能损害肝脏。当铝元素进入人体后，可形成牢固的、难以消化的配合物，使其毒性增加。日本等发达国家已明确将铝列为有害元素。

将样品切碎灰化，用 6mol·L^{-1} HNO$_3$ 浸取，浸取液加巯基乙酸溶液，混匀后，加铝试剂缓冲溶液，加热有特征的红色絮状沉淀生成，说明样品中含有铝。

5. 松花蛋中铅的鉴定

松花蛋是一种具有特殊风味的食品，但制作工艺使其受到少量铅的污染。人体摄入铅后，绝大部分形成难溶的磷酸铅，沉积于骨骼，产生累积作用，对骨髓造血系统和神经系统造成极大损害。

在中性或酸性条件下，Pb^{2+} 可与二苯硫腙生成一种难溶于水的红色配合物：

$$Pb^{2+} + 2S = C < \begin{matrix} NHNHC_6H_5 \\ N=NC_6H_5 \end{matrix} \longrightarrow S = C < \begin{matrix} NH-N \\ N=N \end{matrix} > Pb < \begin{matrix} N=N \\ N-NH \end{matrix} > C = S + 2H^+$$

该配合物可用 CCl$_4$ 或 CHCl$_3$ 萃取。由于二苯硫腙是一种广泛配位剂，试样中的 Fe^{3+}、Hg^{2+}、Ca^{2+}、Cu^{2+} 等离子有干扰作用，可用 Na$_2$S$_2$O$_3$ 和盐酸羟胺掩蔽。

三、仪器、试剂

1. 仪器 高温炉、长颈漏斗、滤纸、点滴板、蒸发皿、电热炉、烘箱。

2. 试剂 大豆、面粉、海带、油条、松花蛋，HCl（2mol·L^{-1}，6mol·L^{-1}），H$_2$O$_2$（3%），KSCN（0.1mol·L^{-1}），HNO$_3$（1mol·L^{-1}，6mol·L^{-1}），HNO$_3$（1:1，体积比），Na$_2$S$_2$O$_3$（25%），盐酸羟胺（20%），二苯硫腙 CCl$_4$ 溶液（0.002%），KOH（10mol·L^{-1}），浓 H$_2$SO$_4$，KNO$_2$（1%），淀粉试剂，巯基乙酸（0.8%），HAc-NaAc 缓冲溶液，铝试剂，柠檬酸铵（20%），氨水（2mol·L^{-1}）。

四、实验步骤

1. 大豆中微量铁的鉴定

在台秤上称取 2g 大豆于坩埚内，置于高温炉中逐渐升温至 600℃，燃烧 1h（为保证炉内氧气量充足，中间可打开炉门几次），得到白色灰状物。加 10mL 2mol·L^{-1} HCl 溶解、浸提后过滤，得样品溶液。为保证样品中的铁全部转变为 Fe^{3+}，可在清液中滴加少量 H$_2$O$_2$，随后加热除去过量的 H$_2$O$_2$。

在点滴板上滴加样品溶液，再滴加 KSCN 溶液，观察有无血红色配合物生成。

2. 海带中微量碘的鉴定

在台秤上称取除去泥沙后的海带 2g，切细后放入蒸发皿内，加入 5mL 10mol·L^{-1} KOH，在烘箱中烘干，然后在高温炉中 600℃ 灰化 1h，得到白色灰状物。冷却后加水 10mL，加热溶解灰分并过滤，再用大约 30mL 热水分几次洗涤蒸发皿和滤纸，所得滤液即为供鉴定的试液。

取 2mL 试液，加 2mL 浓 H_2SO_4 酸化，加 1mL 淀粉试剂和 2mL 1‰ KNO_2 溶液，放置片刻，观察溶液是否呈蓝色。

3. 面粉中微量锌的鉴定

在台秤上称取面粉 5g，于高温炉中 550℃ 灰化 1h（为保证炉内氧气量充足，中间可打开炉门几次），得到灰状产物。加 2mL 6mol·L^{-1} HCl 溶液，水浴蒸发至干，冷却后加少量水溶解得到供鉴定的试液。

取 2mL 试液，用 1mol·L^{-1} HNO_3 调节溶液 pH 为 4.5～5，必要时加 pH＝4.74 HAc-NaAc 缓冲溶液，再加入 0.5mL 25% $Na_2S_2O_3$ 和 0.5mL 20% 盐酸羟胺，最后加约 5mL 0.002% 二苯硫腙 CCl_4 溶液，剧烈振荡后，观察 CCl_4 层是否有紫红色配合物生成。

4. 油条中微量铝的鉴定

在台秤上称取 5g 油条，切碎后放入蒸发皿内，在高温炉中 600℃ 灰化 1h，得到白色灰状物。冷却后加入 2mL 6mol·L^{-1} HNO_3，水浴蒸发至干，将产物用少量水溶解，所得溶液即为供鉴定的试液。

取 2mL 试液，加 5 滴 0.8% 巯基乙酸溶液，摇匀后再加 1mL 铝试剂缓冲溶液，水浴中加热，观察有无红色溶液生成。

5. 松花蛋中铅的鉴定

称取松花蛋 20g（约 1/4 个），加少量水于蒸发皿中捣碎，水浴蒸发，在高温炉中 600℃ 灰化 1h，得到白色灰状物。冷却后加入 1∶1（体积比）的 HNO_3 溶解（必要时可过滤），所得滤液即为供鉴定的试液。

取 2mL 试液，加 1mL 20% 柠檬酸铵和 20% 盐酸羟胺溶液，用氨水调节 pH＝9，再加入 5mL 0.002% 二苯硫腙 CCl_4 溶液，剧烈振荡后，观察 CCl_4 层有无红色溶液生成。

思考题

1. 鉴定微量铁还有哪些方法？
2. 鉴定碘离子时，为何要先往海带样品中加入浓 NaOH 溶液，然后再进行灼烧处理？

实验四十五　常见阴离子未知液的鉴定与分析

预习指导

理论要点：阴离子的分组鉴定　阴离子的个别鉴定

操作要点：离心操作　pH 试纸使用　固体样品的取用　点滴板使用　微量实验操作

一、实验目的

1. 初步了解混合阴离子的鉴定方案。
2. 掌握常见阴离子的个别鉴定方法。
3. 训练理论联系实际能力和综合实验能力。

二、实验提示

首先通过挥发性试验、沉淀试验、氧化还原试验等进行初步鉴定和分组。挥发性试验用

稀 H_2SO_4 和气味进行鉴别；沉淀试验用 $0.1mol \cdot L^{-1}$ $AgNO_3$、$1mol \cdot L^{-1}$ $BaCl_2$；氧化还原试验应用 $0.01mol \cdot L^{-1}$ $KMnO_4$，KI-淀粉溶液。

三、仪器、试剂

1. 仪器 100mL、250mL 烧杯，10mL 量筒，试管，离心试管，离心机，漏斗，酒精灯，玻璃棒，点滴板。

2. 试剂 浓 HCl，$6mol \cdot L^{-1}$ HCl，$2mol \cdot L^{-1}$ HCl，$1mol \cdot L^{-1}$ HCl，浓 HNO_3，$6mol \cdot L^{-1}$ HNO_3，$2mol \cdot L^{-1}$ HNO_3，浓 H_2SO_4，$6mol \cdot L^{-1}$ H_2SO_4，$2mol \cdot L^{-1}$ H_2SO_4，$6mol \cdot L^{-1}$ HAc，$2mol \cdot L^{-1}$ HAc，$2mol \cdot L^{-1}$ NaOH，$6mol \cdot L^{-1}$ $NH_3 \cdot H_2O$，$2mol \cdot L^{-1}$ $NH_3 \cdot H_2O$，$1mol \cdot L^{-1}$ $BaCl_2$，新鲜配制的石灰水，饱和 $Ba(OH)_2$，饱和 $(NH_4)_2MoO_4$，$0.1mol \cdot L^{-1}$ KI，$0.1mol \cdot L^{-1}$ $K_2Cr_2O_7$，$0.01mol \cdot L^{-1}$ $FeCl_3$，$0.1mol \cdot L^{-1}$ KSCN，$0.5mol \cdot L^{-1}$ Na_2S，$0.01mol \cdot L^{-1}$ $KMnO_4$，$0.1mol \cdot L^{-1}$ $CuSO_4$，$0.5mol \cdot L^{-1}$ $SnCl_2$，$0.02mol \cdot L^{-1}$ Ag_2SO_4，$0.1mol \cdot L^{-1}$ $AgNO_3$，3% H_2O_2，1% $Na_2[Fe(CN)_5NO]$，12% $(NH_4)_2CO_3$，$0.1mol \cdot L^{-1}$ $Pb(Ac)_2$，1%丁二肟，固体 NaCl，固体 $NaNO_2$，I_2-淀粉，CCl_4，Cl_2，水，酒石酸，钼酸铵，对氨基苯磺酸，α-萘胺，饱和 NH_4Cl，新配制的饱和 $FeSO_4$，$FeSO_4$ 固体，尿素。

其他：pH 试纸，$Pb(Ac)_2$ 试纸，滤纸，三角架，石棉网。

四、实验要求

1. 未知液中，可能含有 Cl^-、Br^-、I^-、NO_3^-、NO_2^-、SO_4^{2-}、SO_3^{2-}、$S_2O_3^{2-}$、S^{2-}、PO_4^{3-}、CO_3^{2-} 11 种阴离子中的几种或全部，首先根据实验室所备药品，进行分组实验，确定未知液中可能含有哪些离子？那些离子肯定不存在，那些离子是否存在不能确定。

2. 个别建筑单位误将工业用盐（含 $NaNO_2$）当食盐食用，以致造成中毒事故。根据 $NaNO_2$、NaCl 的性质，设计几种鉴别它们的方法，并用实验证明。

3. 根据实验内容运用所学的基本原理和有关元素的性质，确定实验方案，拟定实验步骤（或画出实验程序框图），列出所需仪器及试剂。

4. 分析实验方案中每一过程的注意事项，写出有关反应式，确定实验记录内容。

5. 将设计方案交给指导教师审查后，独立进行实验。实验完成后，写出实验报告。

6. 两人一组进行实验，可以有两种实验方案，分别实验后，确定出最优方案。

附：常见阴离子的鉴定

1. CO_3^{2-}

将试液酸化后产生的 CO_2 气体导入 $Ba(OH)_2$ 或 $Ca(OH)_2$ 溶液中，溶液变浑浊。

SO_3^{2-} 同样有以上现象，可以在酸化前加入 H_2O_2 溶液，使 SO_3^{2-}、S^{2-} 氧化成 SO_4^{2-}：

$$SO_3^{2-} + H_2O_2 = SO_4^{2-} + H_2O$$

$$S^{2-} + 4H_2O_2 = SO_4^{2-} + 4H_2O$$

鉴定步骤：取 10 滴试液于试管中，加入 10 滴 3% H_2O_2 溶液，水浴加热 3min，除去 SO_3^{2-}、S^{2-} 干扰（如果已经检验溶液中无 SO_3^{2-}、S^{2-} 存在时，该步骤可省略），然后加入 10 滴 $6mol \cdot L^{-1}$ HCl 溶液，并立即将事先沾有 1 滴新鲜石灰水 [最好用饱和 $Ba(OH)_2$] 的玻璃棒置于管口，仔细观察石灰水或 $Ba(OH)_2$ 溶液是否浑浊。

所需试剂：3% H_2O_2，$6mol \cdot L^{-1}$ HCl，新鲜石灰水 [或饱和 $Ba(OH)_2$]。

2. NO_3^-

NO_3^- 与 $FeSO_4$ 溶液在浓 H_2SO_4 介质中反应生成棕色 $[FeNO]SO_4$：

$$6FeSO_4 + 2NaNO_3 + 4H_2SO_4 = 3Fe_2(SO_4)_3 + NO(g) + Na_2SO_4 + 4H_2O$$

$$FeSO_4 + NO = [FeNO]SO_4$$

$[Fe(NO)]^{2+}$ 在浓 H_2SO 与试液层界面处生成，呈棕色环状，又称"棕色环"法。

Br^-、I^- 及 NO_2^- 等干扰 NO_3^- 的鉴定，加稀 H_2SO_4 及 Ag_2SO_4 溶液，使 Br^-、I^- 生成沉淀后分离出去。在溶液中加入尿素，并微热，可除去 NO_2^-：

$$2NO_2^- + CO(NH_2)_2 + 2H^+ = 2N_2(g) + CO_2(g) + 3H_2O$$

鉴定步骤：取 10 滴试液于试管中，加入 5 滴 $2mol \cdot L^{-1}$ H_2SO_4 溶液，加入 1mL $0.02mol \cdot L^{-1}$ Ag_2SO_4 溶液，离心分离。在清液中加入少量尿素固体，并微热。然后在溶液中加入少量 $FeSO_4$ 固体，振荡溶解后，将试管倾斜，慢慢沿试管壁滴入浓 H_2SO_4。若 H_2SO_4 层与水溶液层界面处有"棕色环"出现，表示有 NO_3^- 存在。

所需试剂：浓 H_2SO_4，$2mol \cdot L^{-1}$ H_2SO_4，$0.02mol \cdot L^{-1}$ Ag_2SO_4，$FeSO_4$ 固体，尿素固体。

3. NO_2^-

(1) 方法 1 NO_2^- 与 $FeSO_4$ 溶液在 HAc 介质中反应生成棕色 $[FeNO]SO_4$：

$$Fe^{2+} + NO_2^- + 2HAc = Fe^{3+} + NO(g) + 2Ac^- + H_2O$$

$$FeSO_4 + NO = [FeNO]SO_4$$

Br^- 和 I^- 干扰 NO_2^- 的鉴定，加 Ag_2SO_4 溶液，使 Br^-、I^- 生成沉淀后分离出去。

鉴定步骤：取 5 滴试液于试管中，加入 10 滴 $0.02mol \cdot L^{-1}$ Ag_2SO_4 溶液，若有沉淀，离心分离。在清液中加入少量 $FeSO_4$ 固体，振荡溶解后，加入 10 滴 $2mol \cdot L^{-1}$ HAc 溶液，若溶液呈棕色，表示有 NO_2^- 存在。

所需试剂：$0.02mol \cdot L^{-1}$ Ag_2SO_4，$FeSO_4$ 固体，$2mol \cdot L^{-1}$ HAc。

(2) 方法 2 NO_2^- 与硫脲在 HAc 介质中反应生成 N_2 和 SCN^-：

$$CS(NH_2)_2 + NO_2^- = N_2(g) + SCN^- + 2H_2O$$

生成的 SCN^- 在稀 HCl 介质中与 $FeCl_3$ 反应生成红色配位物 $[Fe(SCN)_n]^{3-n}$。

I^- 干扰 NO_2^- 的鉴定，要预先加入 Ag_2SO_4 溶液使 I^- 生成 AgI 沉淀而分离出去。

鉴定步骤：取 5 滴试液于试管中，加入 10 滴 $0.02mol \cdot L^{-1}$ Ag_2SO_4 溶液，若有沉淀，离心分离。在清液中加入 3～5 滴 $6mol \cdot L^{-1}$ HAc 溶液和 10 滴 8% 硫脲溶液，振荡，再加 5～6 滴 $2mol \cdot L^{-1}$ HCl 溶液及 1 滴 $0.01mol \cdot L^{-1}$ $FeCl_3$ 溶液，若溶液显红色，表示有 NO_2^- 存在。

所需试剂：$0.02mol \cdot L^{-1}$ Ag_2SO_4，8% 硫脲，$6mol \cdot L^{-1}$ HAc，$2mol \cdot L^{-1}$ HCl，$0.01mol \cdot L^{-1}$ $FeCl_3$。

4. PO_4^{3-}

PO_4^{3-} 与饱和 $(NH_4)_2MoO_4$ 溶液在酸性介质中反应，生成黄色的磷钼酸铵沉淀。

$$PO_4^{3-} + 3NH_4^+ + 12MoO_4^{2-} + 24H^+ = (NH_4)_3PO_4 \cdot 12MoO_3 \cdot 6H_2O(s) + 6H_2O$$

SO_3^{2-}、$S_2O_3^{2-}$、S^{2-} 等还原性离子存在时，能使 $Mo(Ⅳ)$ 还原成低氧化值化合物。因此，应预先加入浓 HNO_3，并置于沸水浴中加热除去干扰离子。

鉴定步骤：取 5 滴试液于试管中，加入 10 滴浓 HNO_3，并置于沸水浴中加热 1～2min。

稍冷后，加入 20 滴饱和 $(NH_4)_2MoO_4$ 溶液，并在水浴上加热至 $40\sim45℃$，若有黄色沉淀生成，表示有 PO_4^{3-} 存在。

所需试剂：浓 HNO_3，饱和 $(NH_4)_2MoO_4$。

5. S^{2-}

(1) 方法 1　S^{2-} 与 $Na_2[Fe(CN)_5NO]$ 在碱性介质中反应生成紫色 $[Fe(CN)_5NOS]^{4-}$：
$$S^{2-}+[Fe(CN)_5NO]^{2-}=\!=\!=[Fe(CN)_5NOS]^{4-}$$

鉴定步骤：取 2 滴试液于点滴板上，加 1 滴 1% $Na_2[Fe(CN)_5NO]$ 溶液。若溶液呈紫色，表示有 S^{2-} 存在。

所需试剂：$1\% Na_2[Fe(CN)_5NO]$。

(2) 方法 2　S^{2-} 与酸反应生成 H_2S 气体，H_2S 气体与 $Pb(Ac)_2$ 反应生成棕黑色 PbS 沉淀。
$$S^{2-}+2H^+=\!=\!=H_2S(g)$$
$$H_2S+Pb^{2+}+2Ac^-=\!=\!=PbS(s)+2HAc$$

鉴定步骤：取 5 滴试液于小试管中，加 15 滴 $6mol\cdot L^{-1}$ HCl，立即用蘸有 $Pb(Ac)_2$ 溶液的试纸盖在管口，试纸变棕黑色，表示有 S^{2-} 存在。

所需试剂：$6mol\cdot L^{-1}$ HCl，$0.1mol\cdot L^{-1}$ $Pb(Ac)_2$。

6. SO_3^{2-}

在中性介质中，SO_3^{2-} 与 $Na_2[Fe(CN)_5NO]$，$ZnSO_4$，$K_4[Fe(CN)_6]$ 三种溶液反应生成红色沉淀，其组成尚不清楚。在酸性介质中，红色沉淀消失，因此，如溶液为酸性，必须用氨水中和。

S^{2-} 干扰 SO_3^{2-} 的鉴定，可加入 $PbCO_3$ 使生成 PbS 沉淀：
$$S^{2-}+PbCO_3(s)=\!=\!=PbS(s)+CO_3^{2-}$$

鉴定步骤：取 10 滴试液于试管中，加入少量 $PbCO_3(s)$，摇荡，若沉淀由白色变为黑色，则需要再加入少量 $PbCO_3(s)$，直到沉淀为灰色为止。离心分离。保留清液。

在点滴板上，加饱和 $ZnSO_4$ 溶液，$0.1mol\cdot L^{-1}$ $Na_2[Fe(CN)_5NO]$ 溶液及 1% $K_4[Fe(CN)_6]$ 溶液各 1 滴，加 1 滴 $2mol\cdot L^{-1}$ $NH_3\cdot H_2O$ 溶液将溶液调至中性，最后加 1 滴上面已经除去 S^{2-} 的溶液，若出现红色沉淀，表示有 SO_3^{2-} 存在。

所需试剂：$PbCO_3$ 固体，饱和 $ZnSO_4$，$2mol\cdot L^{-1}$ $NH_3\cdot H_2O$，$0.1mol\cdot L^{-1}$ $Na_2[Fe(CN)_5NO]$，1% $K_4[Fe(CN)_6]$。

7. $S_2O_3^{2-}$

$S_2O_3^{2-}$ 与 Ag^+ 反应生成 $Ag_2S_2O_3$ 白色沉淀，但 $Ag_2S_2O_3$ 能迅速分解为 Ag_2S 沉淀和 H_2SO_4，颜色由白色变为黄色、棕色，最后变为黑色：
$$2Ag^++S_2O_3^{2-}=\!=\!=Ag_2S_2O_3(s)$$
$$Ag_2S_2O_3(s)+H_2O=\!=\!=Ag_2S(s)(黑色)+H_2SO_4$$

S^{2-} 干扰 $S_2O_3^{2-}$ 的鉴定，必须首先除去。

鉴定步骤：取 1 滴试液于点滴板上，加 2 滴 $0.1mol\cdot L^{-1}$ $AgNO_3$ 溶液，若有白色沉淀生成，并很快变为黄色、棕色，最后变为黑色，表示有 $S_2O_3^{2-}$ 存在。

所需试剂：$0.1mol\cdot L^{-1}$ $AgNO_3$。

8. SO_4^{2-}

SO_4^{2-} 与 Ba^{2+} 反应生成 $BaSO_4$ 白色沉淀。

SO_3^{2-}、CO_3^{2-} 等干扰 SO_4^{2-} 的鉴定，可先酸化，除去这些离子。

鉴定步骤：取 5 滴试液于小试管中，加入 $6 mol \cdot L^{-1}$ HCl 溶液至无气泡产生，再多加 $1 \sim 2$ 滴。加入 $1 \sim 2$ 滴 $1 mol \cdot L^{-1}$ $BaCl_2$ 溶液，若生成白色沉淀，表示有 SO_4^{2-} 存在。

所需试剂：$1 mol \cdot L^{-1}$ $BaCl_2$，$6 mol \cdot L^{-1}$ HCl。

9. Cl^-

Cl^- 与 Ag^+ 反应生成 AgCl 白色沉淀。

SO_3^{2-}、CO_3^{2-} 等干扰 Cl^- 的鉴定，可先酸化，除去这些离子。

SCN^- 也能与 Ag^+ 生成 AgSCN 白色沉淀，因此 SCN^- 存在时干扰 Cl^- 的鉴定。在 $2 mol \cdot L^{-1}$ $NH_3 \cdot H_2O$ 溶液中，AgSCN 难溶，AgCl 易转化成 $[Ag(NH_3)_2]^+$ 而溶解，由此可将 SCN^- 分离出去。在清液中加 HNO_3，可降低 NH_3 的浓度，使 AgCl 再次析出。

鉴定步骤：取 10 滴试液于试管中，加 5 滴 $6.0 mol \cdot L^{-1}$ HNO_3 溶液和 15 滴 $0.1 mol \cdot L^{-1}$ $AgNO_3$ 溶液，在水浴上加热 2min。离心分离。将沉淀用 2mL 去离子水洗涤 2 次，使溶液接近中性，加入 10 滴 12% $(NH_4)_2CO_3$ 溶液，在水浴上加热 1min，离心分离。在清液中加 $1 \sim 2$ 滴 $2 mol \cdot L^{-1}$ HNO_3 溶液，若出现白色沉淀，表示有 Cl^- 存在。

所需试剂：$0.1 mol \cdot L^{-1}$ $AgNO_3$，12% $(NH_4)_2CO_3$，$2 mol \cdot L^{-1}$ HNO_3，$6 mol \cdot L^{-1}$ HNO_3。

10. Br^-、I^-

Br^- 与适量 Cl_2 水反应游离出 Br_2，溶液显橙红色，再加入 CCl_4 或 $CHCl_3$，有机相显红棕色，水层颜色几乎无色。再加入过量 Cl_2 水，由于生成 BrCl 变为淡黄色：

$$2Br^- + Cl_2 \Longrightarrow Br_2 + 2Cl^-$$
$$Br_2 + Cl_2 \Longrightarrow 2BrCl$$

I^- 在酸性介质中能被 Cl_2 水氧化为 I_2，I_2 在 CCl_4 或 $CHCl_3$ 中显紫红色。加过量 Cl_2 水，则由于 I_2 被氧化为 IO_3^- 而使颜色消失：

$$2I^- + Cl_2 \Longrightarrow I_2 + 2Cl^-$$
$$I_2 + 5Cl_2 + 6H_2O \Longrightarrow 2HIO_3 + 10HCl$$

若向含有 Br^-、I^- 混合溶液中逐渐加入 Cl_2 水，由于 I^- 的还原性比 Br^- 强，所以首先 I^- 被氧化，I_2 在 CCl_4 层中显紫红色。如果继续加 Cl_2 水，Br^- 被氧化为 Br_2，I_2 被进一步氧化为 IO_3^-，这时 CCl_4 层紫红色消失，而呈红棕色。如 Cl_2 水过量，则 Br_2 被进一步氧化为淡黄色的 BrCl。

鉴定步骤：取 5 滴试液于试管中，加 1 滴 $2.0 mol \cdot L^{-1}$ H_2SO_4 溶液进行酸化，再加 1mL CCl_4 和 1 滴 Cl_2 水，充分振荡，若 CCl_4 层呈紫红色，表示有 I^- 存在。继续加 Cl_2 水并振荡，若 CCl_4 层紫红色消失，又呈现出棕黄色或黄色，表示有 Br^- 存在。

所需试剂：$2.0 mol \cdot L^{-1}$ H_2SO_4，CCl_4，氯水。

实验四十六　基础化学实验废液中重金属离子的分析与处理

预习指导

理论要点：重金属离子的处理方法　阳离子的分组鉴定　阳离子的个别鉴定

操作要点：过滤　离心操作　点滴板使用　微量实验方法

一、实验目的

1. 了解混合物中阳离子的鉴定。
2. 了解重金属离子的处理方法。
3. 训练理论联系实际能力和实验设计能力。

二、实验提示

首先分析确定该废液中可能存在那些阳离子，通过沉淀试验、氧化还原试验等进行初步鉴定和分组，然后再对环境有害离子进行一一鉴定，最后对废水进行处理。处理方法一般不能引入新的污染源，并且要考虑经济效益和可行性。如果废液不澄清，应过滤处理。

三、仪器、试剂

1. 仪器 100mL、250mL 烧杯，10mL 量筒，试管，离心试管，离心机，漏斗，酒精灯，玻璃棒，点滴板。其他实验仪器自拟。
2. 试剂 "解离平衡与沉淀平衡"实验废液，"氧化还原与电化学"实验废液，其他实验药品自拟。

四、实验要求

根据实验内容运用所学的基本原理和有关元素的性质，确定实验方案，拟定实验步骤（或画出实验程序框图），列出所需仪器及试剂。分析实验方案中每一过程的注意事项，写出有关反应式，确定实验记录内容。

1. 对无机实验中所产生的废液进行定性分析，分析可能存在那些对环境造成污染的重金属离子。
2. 设计实验方案对其中不能直接排放的重金属离子进行处理，使它们的含量降低，达到国家排放标准。
3. 将设计方案交指导教师审查后，再独立进行实验。实验完成后，写出实验报告。
4. 两人一组进行实验，每组同学选择其中一种废液进行实验；对每一种废液可以有两种实验方案，分别实验后，确定出最优方案。

实验四十七　从定影液中回收银

预习指导

理论要点：电解法回收银原理　还原法回收银原理
操作要点：离心操作　过滤　电解操作　高温焙烧

一、实验目的

1. 了解从定影液中回收银的原理和方法。

2. 训练查阅文献、设计实验能力和实验创新能力。

二、实验提示

感光材料敷有一层含有 $AgBr$ 胶体粒子的明胶，照相感光过程中，在光的作用下，$AgBr$ 分解成"银核"：

$$AgBr \xrightarrow{h\nu} Ag + Br$$

显影时，感光材料经显影液作用，含有银核的 $AgBr$ 粒子被还原为 Ag 变为黑色成像，而大量未感光的 $AgBr$ 粒子在定影时，与定影液中的 $Na_2S_2O_3$ 反应形成 $[Ag(S_2O_3)_2]^{3-}$ 溶解于定影液中：

$$AgBr + 2S_2O_3^{2-} \longrightarrow [Ag(S_2O_3)_2]^{3-} + Br^-$$

一般情况下感光材料经曝光，显影后，只有约 25% 的 $AgBr$ 被还原为 Ag 成像，而约占 75% 的 $AgBr$ 仍留在乳剂层中，这些 $AgBr$ 溶解在定影液中被废弃，不仅造成浪费，也造成对环境的污染。因此，收集照相行业和医院 X 射线室产生的废定影液进行处理回收银，变废为宝，具有一定实用价值。

从 $[Ag(S_2O_3)_2]^{3-}$ 回收银的研究已经有许多研究成果。主要回收方法有电解法和化学法，化学法又分为直接还原法和间接还原法。就银的回收率而言，电解法没有化学法高。直接还原法常用保险粉（$Na_2S_2O_4$）做还原剂将 $[Ag(S_2O_3)_2]^{3-}$ 直接还原为 Ag，间接还原法用试剂（Na_2S，$NaClO$，H_2O_2）等将 $[Ag(S_2O_3)_2]^{3-}$ 先转化为沉淀，然后再使之还原为单质 Ag。

三、仪器、试剂

1. 仪器　250mL、100mL 烧杯，50mL、10mL 量筒，250mL 锥形瓶，5mL、1mL 移液管，滴定管，分析天平，高温炉，试管，漏斗，布氏漏斗，抽滤装置，蒸发皿，瓷坩埚。

2. 试剂　自拟。

四、实验要求

1. 本实验要求根据文献设计出两种以上从定影液中回收银的方法，确定实验方案，拟定实验步骤（或画出实验程序框图），列出所需仪器及试剂。

2. 分析实验方案中每一过程的注意事项，写出有关反应式，确定实验记录内容。

3. 将设计方案交给指导教师审查后，再独立进行实验。

4. 两人一组进行实验。每组同学选择其中一种废液进行实验；对每一种废液可以有两种实验方案，分别实验后，确定出最优方案。

实验四十八　纸色谱法鉴定 Fe^{3+}、Co^{2+}、Ni^{2+}、Cu^{2+}

预习指导

理论要点：色谱法基本原理

操作要点：点样操作

一、实验目的

1. 了解纸色谱法的基本原理及操作技术。
2. 学习纸色谱法鉴定某些金属离子的方法。

二、实验原理

色谱分析是分离和鉴定化合物的一类重要方法，广泛应用于有机化学、生物化学、农学、医学等科学研究和相关化工生产领域。色谱法的种类繁多，根据分离机理不同可分为吸附色谱、分配色谱、离子交换色谱、排阻色谱等；按照操作条件不同又可分为纸色谱、柱色谱、气相色谱、高压液相色谱等。色谱法必须有两个相，一个是固定相，一个是流动相。色谱法的基本原理是利用混合物中不同组分在相对运动的两相中吸附、溶解或其他亲和作用性能的差异，造成各个组分的运动速率不同，从而使各组分彼此分离。

纸色谱又叫纸上色谱，属于分配色谱的一种，是以滤纸为载体，让样品溶液在滤纸上展开而达到分离的目的，它适用于分离少量混合物，操作简单，分离效率高。

纸色谱中，滤纸上吸附的水分为固定相，含有一定量水的有机溶剂为流动相（称为展开剂）。展开时，将滴有样品的滤纸一端浸入展开剂中，由于滤纸的毛细作用，展开剂沿滤纸上升。当它经过所滴样品试液时，试液的每个组分随之向上移动。但是试样中各组分在固定相（水）和流动相（有机溶剂）中的溶解度不同，在水中溶解度较大的组分倾向于滞留在某个位置，向上移动速度慢，而在有机溶剂中溶解度较大的组分随展开剂向上移动速度较快。这样经过足够长时间后，所有组分都可以得到分离，各组分将在滤纸的不同位置留下斑点。对某一给定组分来说，其移动距离与有机溶剂移动距离的比值是一常数，称为该组分的比移值（R_f），可以根据不同的 R_f 值来鉴定各组分。但是，由于影响 R_f 值的因素较多，要严格控制比较困难，故在做定性鉴定时，一般用纯组分做对照实验。

$$R_f = \frac{斑点中心距横线距离}{溶剂前沿距横线距离}$$

三、仪器、试剂

1. 仪器　毛细管，滤纸（5cm×15cm），直尺，广口瓶，铅笔，透明胶带。
2. 试剂　丙酮，浓盐酸，饱和 $CoCl_2$，饱和 $NiSO_4$，饱和 $CuSO_4$，饱和 $FeCl_3$ 试液，待测试液（可能含有 Co^{2+}、Ni^{2+}、Cu^{2+}、Fe^{3+} 任一离子）。

四、实验步骤

1. 展开剂的配制

按照丙酮：浓盐酸：水＝90：5：5（体积比）的比例配制展开剂。取 5mL 所配展开剂，放入洗净干燥的广口瓶中，盖上瓶塞。

2. 点样

取一张 5cm×15cm 的滤纸作色谱纸。以 5cm 长的一边为底边，用铅笔在距底边 2cm 处画一条横线，将滤纸剪成 1cm×15cm 的纸条 5 条。在每条纸铅笔线的中心位置上，用干净的专用的毛细管分别蘸取饱和 $CoCl_2$、饱和 $NiSO_4$、饱和 $CuSO_4$、饱和 $FeCl_3$ 及待测试液少许，小心点样，每种试液的斑点直径为 0.5cm。注意在滤纸上端分别标出 Co^{2+}、Ni^{2+}、Cu^{2+}、Fe^{3+} 及待测试样的名称，自然晾干。

3. 展开

将点样的滤纸放入盛有展开剂的广口瓶中，使滤纸下端浸入展开剂约 1cm，注意不要使试液斑点浸入展开剂中。盖紧瓶塞，待展开剂前沿上升到离顶端 2cm 左右时取出滤纸，立即用铅笔记下溶剂前沿的位置，在空气中风干。

4. 显色

另取一洁净、干燥广口瓶，放入 5mL 浓氨水，将滤纸放入广口瓶中，注意滤纸不能浸入氨水中，氨熏 5min 后，即可得到清晰的斑点。

5. 数据记录及处理

（1）记录 4 种已知溶液在氨熏后所显示的颜色。

（2）计算 4 种已知溶液的 R_f 值。用尺子测量溶剂前沿距铅笔横线的距离及每个斑点中心位置距横线的距离，分别计算出 Co^{2+}、Ni^{2+}、Cu^{2+}、Fe^{3+} 的 R_f 值。

（3）待测试样的分析。记录待测试样滤纸条上的斑点颜色、位置，计算 R_f 值。根据对照实验，判断出待测液中含有哪些离子？

试液名称	展开后斑点颜色	氨熏后斑点颜色	溶剂前沿距铅笔横线的距离/cm	斑点中心距铅笔横线的距离/cm	R_f值
Co^{2+}					
Ni^{2+}					
Cu^{2+}					
Fe^{3+}					
未知液					

思考题

在滤纸上画线时为什么必须用铅笔而不能用圆珠笔或钢笔？

实验四十九　可溶性钡盐中钡含量的测定——重量法

预习指导

理论要点：重量分析的基本操作

操作要点：沉淀的制备，恒重操作

一、实验目的

1. 学习重量分析的基本操作，包括沉淀、陈化、过滤、洗涤、转移、烘干及恒重等。

2. 了解晶型沉淀的性质、沉淀的条件及制备方法。

3. 了解微波技术在样品干燥方面的应用。

二、实验原理

重量分析法是利用沉淀反应，将试液中的被测组分转化为一定的称量形式，进行称量而测得物质含量的分析方法，其测定结果准确度高。尽管沉淀重量法的操作过程较长，但由于它有不可替代的特点，目前在常量的 S、Si、P、Ni、Ba 等元素或其化合物的定量分析中还经常使用。多年来，对重量分析法测定 Ba^{2+}、SO_4^{2-} 曾做了不少改进，克服了繁琐、费时的缺点，因此沉淀重量分析法仍是一种较准确而重要的标准方法。

可溶性钡盐中的 Ba^{2+} 与 SO_4^{2-} 作用，生成微溶于水的 $BaSO_4$ 沉淀。沉淀经陈化、过滤、洗涤并干燥恒重后，由所得的 $BaSO_4$ 和试样重量计算试样中钡的含量。

要获得大颗粒的晶型沉淀，应在酸性、较稀的热溶液中，并在不断搅拌下缓慢地加入沉淀剂，沉淀完成后还须陈化。为保证沉淀完全，沉淀剂必须过量（过量控制在 20%～50%），沉淀前，试液经酸化以防止钡的碳酸盐等沉淀产生。沉淀选用稀硫酸为洗涤剂可减少 $BaSO_4$ 溶解损失。

三、仪器、试剂

1. 仪器　分析天平，玻璃砂芯坩埚（G_4 号），淀帚，微波炉，循环水真空泵（配抽滤瓶）。

2. 试剂　$BaCl_2 \cdot 2H_2O$（试样），$2mol \cdot L^{-1}$ HCl，$0.5mol \cdot L^{-1}$ H_2SO_4，$2mol \cdot L^{-1}$ HNO_3，$0.1mol \cdot L^{-1}$ $AgNO_3$。

四、实验步骤

1. 玻璃坩埚的准备

将两个洗干净的玻璃坩埚，用真空泵抽 2min 以除去玻璃砂板微孔中的水分，放进微波炉中高火下干燥 10min，取出放入干燥器内冷却 10～15min（刚放入时留一小缝隙，30s 后再盖严），然后在分析天平上快速称重；第二次干燥 4min，冷却称重。重复上述操作，直至两次质量之差不超过 0.4mg，即为恒重（m_1）。

2. 沉淀的制备

准确称取 0.4～0.5g $BaCl_2 \cdot 2H_2O$ 试样 1 份（m），分别置于 250mL 烧杯中，各加入 100mL 水及 3mL HCl 溶液，盖上表面皿在电炉上加热至 80℃左右。另在两个小烧杯中各加入 5～6mL H_2SO_4 溶液及 40mL 水，电炉上加热至近沸，不断搅拌下，将此溶液逐滴加到热的氯化钡试液中，沉淀剂加完后，将玻璃棒靠在烧杯嘴边（切勿拿出玻璃棒，以免损失沉淀），静置 1～2min 让沉淀沉降，向上层清液中滴加 2 滴 H_2SO_4 溶液，仔细观察是否已沉淀完全。若出现浑浊，说明沉淀剂不够，继续滴加 H_2SO_4 溶液使 Ba^{2+} 沉淀完全。然后盖上表面皿微沸 10min，在电热板上以 90℃保温陈化 1h，期间要每隔 5～8min 搅动一次。也可在室温下放置过夜，陈化。

3. 称量恒重

Ba^{2+} 沉淀冷却后，用倾析法在已恒重的玻璃坩埚中进行减压过滤。清液滤完后，用洗涤液（50mL 水中加 3～5 滴 H_2SO_4 溶液）将烧杯中的沉淀洗三次，每次用 15mL，再用水洗一次。然后将沉淀转移至坩埚中，用淀帚擦附在杯壁上和玻璃棒上的沉淀，再用水冲洗烧杯和玻璃棒直至沉淀转移完全。最后用水淋洗沉淀及坩埚内壁 6 次以上，取部分滤液用 $AgNO_3$ 检验应无 Cl^-。继续抽干 2min 以上（至不再产生水雾），将坩埚放入微波炉进行干燥（第一次 10min，第二次 4min），冷却、称量，直至恒重（m_2）。计算试样中 Ba 的含量。

样品中 Ba 的含量按下式计算：

$$w=\frac{(m_2-m_1)\times 137.33}{m\times 233.39}\times 100\%$$

思考题

1. 沉淀进行陈化的作用是什么？
2. 为什么沉淀时要在加热、并不断搅拌下逐滴加入沉淀剂？
3. 本实验的主要误差来源有哪些？如何消除？
4. 什么是倾析法过滤？什么叫恒重？
5. 用 $BaSO_4$ 沉淀重量法测定 Ba^{2+} 和 SO_4^{2-} 时，沉淀剂的过量程度有何不同？

实验五十　计算机多媒体在化学实验中的应用

随着计算机和多媒体技术的发展普及，计算机辅助教学 CAI（Computer Aided Instruction）已经成为现代教育的一个发展方向。将计算机和多媒体技术应用于化学实验教学，借助计算机模拟化学实验具有重要意义。

1. 计算机多媒体模拟是对传统实验化学的补充和辅助。由于实验设备、条件和课时等因素的限制，一些没有条件开设的实验，可以在计算机上进行模拟实验，弥补这些方面的不足。

2. 计算机多媒体模拟有利于安全、环保。在化学实验中常常会遇到有毒有害、易燃易爆、强腐蚀等有一定危险的实验，利用计算机模拟化学实验可以很好地解决化学实验中的安全、环保问题。

3. 计算机多媒体模拟化学实验可以节约实验经费。化学实验中往往需要消耗大量的药品、试剂，其中一些试剂、药品还比较昂贵；有的实验设备属于精密仪器，价格昂贵，不可能人手一台或人人动手操作，计算机多媒体模拟化学实验可以节约实验经费和仪器不足的问题。

4. 计算机多媒体模拟化学实验可以提高实验教学效果。计算机多媒体模拟化学实验不受时间、地点和仪器、药品等客观条件的限制，可以作为真实实验的课前预习和课后复习，可以反复进行练习，对于理解实验原理和掌握实验方法，提高教学效果十分有效。

计算机模拟化学实验已经成为化学实验教学的一个重要手段。计算机模拟化学实验发展十分迅速，近年来国内外都开发了大量的化学实验模拟系统或软件。但要开发出高质量的化学实验模拟系统并非易事，这不仅需要具有专业的计算机知识和化学知识，往往还需要耗费大量的人力财力。下面简要介绍两款化学实验模拟软件。

一、ChemLab 简介

ChemLab 是美国 Model Science 公司研制的一款交互式的化学实验模拟软件，具有强大的功能。能交互式地仿真、演示大多数化学实验。每个实验模拟都分别包含在各自的模拟模块中，有各自的化学药品列表和实验介绍。ChemLab 标准版包含超过 36 个模拟实验室模块，并且支持通过网站免费升级和下载新的模拟实验模块。专业版还包含一个功能齐全的用于创建自定义模拟实验和参考答案的向导工具。可以从公司官方网站 http：//www.modelscience.com 下载其评估版本，当前最新版本为 v2.51；也可以从国内的汉化新世纪网站 http://www.hanzify.org/software/13169.html 下载 v2.50 汉化版。

运行 ChemLab，在启动界面对话框中会出现一系列可用的实验模块（图 4-2）。

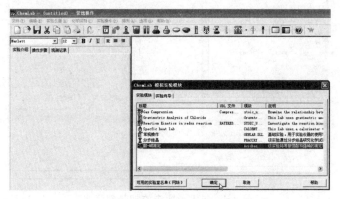

图 4-2　ChemLab 启动界面

它们分别是酸碱滴定、分步结晶、常规操作、金属的比热容测定、过氧化氢氧化碘化物的动力学研究、氯化物的重量分析法、气压实验。现以酸碱滴定实验为例简要介绍软件的使用方法。

选择酸碱滴定模块后点击确定按钮，进入酸碱滴定实验界面（图 4-3）。

图 4-3　酸碱滴定界面

左边是实验文本区，分为"实验介绍"、"操作步骤"和"实验记录"三个选项，可以按照"操作步骤"的指示一步步完成实验操作；右边是实验模拟区，具体的实验仪器、装置和实验过程都在右边进行。

1. 添加锥形瓶、盐酸溶液

在工具栏中选择"锥形瓶"，放入实验模拟区，并在锥形瓶中加入被滴定的试剂。添加仪器和试剂的操作既可以从相应的菜单栏完成，也可以通过相应的右键菜单来完成（为便于叙述下面都使用右键菜单操作）。右键点击锥形瓶，从弹出的右键菜单中选择"化学试剂"，在弹出的化学试剂窗口中选择"0.20M HCl"，体积调整为 25.00mL（图 4-4）。

2. 加入指示剂

右键点击锥形瓶，在弹出的菜单中选择"指示剂"，在弹出的指示剂窗口中选择"Phe-nolphthalein（酚酞）"，滴数选择"2"（图 4-5）。

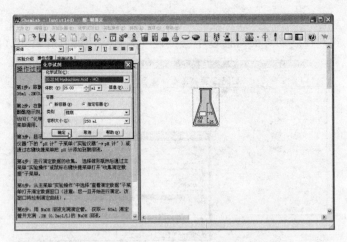

图 4-4　向锥形瓶中添加盐酸溶液

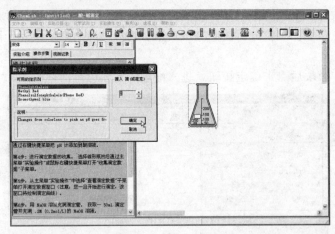

图 4-5　添加指示剂

3. 添加 pH 计

右键点击锥形瓶，在弹出的右键菜单中选择"pH 计"，和"滴定数据收集"（图 4-6）。

4. 打开滴定数据窗口

从锥形瓶右键菜单中"查看滴定数据"，打开滴定数据窗口。一旦开始滴定，该窗口将自动绘制滴定曲线（图 4-7）。

5. 添加滴定管并装入溶液

在工具栏中选择"滴定管"，放入实验模拟区锥形瓶上方，右键点击滴定管，从弹出的右键菜单中选择"化学试剂"，在弹出的化学试剂窗口中选择"0.20M NaOH"，体积调整为 50.00mL（图 4-7）。

6. 滴定操作

在滴定管操作窗口中调节活塞滑块，可以模拟滴定速度的快慢。可以看到，随着滴定管中 NaOH 溶液体积的减小，锥形瓶中溶液的 pH 在不断升高，滴定数据窗口中的滴定曲线也在不断变化（图 4-8）。接近终点时，锥形瓶中溶液的颜色会变红，注意在达到终点时及时关闭滴定管的活塞（图 4-9，为了绘制完整的滴定曲线可以在达到滴定终点后继续过量滴定）。

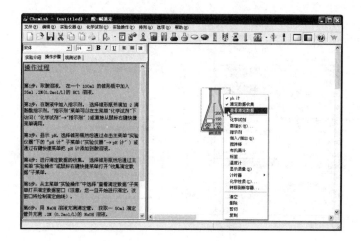

图 4-6　添加 pH 计

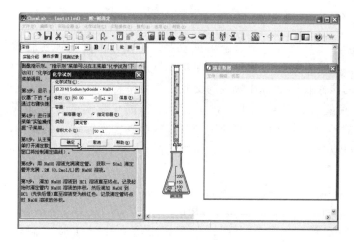

图 4-7　向滴定管中加入氢氧化钠溶液

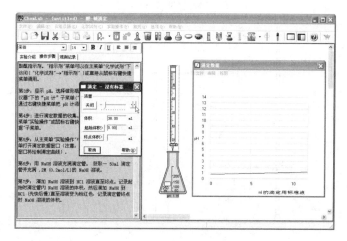

图 4-8　滴定操作

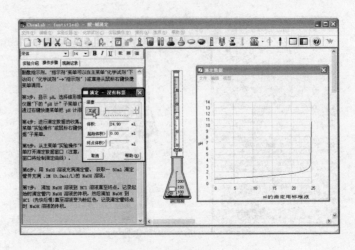

图 4-9　滴定终点和滴定曲线

二、《仿真化学实验室》简介

　　仿真化学实验室系列软件是南京金华科软件公司在《仿真物理实验室》和《数理平台》之后的又一力作。它是专门针对化学教学而精心打造的，它既是化学课堂中的教学平台，同时也是化学教师的课件制作平台和学生的交互式学习平台。

　　《仿真化学实验室》在计算机中提供了一个虚拟的化学实验室。试管、烧杯、酒精灯、铁架台、烧瓶、锥形瓶、集气瓶、漏斗、导管等这些真实实验室中的器具，在仿真实验室中应有尽有。用户可以自由搭建实验装置，添加药品。《仿真化学实验室》可智能处理药品之间的反应。

　　《仿真化学实验室》目前最新版本是 v3.5，可以在下面网址下载其试用版：http：//www.onlinedown.net/softdown/4956_2.htm。

　　下面以"实验室制取氯气"为例，介绍利用仿真化学实验室制作实验的基本操作（图 4-10）。

实验室制取氯气

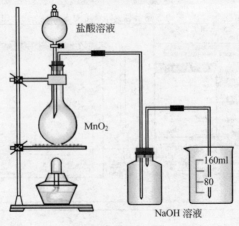

图 4-10　实验室制取氯气装置

1. 搭建实验仪器

首先我们需要一个铁架台。用鼠标点击"器件箱"里"辅助器件"的铁架台图标，在弹出的子器件箱中点击左边的铁架台，再在实验区中点击一下鼠标就可以把铁架台放在实验区中（图4-11）。

创建出的铁架台带有铁夹、铁圈和石棉网。用鼠标右键点击这个铁架台，在弹出的菜单中可以设置是否需要铁夹、铁圈等附件（图4-12）。在这个实验装置中，铁夹、铁圈和石棉网都是需要的。

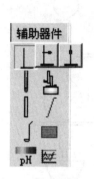

图4-11　选取铁架台　　　　图4-12　铁架台附件选取

用同样的方法创建一个圆底烧瓶，并且将它拖动到铁架台上，此时，圆底烧瓶将被固定在铁架台上，随铁架台的移动而移动（图4-13）。用鼠标右键点击圆底烧瓶，则可以在弹出的菜单中为其添加塞子或者其他的相关设置。

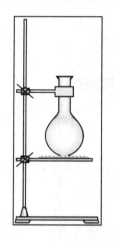

图4-13　圆底烧取选取及附件添加

再创建一个分液漏斗，把它放在圆底烧瓶的上方，把它的细长的玻璃管插入到圆底烧瓶中。然后用类似的方法把酒精灯放在铁架台的底座上。再在实验区中放置一个开口向上的集气瓶和一个烧杯。

现在，所有的实验器件都放好了，接下来要连接导管。在这个实验中，要把圆底烧瓶中生成的 Cl_2 通入到集气瓶中进行收集，然后再把集气瓶中过量的 Cl_2 通入到装有 NaOH 溶液的烧杯中。仿真化学实验室提供了各种形状的导管，导管之间也是可以相互连接的（图4-14）。

导管的创建方法是这样的，首先用鼠标点击器件箱中的导管按钮，然后在实验区中点击一下鼠标，确定导管一个端点的位置，移动鼠标到合适的位置再点击一下鼠标，导管就创建出来了。创建出的导管可以被整体移动，也可以只移动它的端点。插入到容器中的导管，在容器被移动时会随之移动。

　　这样整个实验所需的装置搭建出来了（图 4-15）。用仿真化学实验室可以十分方便地搭建各种实验装置，又可以保持各实验器件之间的约束关系。

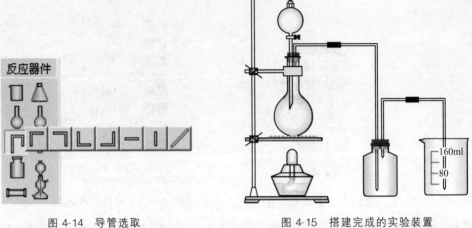

图 4-14　导管选取　　　　　　　　　图 4-15　搭建完成的实验装置

2. 添加药品

　　药品的添加方法也很简单，在需要添加药品的容器上右击鼠标，在弹出的菜单中选择"添加药品"，即可进入添加药品对话框（图 4-16）

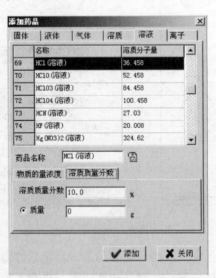

图 4-16　添加药品对话框

　　这里将常见的化学药品分为六大类，分别是：固体、液体、气体、溶质、溶液、离子。

　　添加药品的方法是这样的：首先，在"药品名称"后面的文本栏中输入所要添加的药品名称（不用区分大小写），然后点击后面的"小手"按钮，或者按键盘的回车键即可找到该药品。接着，在下面输入所要添加药品的量。最后点击添加即可。

按上面提到的方法，在圆底烧瓶中添加 80g MnO_2 固体，在分液漏斗中添加 $12mol \cdot L^{-1}$ 40mL 的盐酸溶液，在烧杯中添加 $1mol \cdot L^{-1}$ 100mL 的 NaOH 溶液（图 4-17）。

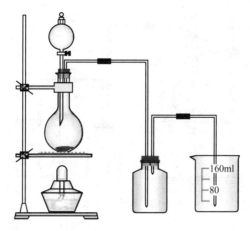

图 4-17　药品添加

3. 运行实验

此时，就可以运行实验了。点击"工具栏"中的"运行"命令运行实验。

点击"分液漏斗"，在弹出的界面中选择"打开"或者"点滴"。选择酒精灯右击鼠标，在弹出的界面中选择"点燃酒精灯"（图 4-18）。

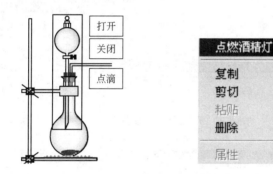

图 4-18　实验运行

随着反应的进行，集气瓶中出现了黄绿色的气体（图 4-19）。

仿真化学实验室能够对反应的速度进行任意的调节，如此一来，对于现实中反应过快或者过慢的实验，我们可以根据需要，人为调整它的反应速度。

首先，我们停止实验。选中圆底烧瓶，点击鼠标右键，在弹出的界面中选择"属性"命令。然后在弹出的窗口中选择第二选项卡"容器中的反应"（图 4-20）。

先在左边选中需要改变反应速度的方程式，然后在右侧的反应速度后的文本栏里对反应速度进行修改。完成以后点击"修改"即可。

这里的反应速度是指方程中反应系数为 1 的药品，在 1 秒钟内反应掉的物质的量或生成的物质的量。如果某药品在方程式中的反应系数为 2，则在 1 秒钟内反应掉的物质的量或生成的物质的量＝2×反应速度。

可以发现，在第三选项卡"容器相关设置"里面也有反应速度调节的功能，其与前者的区别在于：前者是针对某一个反应速度进行调节，而该处的反应速度调节是针对该容器内的所有反应（图 4-21）。

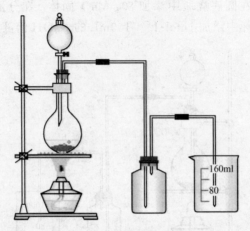

图 4-19　反应现象观察

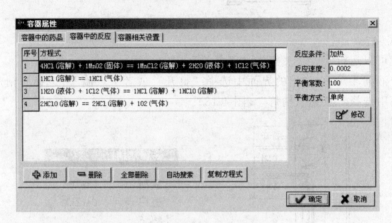

图 4-20　改变反应速度界面

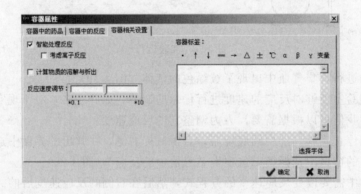

图 4-21　容器相关设置选项

　　这样，整个实验就完成了。我们还可以对这个实验进行修饰。比如说，可以为每个容器添加标签。在上图"容器相关设置"的右侧里输入文字，然后点击确定即可，当然也可以修改文字的字体、颜色等。

　　在器件箱里的"辅助器件"中，有一个"注释对象"功能，可以使用它对这个实验进行一些简单的文字描述。

第五部分
附 录

附录1 元素的相对原子质量

原子序数	名称	符号	相对原子质量	原子序数	名称	符号	相对原子质量	原子序数	名称	符号	相对原子质量
1	氢	H	1.008	38	锶	Sr	87.62	75	铼	Re	186.2
2	氦	He	4.003	39	钇	Y	88.91	76	锇	Os	190.2
3	锂	Li	6.941	40	锆	Zr	91.22	77	铱	Ir	192.2
4	铍	Be	9.012	41	铌	Nb	92.91	78	铂	Pt	195.1
5	硼	B	10.81	42	钼	Mo	95.94	79	金	Au	197.0
6	碳	C	12.01	43	锝	Te	[97.97]	80	汞	Hg	200.6
7	氮	N	14.01	44	钌	Ru	101.1	81	铊	Tl	204.4
8	氧	O	16.00	45	铑	Rh	102.9	82	铅	Pb	207.2
9	氟	F	19.00	46	钯	Pd	106.4	83	铋	Bi	209.9
10	氖	Ne	20.18	47	银	Ag	107.9	84	钋	Po	[209.0]
11	钠	Na	22.99	48	镉	Cd	112.4	85	砹	At	[210.0]
12	镁	Mg	24.31	49	铟	In	114.8	86	氡	Rn	[222.0]
13	铝	Al	26.98	50	锡	Sn	118.7	87	钫	Fr	[223.0]
14	硅	Si	28.09	51	锑	Sb	121.8	88	镭	Ra	[226.0]
15	磷	P	30.97	52	碲	Te	127.6	89	锕	Ac	[227.0]
16	硫	S	32.07	53	碘	I	126.9	90	钍	Th	[232.0]
17	氯	Cl	35.45	54	氙	Xe	131.3	91	镤	Pa	[231.0]
18	氩	Ar	39.95	55	铯	Cs	132.9	92	铀	U	[238.0]
19	钾	K	39.10	56	钡	Ba	137.3	93	镎	Np	[237.1]
20	钙	Ca	40.08	57	镧	La	138.9	94	钚	Pu	[244.1]
21	钪	Sc	44.96	58	铈	Ce	140.1	95	镅*	Am	[243.1]
22	钛	Ti	47.88	59	镨	Pr	140.9	96	锔*	Cm	[247.1]
23	钒	V	50.94	60	钕	Nd	144.2	97	锫*	Bk	[247.1]
24	铬	Cr	52.00	61	钷	Pm	[144.9]	98	锎*	Cf	[251.1]
25	锰	Mn	54.94	62	钐	Sm	150.4	99	锿*	Es	[252.1]
26	铁	Fe	55.85	63	铕	Eu	152.0	100	镄*	Fm	[257.1]
27	钴	Co	58.93	64	钆	Gd	157.3	101	钔*	Md	[258.1]
28	镍	Ni	58.69	65	铽	Tb	158.9	102	锘*	No	[259.1]
29	铜	Cu	63.55	66	镝	Dy	162.5	103	铹*	Lr	[262.1]
30	锌	Zn	65.39	67	钬	Ho	164.9	104	Ung*	Rf	[261.1]
31	镓	Ga	69.72	68	铒	Er	167.3	105	Unp*	Db	[262.1]
32	锗	Ge	72.61	69	铥	Tm	168.9	106	Unh*	Sg	[263.1]
33	砷	As	74.92	70	镱	Yb	173.0	107	Uns*	Bh	[264.1]
34	硒	Se	78.96	71	镥	Lu	175.0	108	Uno*	Hs	[265.1]
35	溴	Br	79.90	72	铪	Hf	178.5	109	Une*	Mt	[268]
36	氪	Kr	83.80	73	钽	Ta	180.9				
37	铷	Rb	85.47	74	钨	W	183.8				

注：1. 根据 IUPAC1995 年提供的五位有效数字相对原子质量数据截取。

2. 相对原子质量加 〔 〕 为放射性元素半衰期最长同位素的质量数。

3. 元素名称注有 * 的为人造元素。

附录 2 常见化合物的相对分子质量

化 合 物	相对分子质量	化 合 物	相对分子质量	化 合 物	相对分子质量
Ag_3AsO_4	462.52	$Ce(SO_4)_2 \cdot 4H_2O$	404.30	H_3AsO_3	125.94
$AgBr$	187.77	CH_3COOH	60.052	H_3AsO_4	141.94
$AgCl$	143.32	CO_2	44.01	H_3BO_3	61.88
$AgCN$	133.89	$CoCl_2$	129.84	HBr	80.912
$AgSCN$	165.95	$CoCl_2 \cdot 6H_2O$	237.93	HCN	27.026
Ag_2CrO_4	331.73	$Co(NO_3)_2$	182.94	$HCOOH$	46.026
AgI	234.77	$Co(NO_3)_2 \cdot 6H_2O$	291.03	H_2CO_3	62.025
$AgNO_3$	169.87	CoS	90.99	$H_2C_2O_4$	90.035
$AlCl_3$	133.34	$CoSO_4$	154.99	$H_2C_2O_4 \cdot 2H_2O$	126.07
$AlCl_3 \cdot 6H_2O$	241.43	$CoSO_4 \cdot 7H_2O$	281.10	HCl	36.461
$Al(NO_3)_3$	213.00	$Co(NH_2)_2$	60.06	HF	20.006
$Al(NO_3)_3 \cdot 9H_2O$	375.13	$CrCl_3$	158.35	HI	127.91
Al_2O_3	101.96	$CrCl_3 \cdot 6H_2O$	266.45	HIO_3	175.91
$Al(OH)_3$	78.00	$Cr(NO_3)_3$	238.01	HNO_3	63.013
$Al_2(SO_4)_3$	342.14	Cr_2O_3	151.99	HNO_2	47.013
$Al_2(SO_4)_3 \cdot 18H_2O$	666.41	$CuCl$	98.999	H_2O	18.015
As_2O_3	197.84	$CuCl_2$	134.45	H_2O_2	34.015
As_2O_5	229.84	$CuCl_2 \cdot 2H_2O$	170.48	H_3PO_4	97.995
As_2S_3	246.02	$CuSCN$	121.62	H_2S	34.08
		CuI	190.45	H_2SO_3	82.07
$BaCO_3$	197.34	$Cu(NO_3)_2$	187.56	H_2SO_4	98.07
BaC_2O_4	225.35	$Cu(NO_3)_2 \cdot 3H_2O$	241.60	$Hg(CN)_2$	252.63
$BaCl_2$	208.24	CuO	79.545	$HgCl_2$	271.50
$BaCl_2 \cdot 2H_2O$	244.27	Cu_2O	143.09	Hg_2Cl_2	472.09
$BaCrO_4$	253.32	CuS	95.61	HgI_2	454.40
BaO	153.33	$CuSO_4$	159.60	$Hg_2(NO_3)_2$	525.19
$Ba(OH)_2$	171.34	$CuSO_4 \cdot 5H_2O$	249.68	$Hg_2(NO_3)_2 \cdot 2H_2O$	561.22
$BaSO_4$	233.39			$Hg(NO_3)_2$	324.60
$BiCl_3$	315.34	$FeCl_2$	126.75	HgO	216.59
$BiOCl$	260.43	$FeCl_2 \cdot 4H_2O$	198.81	HgS	232.65
		$FeCl_3$	162.21	$HgSO_4$	296.65
CaO	56.08	$FeCl_3 \cdot 6H_2O$	270.30	Hg_2SO_4	497.24
$CaCO_3$	100.09	$FeNH_4(SO_4)_2 \cdot 12H_2O$	482.18		
CaC_2O_4	128.10	$Fe(NO_3)_3$	241.86	$KAl(SO_4)_2 \cdot 12H_2O$	474.38
$CaCl_2$	110.99	$Fe(NO_3)_3 \cdot 9H_2O$	404.00	KBr	119.00
$CaCl_2 \cdot 6H_2O$	219.08	FeO	71.846	$KBrO_3$	167.00
$Ca(NO_3)_2 \cdot 4H_2O$	236.15	Fe_2O_3	159.69	KCl	74.551
$Ca(OH)_2$	74.09	Fe_3O_4	231.54	$KClO_3$	122.55
$Ca_3(PO_4)_2$	310.18	$Fe(OH)_2$	106.87	$KClO_4$	138.55
$CaSO_4$	136.14	FeS	87.91	KCN	65.116
$CdCO_3$	172.42	Fe_2S_3	207.87	$KSCN$	97.18
$CdCl_2$	183.32	$FeSO_4$	151.90	K_2CO_3	138.21
CdS	144.47	$FeSO_4 \cdot 7H_2O$	278.01	K_2CrO_4	194.19
$Ce(SO_4)_2$	332.24	$FeSO_4 \cdot (NH_4)_2SO_4 \cdot 6H_2O$	392.125	$K_2Cr_2O_7$	294.18

化 合 物	相对分子质量	化 合 物	相对分子质量	化 合 物	相对分子质量
$K_3Fe(CN)_6$	329.25	NH_4SCN	76.12	$PbCl_2$	278.10
$K_4Fe(CN)_6$	368.35	NH_4HCO_3	79.055	$PbCrO_4$	323.20
$KFe(SO_4)_2 \cdot 12H_2O$	503.24	$(NH_4)_2MoO_4$	196.01	$Pb(CH_3COO)_2$	325.30
$KHC_2O_4 \cdot H_2O$	146.14	NH_4NO_3	80.043	$Pb(CH_3COO)_2 \cdot 3H_2O$	379.30
$KHC_2O_4 \cdot H_2C_2O_4 \cdot 2H_2O$	254.19	$(NH_4)_2HPO_4$	132.06	PbI_2	461.00
$KHC_4H_4O_6$	188.18	$(NH_4)_2S$	68.14	$Pb(NO_3)_2$	331.20
$KHSO_4$	136.16	$(NH_4)_2SO_4$	132.13	PbO	223.20
KI	166.00	NH_4VO_3	116.98	PbO_2	239.20
KIO_3	214.00	Na_3AsO_3	191.89	$Pb_3(PO_4)_2$	811.54
$KIO_3 \cdot HIO_3$	389.91	$Na_2B_4O_7$	201.22	PbS	239.30
$KMnO_4$	158.03	$Na_2B_4O_7 \cdot 10H_2O$	381.37	$PbSO_4$	303.30
$KNaC_4H_4O_6 \cdot 4H_2O$	282.22	$NaBiO_3$	279.97	SO_3	80.06
KNO_3	101.10	$NaCN$	49.007	SO_2	64.06
KNO_2	85.104	$NaSCN$	81.07	$SbCl_3$	228.11
K_2O	94.196	Na_2CO_3	105.99	$SbCl_5$	299.02
KOH	56.106	$Na_2CO_3 \cdot 10H_2O$	286.14	Sb_2O_3	291.50
K_2SO_4	172.25	$Na_2C_2O_4$	134.00	Sb_2S_3	339.68
$MgCO_3$	84.314	CH_3COONa	82.034	SiF_4	104.08
$MgCl_2$	95.211	$CH_3COONa \cdot 3H_2O$	136.08	SiO_2	60.084
$MgCl_2 \cdot 6H_2O$	203.30	$NaCl$	58.443	$SnCl_2$	189.60
MgC_2O_4	112.33	$NaClO$	74.442	$SnCl_2 \cdot 2H_2O$	225.63
$Mg(NO_3)_2 \cdot 6H_2O$	256.41	$NaHCO_3$	84.007	$SnCl_4$	260.50
$MgNH_4PO_4$	137.32	$Na_2HPO_4 \cdot 12H_2O$	358.14	$SnCl_4 \cdot 5H_2O$	350.58
MgO	40.304	$Na_2H_2Y \cdot 2H_2O$	372.24	SnO_2	150.69
$Mg(OH)_2$	58.32	$NaNO_2$	68.995	SnS	150.75
$Mg_2P_2O_7$	222.55	$NaNO_3$	84.995	$SrCO_3$	147.63
$MgSO_4 \cdot 7H_2O$	246.47	Na_2O	61.979	SrC_2O_4	175.64
$MnCO_3$	114.95	Na_2O_2	77.978	$SrCrO_4$	203.61
$MnCl_2 \cdot 4H_2O$	197.91	$NaOH$	39.997	$Sr(NO_3)_2$	211.63
$Mn(NO_3)_2 \cdot 6H_2O$	287.04	Na_3PO_4	163.94	$Sr(NO_3)_2 \cdot 4H_2O$	283.69
MnO	70.937	Na_2S	78.04	$SrSO_4$	183.69
MnO_2	86.937	$Na_2S \cdot 9H_2O$	240.18	$UO_2(CH_3COO)_2 \cdot 2H_2O$	424.15
MnS	87.00	Na_2SO_3	126.04	$ZnCO_3$	125.39
$MnSO_4$	151.00	Na_2SO_4	142.04	ZnC_2O_4	153.40
$MnSO_4 \cdot 4H_2O$	223.06	$Na_2S_2O_3$	158.10	$ZnCl_2$	136.29
NO	30.006	$Na_2S_2O_3 \cdot 5H_2O$	248.17	$Zn(CH_3COO)_2$	183.47
NO_2	46.006	$NiCl_2 \cdot 6H_2O$	237.69	$Zn(CH_3COO)_2 \cdot 2H_2O$	219.50
NH_3	17.03	NiO	74.69	$Zn(NO_3)_2$	189.39
NH_3COONH_4	77.083	$Ni(NO_3)_2 \cdot 6H_2O$	290.79	$Zn(NO_3)_2 \cdot 6H_2O$	297.48
NH_4Cl	53.491	NiS	90.75	ZnO	81.38
$(NH_4)_2CO_3$	96.086	$NiSO_4 \cdot 7H_2O$	280.85	ZnS	97.44
$(NH_4)_2C_2O_4$	124.10	P_2O_5	141.94	$ZnSO_4 \cdot 7H_2O$	287.54
$(NH_4)_2C_2O_4 \cdot H_2O$	142.11	$PbCO_3$	267.20		
		PbC_2O_4	295.22		

附录3 配离子的标准稳定常数（298.15K）

配离子	$K_f^{\ominus}$	配离子	$K_f^{\ominus}$
$AgCl_2^-$	1.84×10^5	$Fe(CN)_6^{4-}$	4.2×10^{45}
$AgBr_2^-$	1.93×10^7	$Fe(NCS)^{2+}$	9.1×10^2
AgI_2^-	4.80×10^{10}	$FeCl^{2+}$	24.9
$Ag(NH_3)^+$	2.07×10^3	$Fe(EDTA)^{2-}$	(2.1×10^{14})
$Ag(NH_3)_2^+$	1.67×10^7	$Fe(EDTA)^-$	(1.7×10^{24})
$Ag(CN)_2^-$	2.48×10^{20}	$HgCl^+$	5.73×10^6
$Ag(SCN)_2^-$	2.04×10^8	$HgCl_2$	1.46×10^{13}
$Ag(S_2O_3)_2^{3-}$	(2.9×10^{13})	$HgCl_3^-$	9.6×10^{13}
$Ag(en)_2^+$	(5.0×10^7)	$HgCl_4^{2-}$	1.31×10^{15}
$Ag(EDTA)^{3-}$	(2.1×10^7)	$HgBr_4^{2-}$	9.22×10^{20}
$Al(OH)_4^-$	3.31×10^{33}	HgI_4^{2-}	5.66×10^{29}
AlF_6^{3-}	(6.9×10^{19})	HgS_2^{2-}	3.36×10^{51}
$Al(EDTA)^-$	(1.3×10^{16})	$Hg(NH_3)_4^{2+}$	1.95×10^{19}
$Ba(EDTA)^{2-}$	(6.0×10^7)	$Hg(CN)_4^{2-}$	1.82×10^{41}
$Be(EDTA)^{2-}$	(2×10^9)	$Hg(CNS)_4^{2-}$	4.98×10^{21}
$BiCl_4^-$	7.96×10^6	$Hg(EDTA)^{2-}$	(6.3×10^{21})
$BiCl_6^{3-}$	2.45×10^7	$Ni(NH_3)_6^{2+}$	8.97×10^8
$BiBr_4^-$	5.92×10^7	$Ni(CN)_4^{2-}$	1.31×10^{30}
BiI_4^-	8.88×10^{14}	$Ni(N_2H_4)_6^{2+}$	1.04×10^{12}
$Bi(EDTA)^-$	(6.3×10^{22})	$Ni(EDTA)^{2-}$	(3.6×10^{18})
$Ca(EDTA)^{2-}$	(1×10^{11})	$Pb(OH)_3^-$	8.27×10^{13}
$Cd(NH_3)_4^{2+}$	2.78×10^7	$PbCl_3^-$	27.2
$Cd(CN)_4^{2-}$	1.95×10^{18}	$PbBr_3^-$	15.5
$Cd(OH)_4^{2-}$	1.20×10^9	PbI_3^-	2.67×10^3
CdI_4^{2-}	4.05×10^5	PbI_4^{2-}	1.66×10^4
$Cd(en)_3^{2+}$	(1.2×10^{12})	$Pb(CH_3CO_2)^+$	152
$Cd(EDTA)^{2-}$	(2.5×10^{16})	$Pb(CH_3CO_2)_2$	826
$Co(NH_3)_6^{2+}$	1.3×10^5	$Pb(EDTA)^{2-}$	(2×10^{18})
$Co(NH_3)_6^{3+}$	(1.6×10^{35})	$PdCl_3^-$	2.10×10^{10}
$Co(EDTA)^{2-}$	(2.0×10^{16})	$PdBr_4^{2-}$	6.05×10^{13}
$Co(EDTA)^-$	(1×10^{36})	PdI_4^{2-}	4.36×10^{22}
$CuCl_2^-$	6.91×10^4	$Pd(NH_3)_4^{2+}$	3.10×10^{25}
$CuCl_3^{2-}$	4.55×10^5	$Pd(CN)_4^{2-}$	5.20×10^{41}
$Cu(CN)_2^-$	9.98×10^{23}	$Pd(CNS)_4^{2-}$	9.43×10^{23}
$Cu(CN)_3^{2-}$	4.21×10^{28}	$Pd(EDTA)^{2-}$	3.2×10^{18}
$Cu(CN)_4^{3-}$	2.03×10^{30}	$PtCl_4^{2-}$	9.86×10^{15}
$Cu(CNS)_3^{3-}$	8.66×10^9	$PtBr_4^{2-}$	6.47×10^{17}
$Cu(SO_3)_3^{3-}$	4.13×10^8	$Pt(NH_3)_4^{2+}$	2.18×10^{35}
$Cu(NH_3)_4^{2+}$	2.30×10^{12}	$Zn(OH)_3^-$	1.64×10^{13}
$Cu(P_2O_7)_2^{6-}$	8.24×10^8	$Zn(OH)_4^{2-}$	2.83×10^{14}
$Cu(C_2O_4)_2^{2-}$	2.35×10^9	$Zn(NH_3)_4^{2+}$	3.60×10^8
$Cu(EDTA)^{2-}$	(5.0×10^{18})	$Zn(CN)_4^{2-}$	5.71×10^{16}
FeF^{2+}	7.1×10^6	$Zn(CNS)_4^{2-}$	19.6
FeF_2^+	3.8×10^{11}	$Zn(C_2O_4)_2^{2-}$	2.96×10^7
$Fe(CN)_6^{3-}$	4.1×10^{52}	$Zn(EDTA)^{2-}$	(2.5×10^{16})

注：本数据是根据《NBS 化学热力学性质表》（刘天和、赵梦月译，中国标准出版社，1998 年 6 月）中的数据计算得来的。括号中的数据取自于 Lange's Handbook of Chemistry and physics. 13th ed, 1985。

附录 4 标准电极电势 $\varphi^{\ominus}$

电 对 符 号	电 对 平 衡 式	$\varphi^{\ominus}/V$
	氧化型$+n\mathrm{e}^-\Longleftrightarrow$还原型	
$\mathrm{Li^+/Li}$	$\mathrm{Li^+ + e^- \Longleftrightarrow Li}$	-3.045
$\mathrm{K^+/K}$	$\mathrm{K^+ + e^- \Longleftrightarrow K}$	-2.925
$\mathrm{Rb^+/Rb}$	$\mathrm{Rb^+ + e^- \Longleftrightarrow Rb}$	-2.93
$\mathrm{Cs^+/Cs}$	$\mathrm{Cs^+ + e^- \Longleftrightarrow Cs}$	-2.92
$\mathrm{Ra^{2+}/Ra}$	$\mathrm{Ra^{2+} + 2e^- \Longleftrightarrow Ra}$	-2.92
$\mathrm{Ba^{2+}/Ba}$	$\mathrm{Ba^{2+} + 2e^- \Longleftrightarrow Ba}$	-2.91
$\mathrm{Sr^{2+}/Sr}$	$\mathrm{Sr^{2+} + 2e^- \Longleftrightarrow Sr}$	-2.89
$\mathrm{Ca^{2+}/Ca}$	$\mathrm{Ca^{2+} + 2e^- \Longleftrightarrow Ca}$	-2.87
$\mathrm{Na^+/Na}$	$\mathrm{Na^+ + e^- \Longleftrightarrow Na}$	-2.714
$\mathrm{La^{3+}/La}$	$\mathrm{La^{3+} + 3e^- \Longleftrightarrow La}$	-2.52
$\mathrm{Mg^{2+}/Mg}$	$\mathrm{Mg^{2+} + 2e^- \Longleftrightarrow Mg}$	-2.37
$\mathrm{Sc^{3+}/Sc}$	$\mathrm{Sc^{3+} + 3e^- \Longleftrightarrow Sc}$	-2.1
$\mathrm{[AlF_6]^{3-}/Al}$	$\mathrm{[AlF_6]^{3-} + 3e^- \Longleftrightarrow Al + 6F^-}$	-2.07
$\mathrm{Be^{2+}/Be}$	$\mathrm{Be^{2+} + 2e^- \Longleftrightarrow Be}$	-1.85
$\mathrm{Al^{3+}/Al}$	$\mathrm{Al^{3+} + 3e^- \Longleftrightarrow Al}$	-1.66
$\mathrm{Ti^{2+}/Ti}$	$\mathrm{Ti^{2+} + 2e^- \Longleftrightarrow Ti}$	-1.63
$\mathrm{Zr^{4+}/Zr}$	$\mathrm{Zr^{4+} + 4e^- \Longleftrightarrow Zr}$	-1.53
$\mathrm{[SiF_6]^{2-}/Si}$	$\mathrm{[SiF_6]^{2-} + 4e^- \Longleftrightarrow Si + 6F^-}$	-1.2
$\mathrm{Mn^{2+}/Mn}$	$\mathrm{Mn^{2+} + 2e^- \Longleftrightarrow Mn}$	-1.17
$\mathrm{SO_4^{2-}/SO_3^{2-}}$	$\mathrm{SO_4^{2-} + H_2O + 2e^- \Longleftrightarrow SO_3^{2-} + 2OH^-}$	-0.93
$\mathrm{H_3BO_3/B}$	$\mathrm{H_3BO_3 + 3H^+ + 3e^- \Longleftrightarrow B + 3H_2O}$	-0.87
$\mathrm{TiO_2/Ti}$	$\mathrm{TiO_2 + 4H^+ + 4e^- \Longleftrightarrow Ti + 2H_2O}$	-0.86
$\mathrm{SiO_2/Si}$	$\mathrm{SiO_2 + 4H^+ + 4e^- \Longleftrightarrow Si + 2H_2O}$	-0.86
$\mathrm{Zn^{2+}/Zn}$	$\mathrm{Zn^{2+} + 2e^- \Longleftrightarrow Zn}$	-0.763
$\mathrm{Cr^{3+}/Cr}$	$\mathrm{Cr^{3+} + 3e^- \Longleftrightarrow Cr}$	-0.74
$\mathrm{SO_3^{2-}/S_2O_3^{2-}}$	$\mathrm{2SO_3^{2-} + 3H_2O + 4e^- \Longleftrightarrow S_2O_3^{2-} + 6OH^-}$	-0.58
$\mathrm{Fe(OH)_3/Fe(OH)_2}$	$\mathrm{Fe(OH)_3 + e^- \Longleftrightarrow Fe(OH)_2 + OH^-}$	-0.56
$\mathrm{Ga^{3+}/Ga}$	$\mathrm{Ga^{3+} + 3e^- \Longleftrightarrow Ga}$	-0.5^*
$\mathrm{H_3PO_3/H_3PO_2}$	$\mathrm{H_3PO_3 + 2H^+ + 2e^- \Longleftrightarrow H_3PO_2 + H_2O}$	-0.50
$\mathrm{CO_2/H_2C_2O_4}$	$\mathrm{2CO_2 + 2H^+ + 2e^- \Longleftrightarrow H_2C_2O_4}$	-0.49
$\mathrm{S/S^{2-}}$	$\mathrm{S + 2e^- \Longleftrightarrow S^{2-}}$	-0.48
$\mathrm{Fe^{2+}/Fe}$	$\mathrm{Fe^{2+} + 2e^- \Longleftrightarrow Fe}$	-0.440
$\mathrm{Cr^{3+}/Cr^{2+}}$	$\mathrm{Cr^{3+} + e^- \Longleftrightarrow Cr^{2+}}$	-0.41
$\mathrm{Cd^{2+}/Cd}$	$\mathrm{Cd^{2+} + 2e^- \Longleftrightarrow Cd}$	-4.03
$\mathrm{Ti^{3+}/Ti^{2+}}$	$\mathrm{Ti^{3+} + e^- \Longleftrightarrow Ti^{2+}}$	-0.37
$\mathrm{PbI_2/Pb}$	$\mathrm{PbI_2 + 2e^- \Longleftrightarrow Pb + 2I^-}$	-0.364
$\mathrm{Cu_2O/Cu}$	$\mathrm{Cu_2O + 2H^+ + 2e^- \Longleftrightarrow 2Cu + H_2O}$	-0.36
$\mathrm{PbSO_4/Pb}$	$\mathrm{PbSO_4 + 2e^- \Longleftrightarrow Pb + SO_4^{2-}}$	-0.356
$\mathrm{In^{3+}/In}$	$\mathrm{In^{3+} + 3e^- \Longleftrightarrow In}$	-0.34
$\mathrm{Tl^+/Tl}$	$\mathrm{Tl^+ + e^- \Longleftrightarrow Tl}$	-0.338
$\mathrm{[Ag(CN)_2]^-/Ag}$	$\mathrm{[Ag(CN)_2]^- + e^- \Longleftrightarrow Ag + 2CN^-}$	-0.31
$\mathrm{H_3PO_4/H_3PO_3}$	$\mathrm{H_3PO_4 + 2H^+ + 2e^- \Longleftrightarrow H_3PO_3 + H_2O}$	-0.28
$\mathrm{PbBr_2/Pb}$	$\mathrm{PbBr_2 + 2e^- \Longleftrightarrow Pb + 2Br^-}$	-0.274
$\mathrm{Co^{2+}/Co}$	$\mathrm{Co^{2+} + 2e^- \Longleftrightarrow Co}$	-0.277

电 对 符 号	电 对 平 衡 式	$\varphi^{\ominus}/V$
	氧化型 $+n\mathrm{e}^-\rightleftharpoons$ 还原型	
$PbCl_2/Pb$	$PbCl_2+2\mathrm{e}^-\rightleftharpoons Pb+2Cl^-$	-0.266
V^{3+}/V^{2+}	$V^{3+}+\mathrm{e}^-\rightleftharpoons V^{2+}$	-0.255
VO_2^+/V	$VO_2^++4H^++5\mathrm{e}^-\rightleftharpoons V+2H_2O$	-0.25
Ni^{2+}/Ni	$Ni^{2+}+2\mathrm{e}^-\rightleftharpoons Ni$	-0.246
Mo^{3+}/Mo	$Mo^{3+}+3\mathrm{e}^-\rightleftharpoons Mo$	-0.20
AgI/Ag	$AgI+\mathrm{e}^-\rightleftharpoons Ag+I^-$	-0.152
Sn^{2+}/Sn	$Sn^{2+}+2\mathrm{e}^-\rightleftharpoons Sn$	-0.136
Pb^{2+}/Pb	$Pb^{2+}+2\mathrm{e}^-\rightleftharpoons Pb$	-0.126
$[Cu(NH_3)_2]^+/Cu$	$[Cu(NH_3)_2]^++\mathrm{e}^-\rightleftharpoons Cu+2NH_3$	(-0.12)
CrO_4^{2-}/CrO_2^-	$CrO_4^{2-}+2H_2O+3\mathrm{e}^-\rightleftharpoons CrO_2^-+4OH^-$	-0.12
WO_3/W	$WO_3+6H^++6\mathrm{e}^-\rightleftharpoons W+3H_2O$	-0.09
$Cu(OH)_2/Cu_2O$	$2Cu(OH)_2+2\mathrm{e}^-\rightleftharpoons Cu_2O+2OH^-+H_2O$	-0.08
$MnO_2/Mn(OH)_2$	$MnO_2+2H_2O+2\mathrm{e}^-\rightleftharpoons Mn(OH)_2+2OH^-$	-0.05
Hg_2I_2/Hg	$Hg_2I_2+2\mathrm{e}^-\rightleftharpoons 2Hg+2I^-$	-0.04
H^+/H_2	$2H^++2\mathrm{e}^-\rightleftharpoons H_2$	0(准确值)
NO_3^-/NO_2^-	$NO_3^-+H_2O+2\mathrm{e}^-\rightleftharpoons NO_2^-+2OH^-$	0.01
$AgBr/Ag$	$AgBr+\mathrm{e}^-\rightleftharpoons Ag+Br^-$	0.071
$S_4O_6^{2-}/S_2O_3^{2-}$	$S_4O_6^{2-}+2\mathrm{e}^-\rightleftharpoons 2S_2O_3^{2-}$	0.08
$[Co(NH_3)_4]^{3+}/[Co(NH_3)_4]^{2+}$	$[Co(NH_3)_4]^{3+}+\mathrm{e}^-\rightleftharpoons [Co(NH_3)_4]^{2+}$	0.01
TiO^{2+}/Ti^{3+}	$TiO^{2+}+2H^++\mathrm{e}^-\rightleftharpoons Ti^{3+}+H_2O$	0.10
S/H_2S	$S+2H^++2\mathrm{e}^-\rightleftharpoons H_2S$	0.141
Sn^{4+}/Sn^{2+}	$Sn^{4+}+2\mathrm{e}^-\rightleftharpoons Sn^{2+}$	0.154
Cu^{2+}/Cu^+	$Cu^{2+}+\mathrm{e}^-\rightleftharpoons Cu^+$	0.17
SO_4^{2-}/H_2SO_3	$SO_4^{2-}+4H^++2\mathrm{e}^-\rightleftharpoons H_2SO_3+H_2O$	0.17
$[HgBr_4]^{2-}/Hg$	$[HgBr_4]^{2-}+2\mathrm{e}^-\rightleftharpoons Hg+4Br^-$	0.21
$AgCl/Ag$	$AgCl+\mathrm{e}^-\rightleftharpoons Ag+Cl^-$	0.222
$HAsO_2/As$	$HAsO_2+3H^++3\mathrm{e}^-\rightleftharpoons As+2H_2O$	0.248
Hg_2Cl_2/Hg	$Hg_2Cl_2+2\mathrm{e}^-\rightleftharpoons 2Hg+2Cl^-$	0.2676
PbO_2/PbO	$PbO_2+H_2O+2\mathrm{e}^-\rightleftharpoons PbO+2OH^-$	0.28
BiO^+/Bi	$BiO^++2H^++3\mathrm{e}^-\rightleftharpoons Bi+H_2O$	0.32
Cu^{2+}/Cu	$Cu^{2+}+2\mathrm{e}^-\rightleftharpoons Cu$	0.337
$[Fe(CN)_6]^{3-}/[Fe(CN)_6]^{4-}$	$[Fe(CN)_6]^{3-}+\mathrm{e}^-\rightleftharpoons [Fe(CN)_6]^{4-}$	0.36
$[Ag(NH_3)_2]^+/Ag$	$[Ag(NH_3)_2]^++\mathrm{e}^-\rightleftharpoons Ag+2NH_3$	0.373
$H_2SO_3/S_2O_3^{2-}$	$2H_2SO_3+2H^++4\mathrm{e}^-\rightleftharpoons S_2O_3^{2-}+3H_2O$	0.40
O_2/OH^-	$O_2+2H_2O+4\mathrm{e}^-\rightleftharpoons 4OH^-$	0.41
Ag_2CrO_4/Ag	$Ag_2CrO_4+2\mathrm{e}^-\rightleftharpoons 2Ag+CrO_4^{2-}$	0.447
H_2SO_3/S	$H_2SO_3+4H^++4\mathrm{e}^-\rightleftharpoons S+3H_2O$	0.5
MnO_4^{2-}/MnO_2	$MnO_4^{2-}+2H_2O+2\mathrm{e}^-\rightleftharpoons MnO_2+4OH^-$	约 0.50
Cu^+/Cu	$Cu^++\mathrm{e}^-\rightleftharpoons Cu$	0.521
I_3^-/I^-	$I_3^-+2\mathrm{e}^-\rightleftharpoons 3I^-$	0.535
$H_3AsO_4/HAsO_2$	$H_3AsO_4+2H^++2\mathrm{e}^-\rightleftharpoons HAsO_2+2H_2O$	0.581

电 对 符 号	电 对 平 衡 式	$\varphi^{\ominus}/V$
	氧化型 $+ n e^- \Longrightarrow$ 还原型	
MnO_4^-/MnO_2	$MnO_4^- + 2H_2O + 3e^- \Longrightarrow MnO_2 + 4OH^-$	0.588
TeO_2/Te	$TeO_2 + 4H^+ + 4e^- \Longrightarrow Te + 2H_2O$	0.59
$HgCl_2/Hg_2Cl_2$	$2HgCl_2 + 2e^- \Longrightarrow Hg_2Cl_2 + 2Cl^-$	0.63
O_2/H_2O_2	$O_2 + 2H^+ + 2e^- \Longrightarrow H_2O_2$	0.682
$[PtCl_4]^{2-}/Pt$	$[PtCl_4]^{2-} + 2e^- \Longrightarrow Pt + 4Cl^-$	0.73
Fe^{3+}/Fe^{2+}	$Fe^{3+} + e^- \Longrightarrow Fe^{2+}$	0.771
Hg_2^{2+}/Hg	$Hg_2^{2+} + 2e^- \Longrightarrow 2Hg$	0.79
Ag^+/Ag	$Ag^+ + e^- \Longrightarrow Ag$	0.799
NO_3^-/NO_2	$NO_3^- + 2H^+ + e^- \Longrightarrow NO_2 + H_2O$	0.80
H_2O_2/OH^-	$H_2O_2 + 2e^- \Longrightarrow 2OH^-$	0.88
ClO^-/Cl^-	$ClO^- + H_2O + 2e^- \Longrightarrow Cl^- + 2OH^-$	0.89
Hg^{2+}/Hg_2^{2+}	$2Hg^{2+} + 2e^- \Longrightarrow Hg_2^{2+}$	0.920
NO_3^-/HNO_2	$NO_3^- + 3H^+ + 2e^- \Longrightarrow HNO_2 + H_2O$	0.94
NO_3^-/NO	$NO_3^- + 4H^+ + 3e^- \Longrightarrow NO + 2H_2O$	0.96
HNO_2/NO	$HNO_2 + H^+ + e^- \Longrightarrow NO + H_2O$	1.00
NO_2/NO	$NO_2 + 2H^+ + 2e^- \Longrightarrow NO + H_2O$	1.03
Br_2/Br^-	$Br_2 + 2e^- \Longrightarrow 2Br^-$	1.065
NO_2/HNO_2	$NO_2 + H^+ + e^- \Longrightarrow HNO_2$	1.07
$Cu^{2+}/[Cu(CN)_2]^-$	$Cu^{2+} + 2CN^- + e^- \Longrightarrow [Cu(CN)_2]^-$	约 1.12
ClO_3^-/ClO_2	$ClO_3^- + 2H^+ + e^- \Longrightarrow ClO_2 + H_2O$	1.15
ClO_4^-/ClO_3^-	$ClO_4^- + 2H^+ + 2e^- \Longrightarrow ClO_3^- + H_2O$	1.19
IO_3^-/I_2	$2IO_3^- + 12H^+ + 10e^- \Longrightarrow I_2 + 6H_2O$	1.20
O_2/H_2O	$O_2 + 4H^+ + 4e^- \Longrightarrow 2H_2O$	1.229
MnO_2/Mn^{2+}	$MnO_2 + 4H^+ + 4e^- \Longrightarrow Mn^{2+} + 2H_2O$	1.23
O_3/OH^-	$O_3 + H_2O + 2e^- \Longrightarrow O_2 + 2OH^-$	1.24
$ClO_2/HClO_2$	$ClO_2 + H^+ + e^- \Longrightarrow HClO_2$	1.275
$Cr_2O_7^{2-}/Cr^{3+}$	$Cr_2O_7^{2-} + 14H^+ + 6e^- \Longrightarrow 2Cr^{3+} + 7H_2O$	1.33
Cl_2/Cl^-	$Cl_2 + 2e^- \Longrightarrow 2Cl^-$	1.360
BrO_3^-/Br^-	$BrO_3^- + 6H^+ + 6e^- \Longrightarrow Br^- + 3H_2O$	1.44
HIO/I_2	$2HIO + 2H^+ + 2e^- \Longrightarrow I_2 + 2H_2O$	1.45
PbO_2/Pb^{2+}	$PbO_2 + 4H^+ + 2e^- \Longrightarrow Pb^{2+} + 2H_2O$	1.455
Mn^{3+}/Mn^{2+}	$Mn^{3+} + e^- \Longrightarrow Mn^{2+}$	1.488
Au^{3+}/Au	$Au^{3+} + 3e^- \Longrightarrow Au$	1.50
MnO_4^-/Mn^{2+}	$MnO_4^- + 8H^+ + 5e^- \Longrightarrow Mn^{2+} + 4H_2O$	1.51
BrO_3^-/Br_2	$2BrO_3^- + 12H^+ + 10e^- \Longrightarrow Br_2 + 6H_2O$	1.52
$HBrO/Br_2$	$2HBrO + 2H^+ + 2e^- \Longrightarrow Br_2 + 2H_2O$	1.60
H_5IO_6/IO_3^-	$H_5IO_6 + H^+ + 2e^- \Longrightarrow IO_3^- + 3H_2O$	1.60
$HClO/Cl_2$	$2HClO + 2H^+ + 2e^- \Longrightarrow Cl_2 + 2H_2O$	1.63
$HClO_2/HClO$	$HClO_2 + 2H^+ + 2e^- \Longrightarrow HClO + H_2O$	1.64
NiO_2/Ni^{2+}	$NiO_2 + 4H^+ + 2e^- \Longrightarrow Ni^{2+} + 2H_2O$	1.68
MnO_4^-/MnO_2	$MnO_4^- + 4H^+ + 3e^- \Longrightarrow MnO_2 + 2H_2O$	1.70
H_2O_2/H_2O	$H_2O_2 + 2H^+ + 2e^- \Longrightarrow 2H_2O$	1.77
Co^{3+}/Co^{2+}	$Co^{3+} + e^- \Longrightarrow Co^{2+}$	1.842
Ag^{2+}/Ag^+	$Ag^{2+} + e^- \Longrightarrow Ag^+$	2.00
$S_2O_8^{2-}/SO_4^{2-}$	$S_2O_8^{2-} + 2e^- \Longrightarrow 2SO_4^{2-}$	2.01
O_3/H_2O	$O_3 + 2H^+ + 2e^- \Longrightarrow O_2 + H_2O$	2.07
F_2/F^-	$F_2 + 2e^- \Longrightarrow 2F^-$	2.87
F_2/HF	$F_2 + 2H^+ + 2e^- \Longrightarrow 2HF$	3.06

附录5 弱酸和弱碱的解离常数

弱 酸

名　　称	温度/℃	解离常数 K_a	pK_a
砷酸 H_3AsO_4	18	$K_{a_1} = 5.6 \times 10^{-3}$	2.25
		$K_{a_2} = 1.7 \times 10^{-7}$	6.77
		$K_{a_3} = 3.0 \times 10^{-12}$	11.50
硼酸 H_3BO_3	20	$K_a = 5.7 \times 10^{-10}$	9.24
氢氰酸 HCN	25	$K_a = 6.2 \times 10^{-10}$	9.21
碳酸 H_2CO_3	25	$K_{a_1} = 4.2 \times 10^{-7}$	6.38
		$K_{a_2} = 5.6 \times 10^{-11}$	10.25
铬酸 H_2CrO_4	25	$K_{a_1} = 1.8 \times 10^{-1}$	0.74
		$K_{a_2} = 3.2 \times 10^{-7}$	6.49
氢氟酸 HF	25	$K_a = 3.5 \times 10^{-4}$	3.46
亚硝酸 HNO_2	25	$K_a = 4.6 \times 10^{-4}$	3.37
磷酸 H_3PO_4	25	$K_{a_1} = 7.6 \times 10^{-3}$	2.12
		$K_{a_2} = 6.3 \times 10^{-8}$	7.20
		$K_{a_3} = 4.4 \times 10^{-13}$	12.36
硫化氢 H_2S	25	$K_{a_1} = 1.3 \times 10^{-7}$	6.89
		$K_{a_2} = 7.1 \times 10^{-15}$	14.15
亚硫酸 H_2SO_3	18	$K_{a_1} = 1.5 \times 10^{-2}$	1.82
		$K_{a_2} = 1.0 \times 10^{-7}$	7.00
硫酸 H_2SO_4	25	$K_a = 1.0 \times 10^{-2}$	1.99
甲酸 HCOOH	20	$K_a = 1.8 \times 10^{-4}$	3.74
醋酸 CH_3COOH	20	$K_a = 1.8 \times 10^{-5}$	4.74
一氯乙酸 $CH_2ClCOOH$	25	$K_a = 1.4 \times 10^{-3}$	2.86
二氯乙酸 $CHCl_2COOH$	25	$K_a = 5.0 \times 10^{-2}$	1.30
三氯乙酸 CCl_3COOH	25	$K_a = 0.23$	0.64
草酸 $H_2C_2O_4$	25	$K_{a_1} = 5.9 \times 10^{-2}$	1.23
		$K_{a_2} = 6.4 \times 10^{-5}$	4.19
琥珀酸 $(CH_2COOH)_2$	25	$K_{a_1} = 6.4 \times 10^{-5}$	4.19
		$K_{a_2} = 2.7 \times 10^{-6}$	5.57
酒石酸 CH(OH)COOH | CH(OH)COOH	25	$K_{a_1} = 9.1 \times 10^{-4}$	3.04
		$K_{a_2} = 4.3 \times 10^{-5}$	4.37
柠檬酸 CH_2COOH | $C(OH)COOH$ | CH_2COOH	18	$K_{a_1} = 7.4 \times 10^{-4}$	3.13
		$K_{a_2} = 1.7 \times 10^{-5}$	4.76
		$K_{a_3} = 4.0 \times 10^{-7}$	6.40
苯酚 C_6H_5OH	20	$K_a = 1.1 \times 10^{-10}$	9.95
苯甲酸 C_6H_5COOH	25	$K_a = 6.2 \times 10^{-5}$	4.21
水杨酸 $C_6H_4(OH)COOH$	18	$K_{a_1} = 1.07 \times 10^{-3}$	2.97
		$K_{a_2} = 4 \times 10^{-14}$	13.40
邻苯二甲酸 $C_6H_4(COOH)_2$	25	$K_{a_1} = 1.3 \times 10^{-3}$	2.89
		$K_{a_2} = 2.9 \times 10^{-6}$	5.54

弱 碱

名　　称	温度/℃	解离常数 K_b	pK_b
氨水 $NH_3 \cdot H_2O$	25	$K_b = 1.8 \times 10^{-5}$	4.74
羟胺 NH_2OH	20	$K_b = 9.1 \times 10^{-9}$	8.04
苯胺 $C_6H_5NH_2$	25	$K_b = 4.6 \times 10^{-10}$	9.34
乙二胺 $H_2NCH_2CH_2NH_2$	25	$K_{b_1} = 8.5 \times 10^{-5}$	4.07
		$K_{b_2} = 7.1 \times 10^{-8}$	7.15
六亚甲基四胺 $(CH_2)_6N_4$	25	$K_b = 1.4 \times 10^{-9}$	8.85
吡啶	25	$K_b = 1.7 \times 10^{-9}$	8.77

附录6 难溶电解质的溶度积（298.15K）

化学式	$K_{sp}^{\ominus}$	化学式	$K_{sp}^{\ominus}$	化学式	$K_{sp}^{\ominus}$
醋酸盐		AgCl	1.80×10^{-10}	PbS	3.00×10^{-27}
Ag(CH₃COO)	2.00×10^{-3}	Hg₂Cl₂	1.43×10^{-18}	CuS	6×10^{-36}
Hg₂(CH₃COO)₂	2.00×10^{-15}	铬酸盐		氢氧化物	
砷酸盐		CaCrO₄	6×10^{-4}	Be(OH)₂	4×10^{-15}
Ag₃AsO₄	1.12×10^{-22}	SrCrO₄	2.2×10^{-9}	Zn(OH)₂	2.10×10^{-16}
溴化物		Hg₂CrO₄	2.0×10^{-9}	Mn(OH)₂	1.90×10^{-13}
PbBr₂	3.9×10^{-5}	BaCrO₄	1.17×10^{-10}	Cd(OH)₂	5.9×10^{-15}
CuBr	5.2×10^{-9}	Ag₂CrO₄	1.12×10^{-12}	Pb(OH)₂	8.1×10^{-17}
AgBr	4.9×10^{-13}	PbCrO₄	1.8×10^{-14}	Fe(OH)₂	8×10^{-16}
Hg₂Br₂	5.8×10^{-23}	氰化物		Ni(OH)₂(新沉淀)	5.48×10^{-16}
碳酸盐		AgCN	2.3×10^{-16}	Co(OH)₂	6.00×10^{-15}
MgCO₃	1×10^{-5}	氟化物		SbO(OH)₂	1×10^{-17}
NiCO₃	1.3×10^{-7}	BaF₂	1.05×10^{-6}	Cu(OH)₂	2.00×10^{-19}
CaCO₃	3.36×10^{-9}	MgF₂	7.10×10^{-9}	Hg(OH)₂	4×10^{-26}
BaCO₃	4.90×10^{-9}	SrF₂	2.5×10^{-9}	Sn(OH)₂	6×10^{-27}
SrCO₃	9.3×10^{-10}	CaF₂	3.48×10^{-11}	Cr(OH)₃	1.00×10^{-31}
MnCO₃	5.0×10^{-10}	ThF₄	4×10^{-20}	Al(OH)₃	4.60×10^{-33}
CuCO₃	1.46×10^{-13}	磷酸盐		Fe(OH)₃	2.79×10^{-39}
CoCO₃	1.0×10^{-10}	Li₃PO₄	3×10^{-13}	Sn(OH)₄	10^{-56}
FeCO₃	3.13×10^{-11}	Mg(NH₄)PO₄	3×10^{-13}	Ba(OH)₂	2.00×10^{-18}
ZnCO₃	1.7×10^{-11}	AlPO₄	5.8×10^{-19}	Sr(OH)₂	6.4×10^{-3}
Ag₂CO₃	8.1×10^{-12}	Mn₃(PO₄)₂	1×10^{-22}	Ca(OH)₂	5.07×10^{-6}
CaCO₃	3.0×10^{-14}	Ba₃(PO₄)₂	3×10^{-23}	Ag₂O	2×10^{-8}
PbCO₃	7.40×10^{-14}	BiPO₄	1.3×10^{-23}	Mg(OH)₂	1.80×10^{-11}
碘化物		Ca₃(PO₄)₂	1×10^{-26}	BiO(OH)₂	1×10^{-12}
PbI₂	6.5×10^{-9}	Sr₃(PO₄)₂	4×10^{-28}	亚硝酸盐	
CuI	1.1×10^{-12}	Mg₃(PO₄)₂	1.04×10^{-24}	AgNO₂	6.0×10^{-4}
AgI	8.51×10^{-17}	Pb₃(PO₄)₂	2.0×10^{-44}	草酸盐	
HgI₂	3×10^{-25}	硫化物		MgC₂O₄	8.50×10^{-5}
Hg₂I₂	5.2×10^{-29}	MnS	3.00×10^{-13}	CoC₂O₄	4×10^{-6}
硫酸盐		FeS	6.0×10^{-18}	FeC₂O₄	2×10^{-7}
CaSO₄	4.93×10^{-5}	NiS	3×10^{-19}	NiC₂O₄	1×10^{-7}
Ag₂SO₄	1.58×10^{-5}	ZnS	1.6×10^{-24}	CuC₂O₄	3×10^{-8}
Hg₂SO₄	2.40×10^{-7}	CoS	2×10^{-25}	BaC₂O₄	1.60×10^{-7}
SrSO₄	3.0×10^{-7}	Cu₂S	3×10^{-48}	CdC₂O₄	1.51×10^{-8}
PbSO₄	2.53×10^{-8}	Ag₂S	6.0×10^{-50}	ZnC₂O₄	2×10^{-9}
BaSO₄	1.07×10^{-10}	HgS	4×10^{-53}	Ag₂C₂O₄	1.00×10^{-11}
氯化物		Fe₂S₃	1×10^{-39}	PbC₂O₄	3.0×10^{-11}
PbCl₂	1.70×10^{-5}	SnS	1.00×10^{-25}	Hg₂C₂O₄	1.00×10^{-13}
CuCl	1.10×10^{-7}	CdS	8.9×10^{-27}	MnC₂O₄	1×10^{-19}

附录 7 水的饱和蒸气压

温度/℃	饱和蒸气压/kPa	温度/℃	饱和蒸气压/kPa
0	0.610	50	12.333
1	0.657	51	12.959
2	0.706	52	13.612
3	0.758	53	14.292
4	0.813	54	14.999
5	0.872	55	15.732
6	0.925	56	16.55
7	1.002	57	17.305
8	1.073	58	18.145
9	1.148	59	19.011
10	1.228	60	19.918
11	1.312	61	20.851
12	1.403	62	21.838
13	1.497	63	22.851
14	1.599	64	23.904
15	1.705	65	24.998
16	1.824	66	26.144
17	1.937	67	27.331
18	2.064	68	28.557
19	2.197	69	29.824
20	2.338	70	31.157
21	2.486	71	32.517
22	2.644	72	33.943
23	2.809	73	35.423
24	2.948	74	36.956
25	3.168	75	38.543
26	3.361	76	40.183
27	3.565	77	41.876
28	3.780	78	43.636
29	4.005	79	45.462
30	4.242	80	47.342
31	4.493	81	49.288
32	4.754	82	51.315
33	5.030	83	53.409
34	5.319	84	55.568
35	5.623	85	57.808
36	5.941	86	60.114
37	6.275	87	62.487
38	6.625	88	64.940
39	6.991	89	67.473
40	7.375	90	70.100
41	7.778	91	72.806
42	8.199	92	75.592
43	8.639	93	78.472
44	9.100	94	81.445
45	9.583	95	84.512
46	10.086	96	87.671
47	10.612	97	90.938
48	11.160	98	94.297
49	11.735	99	97.750

附录8 常见离子及化合物的颜色

离子及化合物	颜色	离子及化合物	颜色
Ag_2O	褐色	$Co(OH)_2$	粉红色
$AgCl$	白色	$Co(OH)Cl$	蓝色
Ag_2CO_3	白色	$Co(OH)_3$	褐棕色
Ag_3PO_4	黄色	$[Cu(H_2O)_4]^{2+}$	蓝色
Ag_2CrO_4	砖红色	$[CuCl_2]^-$	白色
$Ag_2C_2O_4$	白色	$[CuCl_4]^{2-}$	黄色
$AgCN$	白色	$[CuI_2]^-$	黄色
$AgSCN$	白色	$[Cu(NH_3)_4]^{2+}$	深蓝色
$Ag_2S_2O_3$	白色	$K_2Na[Co(NO_2)_6]$	黄色
$Ag_3[Fe(CN)_6]$	橙色	$(NH_4)_2Na[Co(NO_2)_6]$	黄色
$Ag_4[Fe(CN)_6]$	白色	CdO	棕灰色
$AgBr$	淡黄色	$Cd(OH)_2$	白色
AgI	黄色	$CdCO_3$	白色
Ag_2S	黑色	CdS	黄色
Ag_2SO_4	白色	$[Cr(H_2O)_6]^{2+}$	天蓝色
$Al(OH)_3$	白色	$[Cr(H_2O)_6]^{3+}$	蓝紫色
$BaSO_4$	白色	CrO_2^-	绿色
$BaSO_3$	白色	CrO_4^{2-}	黄色
BaS_2O_3	白色	$Cr_2O_7^{2-}$	橙色
$BaCO_3$	白色	Cr_2O_3	绿色
$Ba_3(PO_4)_2$	白色	CrO_3	橙红色
$BaCrO_4$	黄色	$Cr(OH)_3$	灰绿色
BaC_2O_4	白色	$CrCl_3 \cdot 6H_2O$	绿色
$CoCl_2 \cdot 2H_2O$	紫红色	$Cr_2(SO_4)_3 \cdot 6H_2O$	绿色
$CoCl_2 \cdot 6H_2O$	粉红色	$Cr_2(SO_4)_3$	桃红色
CoS	黑色	$Cr_2(SO_4)_3 \cdot 18H_2O$	紫色
$CoSO_4 \cdot 7H_2O$	红色	CuO	黑色
$CoSiO_3$	紫色	Cu_2O	暗红色
$K_3[CO(NO_2)_6]$	黄色	$Cu(OH)_2$	淡蓝色
$BiOCl$	白色	$CuOH$	黄色
BiI_3	白色	$CuCl$	白色
Bi_2S_3	黑色	CuI	白色
Bi_2O_3	黄色	CuS	黑色
$Bi(OH)_3$	黄色	$CuSO_4 \cdot 5H_2O$	蓝色
$BiO(OH)$	灰黄色	$Cu_2(OH)_2SO_4$	浅蓝色
$Bi(OH)CO_3$	白色	$Cu_2(OH)_2CO_3$	蓝色
$NaBiO_3$	黄棕色	$Cu_2[Fe(CN)_6]$	红棕色
CaO	白色	$Cu(SCN)_2$	黑绿色
$Ca(OH)_2$	白色	$[Fe(H_2O)_6]^{2+}$	浅绿色
$CaSO_4$	白色	$[Fe(H_2O)_6]^{3+}$	淡紫色
$CaCO_3$	白色	$[Fe(CN)_6]^{4-}$	黄色
$Ca_3(PO_4)_2$	白色	$[Fe(CN)_6]^{3-}$	红棕色
$CaHPO_4$	白色	$[Fe(NCS)_n]^{3-n}$	血红色
$CaSO_3$	白色	FeO	黑色
$[Co(H_2O)_6]^{2+}$	粉红色	Fe_2O_3	砖红色
$[Co(NH_3)_6]^{2+}$	黄色	$Fe(OH)_2$	白色
$[Co(NH_3)_6]^{3+}$	橙黄色	$Fe(OH)_3$	红棕色
$[Co(SCN)_4]^{2-}$	蓝色	$Fe_2(SiO_3)_3$	棕红色
CoO	灰绿色	FeC_2O_4	淡黄色
Co_2O_3	黑色	$Fe_3[Fe(CN)_6]_2$	蓝色

离子及化合物	颜 色	离子及化合物	颜 色
$Fe_4[Fe(CN)_6]_3$	蓝色	PbC_2O_4	白色
HgO	红(黄)色	$PbMoO_4$	黄色
Hg_2Cl_2	白色	PbO_2	棕褐色
Hg_2I_2	黄色	Pb_3O_4	红色
HgS	红或黄	$Pb(OH)_2$	白色
$[Mn(H_2O)_6]^{2+}$	浅红色	$PbCl_2$	白色
MnO_4^{2-}	绿色	$PbBr_2$	白色
MnO_4^-	紫红色	Sb_2O_3	白色
MnO_2	棕色	Sb_2O_5	淡黄色
$Mn(OH)_2$	白色	$Sb(OH)_3$	白色
MnS	肉色	$SbOCl$	白色
$MnSiO_3$	肉色	SbI_3	黄色
$MgNH_4PO_4$	白色	$Na[Sb(OH)_6]$	白色
$MgCO_3$	白色	$Sn(OH)Cl$	白色
$Mg(OH)_2$	白色	SnS	棕色
$[Ni(H_2O)_6]^{2+}$	亮绿色	SnS_2	黄色
$[Ni(NH_3)_6]^{2+}$	蓝色	$Sn(OH)_4$	白色
NiO	暗绿色	TiO_2^{2+}	橙红色
NiS	黑色	$[V(H_2O)_6]^{2+}$	蓝紫色
$NiSiO_3$	翠绿色	$[Ti(H_2O)_6]$	紫色
$Ni(CN)_2$	浅绿色	$TiCl_3 \cdot 6H_2O$	紫或绿
$Ni(OH)_2$	淡绿色	VO^{2+}	蓝色
$Ni(OH)_3$	黑色	V_2O_5	红棕,橙
Hg_2SO_4	白色	$[V(H_2O)_6]^{3+}$	绿色
$Hg_2(OH)_2CO_3$	红褐色	VO_2^+	黄色
I_2	紫色	ZnO	白色
I_3^-(碘水)	棕黄色	$Zn(OH)_2$	白色
$\left[O \begin{smallmatrix} Hg \\ \\ Hg \end{smallmatrix} NH_2\right]I$	红棕色	ZnS	白色
		$Zn_2(OH)_2CO_3$	白色
		ZnC_2O_4	白色
		$ZnSiO_3$	白色
PbI_2	黄色	$Zn_2[Fe(CN)_6]$	白色
PbS	黑色	$Zn_3[Fe(CN)_6]_2$	黄褐色
$PbSO_4$	白色	$NaAc \cdot Zn(Ac)_2 \cdot 3UO_2(Ac)_2 \cdot 9H_2O$	黄色
$\cdot PbCO_3$	白色	$Na_3[Fe(CN)_5NO] \cdot 2H_2O$	红色
$PbCrO_4$	黄色	$(NH_4)_3PO_4 \cdot 12MoO_3 \cdot 6H_2O$	黄色

附录 9 常用基准物质

基 准 物	干燥后的组成	干燥温度/℃,干燥时间
$NaHCO_3$	Na_2CO_3	260~270,至恒重
$Na_2B_4O_7 \cdot 10H_2O$	$Na_2B_4O_7 \cdot 10H_2O$	NaCl-蔗糖饱和溶液干燥器中室温保存
$KHC_6H_4(COO)_2$	$KHC_6H_4(COO)_2$	105~110
$Na_2C_2O_4$	$Na_2C_2O_4$	105~110,2h
$K_2Cr_2O_7$	$K_2Cr_2O_7$	130~140,0.5~1h
$KBrO_3$	$KBrO_3$	120,1~2h
KIO_3	KIO_3	105~120
As_2O_3	As_2O_3	硫酸干燥器中,至恒重
$(NH_4)_2Fe(SO_4)_2 \cdot 6H_2O$	$(NH_4)_2Fe(SO_4)_2 \cdot 6H_2O$	室温空气
$NaCl$	$NaCl$	250~350,1~2h
$AgNO_3$	$AgNO_3$	120,2h
$CuSO_4 \cdot 5H_2O$	$CuSO_4 \cdot 5H_2O$	室温空气
$KHSO_4$	K_2SO_4	750℃以上灼烧
ZnO	ZnO	约800,灼烧至恒重
无水 Na_2CO_3	Na_2CO_3	260~270,0.5h
$CaCO_3$	$CaCO_3$	105~110

附录 10 常用指示剂及试纸的制备

表 1 酸碱指示剂（18～25℃）

指示剂名称	pH 值变色范围	颜色变化	溶液配制方法
甲基紫(第一变色范围)	0.1～0.5	黄—绿	0.1% 或 0.05% 水溶液
苦味酸	0.0～1.3	无色—黄	0.1% 水溶液
甲基绿	0.1～2.0	黄—绿—浅蓝	0.05% 水溶液
孔雀绿(第一变色范围)	0.1～2.0	黄—浅蓝—绿	0.1% 水溶液
甲酚红(第一变色范围)	0.2～1.8	红—黄	0.04g 指示剂溶于 100mL 质量分数 $w = 0.50$ 的 C_2H_5OH 中
甲基紫(第二变色范围)	1.0～1.5	绿—蓝	0.1% 水溶液
百里酚蓝(麝香草酚蓝)(第一变色范围)	1.2～2.8	红—黄	0.1g 指示剂溶于 100mL 质量分数 $w = 0.20$ 的 C_2H_5OH 中
甲基紫(第三变色范围)	2.0～3.0	蓝—紫	0.1% 水溶液
茜素黄 R(第一变色范围)	1.9～3.3	红—黄	0.1% 水溶液
二甲基黄	2.9～4.0	红—黄	0.1g 或 0.01g 指示剂溶于 100mL 质量分数 $w = 0.90$ 的 C_2H_5OH 中
甲基橙	3.1～4.4	红—橙黄	0.1% 水溶液
溴酚蓝	3.0～4.6	黄—蓝	0.1g 指示剂溶于 100mL 质量分数 $w = 0.20$ 的 C_2H_5OH 中
刚果红	3.0～5.2	蓝紫—红	0.1% 水溶液
茜素红 S(第一变色范围)	3.7～5.2	黄—紫	0.1% 水溶液
溴甲酚绿	3.8～5.4	黄—蓝	0.1g 指示剂溶于 100mL 质量分数 $w = 0.20$ 的 C_2H_5OH 中
甲基红	4.4～6.2	红—黄	0.1g 或 0.2g 指示剂溶于 100mL 质量分数 $w = 0.60$ 的 C_2H_5OH 中
溴酚红	5.0～6.8	黄—红	0.1g 或 0.04g 指示剂溶于 100mL 质量分数 $w = 0.20$ 的 C_2H_5OH 中
溴甲酚紫	5.2～6.8	黄—紫红	0.1g 指示剂溶于 100mL 质量分数 $w = 0.20$ 的 C_2H_5OH 中
溴百里酚蓝	6.0～7.6	黄—蓝	0.05g 指示剂溶于 100mL 质量分数 $w = 0.20$ 的 C_2H_5OH 中
中性红	6.8～8.0	红—亮黄	0.1g 指示剂溶于 100mL 质量分数 $w = 0.60$ 的 C_2H_5OH 中
酚红	6.8～8.0	黄—红	0.1g 指示剂溶于 100mL 质量分数 $w = 0.20$ 的 C_2H_5OH 中
甲酚红	7.2～8.8	亮黄—紫红	0.1g 指示剂溶于 100mL 质量分数 $w = 0.50$ 的 C_2H_5OH 中
百里酚蓝(麝香草酚蓝)(第二变色范围)	8.0～9.0	黄—蓝	参看第一变色范围
酚酞	8.2～10.0	无色—紫红	0.1g 指示剂溶于 100mL 质量分数 $w = 0.60$ 的 C_2H_5OH 中
百里酚酞	9.4～10.6	无色—蓝	0.1g 指示剂溶于 100mL 质量分数 $w = 0.90$ 的 C_2H_5OH 中
茜素红 S(第二变色范围)	10.0～12.0	紫—淡黄	参看第一变色范围
茜素黄 R(第二变色范围)	10.1～12.1	黄—淡紫	0.1% 水溶液
孔雀绿(第二变色范围)	11.5～13.2	蓝绿—无色	参看第一变色范围
达旦黄	12.0～13.0	黄—红	溶于 H_2O、C_2H_5OH

表 2　混合酸碱指示剂

指示剂溶液的组成	变色点 pH 值	颜色 酸色	颜色 碱色	备　注
一份质量分数为 0.001 甲基黄酒精溶液 一份质量分数为 0.001 次甲基蓝酒精溶液	3.3	蓝紫	绿	pH＝3.2 蓝紫 pH＝3.4 绿
一份质量分数为 0.001 甲基橙水溶液 一份质量分数为 0.0025 靛蓝（二磺酸）水溶液	4.1	紫	黄绿	
一份质量分数为 0.001 溴百里酚绿钠盐水溶液 一份质量分数为 0.002 甲基橙水溶液	4.3	黄	蓝绿	pH＝3.5 黄 pH＝4.0 黄绿 pH＝4.3 绿
三份质量分数为 0.001 溴甲酚绿酒精溶液 一份质量分数为 0.002 甲基红酒精溶液	5.1	酒红	绿	
一份质量分数为 0.002 甲基红酒精溶液 一份质量分数为 0.001 次甲基蓝酒精溶液	5.4	红紫	绿	pH＝5.2 红紫 pH＝5.4 暗蓝 pH＝5.6 绿
一份质量分数为 0.001 溴甲酚绿钠盐水溶液 一份质量分数为 0.001 氯酚红钠盐水溶液	6.1	黄绿	蓝紫	pH＝5.4 蓝绿 pH＝5.8 蓝 pH＝6.2 蓝紫
一份质量分数为 0.001 溴甲酚紫钠盐水溶液 一份质量分数为 0.001 溴百里酚蓝钠盐水溶液	6.7	黄	蓝紫	pH＝6.2 黄紫 pH＝6.6 蓝紫 pH＝6.8 蓝紫
一份质量分数为 0.001 中性红酒精溶液 一份质量分数为 0.001 次甲基蓝酒精溶液	7.0	蓝紫	绿	pH＝7.0 蓝紫
一份质量分数为 0.001 溴百里酚蓝钠盐水溶液 一份质量分数为 0.001 酚红钠盐水溶液	7.5	黄	绿	pH＝7.2 暗绿 pH＝7.4 淡紫 pH＝7.6 深紫
一份质量分数为 0.001 甲酚红钠盐水溶液 三份质量分数为 0.001 百里酚蓝钠盐水溶液	8.3	黄	紫	pH＝8.2 玫瑰 pH＝8.4 紫

表 3　金属离子指示剂

指示剂名称	离解平衡和颜色变化	溶液配制方法
铬黑 T[①]（EBT）	$H_2In^- \xrightarrow{pK_{a2}=6.3} HIn^{2-} \xrightarrow{pK_{a3}=11.6} In^{3-}$ 紫红　　　　　蓝　　　　　橙	0.5% 水溶液
二甲酚橙（XO）	$H_2In^{4-} \xrightarrow{pK_{a5}=6.3} HIn^{5-}$ 黄　　　　　红	0.2% 水溶液
K-B 指示剂[①]	$H_2In \xrightarrow{pK_{a1}=8} HIn \xrightarrow{pK_{a2}=13} In^{2-}$ 红　　　　蓝　　　　紫红 （酸性铬蓝 K）	0.2g 酸性铬蓝 K 与 0.4g 萘酚绿 B 溶于 100mL 水中
钙指示剂[①]	$H_2In^- \xrightarrow{pK_{a2}=7.4} HIn^{2-} \xrightarrow{pK_{a3}=13.5} In^{3-}$ 酒红　　　　　蓝　　　　　酒红	0.5% C_2H_5OH 溶液
吡啶偶氮萘酚（PAN）	$H_2In^+ \xrightarrow{pK_{a1}=1.9} HIn \xrightarrow{pK_{a2}=12.2} In$ 黄绿　　　　　黄　　　　　淡红	0.1% C_2H_5OH 溶液
Cu-PAN（CuY-PAN 溶液）	$\underbrace{CuY+PAN}_{浅绿} + \underbrace{M^{n+}}_{无色} \Longrightarrow MY + \underbrace{Cu\text{-}PAN}_{红}$	将 0.05mol·L^{-1} Cu^{2+} 溶液 10mL、pH＝5～6 的 HAc 缓冲溶液 5mL、PAN 指示剂 1 滴混合，加热至 60℃ 左右，用 EDTA 滴至绿色，得到约 0.025mol·L^{-1} 的 CuY 溶液。使用时取 2～3mL 于试液中，再加数滴 PAN 溶液
磺基水杨酸	$H_2In \xrightarrow{pK_{a2}=2.7} HIn^- \xrightarrow{pK_{a3}=13.1} In^{2-}$ 　　　　　（无色）	1% 水溶液
钙镁试剂（Calmagite）	$H_2In^- \xrightarrow{pK_{a2}=8.1} HIn^{2-} \xrightarrow{pK_{a3}=12.4} In^{3-}$ 红　　　　　蓝　　　　　红橙	0.5% 水溶液

① EBT、钙指示剂、K-B 指示剂等在水溶液中稳定性较差，可以配成指示剂与 NaCl 之比为 1：100 或 1：200 的固体粉末。

表4 氧化还原指示剂

指示剂名称	$\varphi^{\ominus}/V$ $[H^+]=1mol \cdot L^{-1}$	颜色变化 氧化态	颜色变化 还原态	溶液配制方法
中性红	0.24	红	无色	0.05% C_2H_5OH($\omega=0.60$)溶液
次甲基蓝	0.36	蓝	无色	0.05%水溶液
变胺蓝	0.59(pH=2)	无色	蓝	0.05%水溶液
二苯胺	0.76	紫	无色	1%浓 H_2SO_4 溶液
二苯胺磺酸钠	0.85	紫红	无色	0.5%水溶液
N-邻苯氨基苯甲酸	1.08	紫红	无色	0.1g指示剂加 20mL 质量分数为 0.05 Na_2CO_3 溶液,用 H_2O 稀释至 100mL
邻二氮菲-Fe(Ⅱ)	1.06	浅蓝	红	1.485g 邻二氮菲加 0.695g $FeSO_4 \cdot 7H_2O$,溶于 100mL H_2O 中(0.025mol·L^{-1})
5-硝基邻二氮菲-Fe(Ⅱ)	1.25	浅蓝	紫红	1.608g 5-硝基邻二氮菲加 0.695g $FeSO_4 \cdot 7H_2O$,溶于 100mL H_2O 中(0.025mol·L^{-1})

表5 沉淀滴定吸附指示剂

指示剂	被测离子	滴定剂	滴定条件	溶液配制方法
荧光黄	Cl^-	Ag^+	pH=7～10(一般 7～8)	0.2% C_2H_5OH 溶液
二氯荧光黄	Cl^-	Ag^+	pH=4～10(一般 5～8)	0.1%水溶液
曙红	Br^-,I^-,SCN^-	Ag^+	pH=2～10(一般 3～8)	0.5%水溶液
溴甲酚绿	SCN^-	Ag^+	pH=4～5	0.1%水溶液
甲基紫	Ag^+	Cl^-	酸性溶液	0.1%水溶液
罗丹明 6G	Ag^+	Br^-	酸性溶液	0.5%水溶液
钍试剂	SO_4^{2-}	Ba^{2+}	pH=1.5～3.5	0.5%水溶液
溴酚蓝	Hg_2^{2+}	Cl^-、Br^-	酸性溶液	0.1%水溶液

表6 常用试纸的制备

试纸名称及颜色	制备方法	用途
石蕊试纸(红色或蓝色)	用热的酒精处理市售石蕊以除去夹杂的红色素。倾去浸液,1份残渣与 6份 H_2O 浸煮并不断摇荡,滤去不溶物,将滤液分成两份,1份加稀 H_3PO_4 或 H_2SO_4 至变红,另 1份加稀 NaOH 至变蓝,然后将滤纸条分别浸入这两种溶液中,取出后在避光且没有酸、碱蒸气的房中晾干	红色试纸在碱性溶液中变蓝色;蓝色试纸在酸性溶液中变红色
酚酞试纸(白色)	将1g 酚酞溶于 100mL 95%乙醇溶液中,振摇溶液,同时加入 100mL H_2O,将滤纸条浸入,取出置于无 NH_3 蒸气处晾干	在碱性溶液中变成深红色
刚果红试纸(红色)	将 0.5g 刚果红溶于 1L H_2O 中,加 5滴 HAc,滤纸条在温热溶液中浸湿后,取出晾干	与无机酸及 HCOOH、$ClCH_2COOH$、$HOOCCOOH$ 等有机酸作用变蓝
淀粉-KI 试纸(白色)	将3g 淀粉与 25mL H_2O 搅和,倾入 225mL 沸 H_2O 中,加 1g KI 及 1g $Na_2CO_3 \cdot 10H_2O$ 用 H_2O 稀释至 500mL,将滤纸条浸入,取出晾干	用以检出氧化剂(特别是卤素),作用时变蓝色
Pb(Ac)$_2$ 试纸(白色)	将滤纸浸入 3% Pb(Ac)$_2$ 溶液中,取出后在无 H_2S 处晾干	用以检出痕量的 H_2S,作用时变黑

附录 11　常用缓冲溶液及洗涤剂

表 1　常用缓冲溶液

缓冲溶液组成	pK_a	缓冲溶液 pH 值	缓冲溶液配制方法
H_2NCH_2COOH-HCl	2.35 (pK_{a_1})	2.3	取 150g H_2NCH_2COOH 溶于 500mL H_2O 中,加 80mL 浓 HCl 稀释至 1L
H_2PO_4-柠檬酸盐	—	2.5	取 113g $Na_2HPO_4 \cdot 12H_2O$ 溶于 200mL H_2O 中,加 387g 柠檬酸溶液,过滤后稀释至 1L
$ClCH_2COOH$-NaOH	2.86	2.8	取 200g $ClCH_2COOH$ 溶于 200mL H_2O 中,加 40g NaOH 溶解后,稀释至 1L
邻苯二甲酸氢钾-HCl	2.95 (pK_{a_1})	2.9	取 500g 邻苯二甲酸氢钾溶于 500mL H_2O 中,加 80mL 浓 HCl,稀释至 1L
HCOOH-NaOH	3.76	3.7	取 95h HCOOH 和 40g NaOH 于 500mL H_2O 中,溶解,稀释至 1L
NH_4Ac-HAc	—	4.5	取 77g NH_4Ac 溶于 200mL H_2O 中,加 59mL 冰 HAc,稀释至 1L
NaAc-HAc	4.74	4.7	取 83g 无水 NaAc 溶于 H_2O 中,加 60mL 冰 HAc,稀释至 1L
NaAc-HAc	4.74	5.0	取 160g 无水 NaAc 溶于 H_2O 中,加 60mL 冰 HAc,稀释至 1L
NH_4Ac-HAc	—	5.0	取 250g NH_4Ac 溶于 H_2O 中,加 25mL 冰 HAc,稀释至 1L
六亚甲基四胺-HCl	5.15	5.4	取 40g 六亚甲基四胺溶于 200mL H_2O 中,加 10mL 浓 HCl,稀释至 1L
NH_4Ac-HAc	—	6.0	取 600g NH_4Ac 溶于 H_2O 中,加 20mL 冰 HAc,稀释至 1L
$NaAc$-H_3PO_4 盐	—	8.0	取 50g 无水 NaAc 和 50g $Na_2HPO_4 \cdot 12H_2O$ 溶于 H_2O 中,稀释至 1L
三羟甲基氨基甲烷-HCl	8.21	8.2	取 25g 三羟甲基氨基甲烷溶于 H_2O 中,加 8mL 浓 HCl,稀释至 1L
NH_3-NH_4Cl	9.26	9.2	取 54g NH_4Cl 溶于 H_2O 中,加 63mL 浓 $NH_3 \cdot H_2O$,稀释至 1L
NH_3-NH_4Cl	9.26	9.5	取 54g NH_4Cl 溶于 H_2O 中,加 126mL 浓 $NH_3 \cdot H_2O$,稀释至 1L
NH_3-NH_4Cl	9.26	10.0	取 54g NH_4Cl 溶于 H_2O 中,加 350mL 浓 $NH_3 \cdot H_2O$,稀释至 1L

注:1. 缓冲溶液配制后用 pH 试纸检查。如 pH 值不对,可用共轭酸或碱调节。pH 值欲调节精确时,可用 pH 计调节。

2. 若需增加或减少缓冲溶液的缓冲容量时,可相应增加或减少共轭酸碱对物质的量,再调节。

表 2　常用洗涤剂

名　称	配　制　方　法	备　注
合成洗涤剂[①]	将合成洗涤剂粉用热 H_2O 搅拌配成浓溶液	用于一般的洗涤
皂角水	将皂夹捣碎,用 H_2O 熬成溶液	用于一般的洗涤

名　称	配　制　方　法	备　注
铬酸洗液	取 20g $K_2Cr_2O_7$(LR)于 500mL 烧杯中,加 40mL H_2O,加热溶解,冷后,缓缓加入 320mL 粗浓 H_2SO_4 即成(注意边加边搅),储于磨口细口瓶中	用于洗涤油污及有机物,使用时防止被 H_2O 稀释。用后倒回原瓶,可反复使用,直至溶液变为绿色②
$KMnO_4$ 碱性洗液	取 4g $KMnO_4$(LR),溶于少量 H_2O 中,缓缓加入 100mL 100% NaOH 溶液	用于洗涤油污及有机物,洗后玻璃壁上附着的 MnO_2 沉淀,可用粗亚铁或 Na_2SO_3 溶液洗去
碱性酒精溶液	30%～40% NaOH 酒精溶液	用于洗涤油污
酒精-浓 HNO_3 洗液		用于沾有有机物或油污的结构较复杂的仪器,洗涤时先加少量酒精于仪器中,再加入少量 HNO_3,即产生大量棕色 NO_2,将有机物氧化而破坏

① 可用肥皂水。

② 已还原为绿色的铬酸洗液,可加入固体 $KMnO_4$ 使其再生,这样,实际消耗的是 $KMnO_4$,可减少 Cr 对环境的污染。

参考文献

[1] 徐春祥．基础化学实验．北京：高等教育出版社，2004．

[2] 浙江大学化学系，郑豪，方文军．新编普通化学实验．北京：科学出版社，2005．

[3] 孙英，王春娜．普通化学实验．北京：中国农业大学出版社，2004．

[4] 浙江大学，华东理工大学，四川大学，殷学锋．新编大学化学实验．北京：高等教育出版社，2002．

[5] 刘约权，李贵深．实验化学（上）．北京：高等教育出版社，1999．

[6] 韩福全，黄尚勋．基础化学实验．成都：四川科学技术出版社，1993．

[7] 张金桐，叶非．实验化学．北京：中国农业出版社，2004．

[8] 四川大学化工学院，浙江大学化学系．分析化学实验．北京：高等教育出版社，2003．

[9] 张金艳，王德利．大学化学实验．北京：中国农业大学出版社，2004．

[10] 朱凤岗等．农科化学实验．北京：中国农业出版社，1997．

[11] 辛剑，孟长功．基础化学实验．北京：高等教育出版社，2004．

[12] 吴俊森．大学基础化学实验．北京：化学工业出版社，2006．

[13] 武汉大学化学与分子科学学院实验中心．分析化学实验．武汉：武汉大学出版社，2003．

[14] 中山大学等．无机化学实验．北京：高等教育出版社，1992．

[15] 大连理工大学无机化学教研室．无机化学实验．北京：高等教育出版社，2004．

[16] 杨秋华．大学化学实验．天津：天津大学出版社，2012．

元素周期表

电子层	K

图例说明：

95 — 原子序数（红色的为放射性元素）
Am — 元素符号（注▲的为人造元素）
镅 — 元素名称
5f⁷7s² — 价层电子构型
243.06✦ — 相对原子质量

氧化态（单质的氧化态为0，未列入，常见的为红色）

以 ¹²C=12 为基准的相对原子质量（注✦的是半衰期最长同位素的相对原子质量）

s区元素　p区元素　ds区元素
d区元素　f区元素　稀有气体

族	周期				

主要元素数据

族	元素
1 IA	H 氢 1s¹ 1.00794(7)
2 IIA	Be 铍；Mg 镁；Ca 钙；Sr 锶；Ba 钡；Ra 镭

第1周期： H 氢 1s¹ 1.00794(7)；He 氦 1s² 4.002602(2)

第2周期： Li 锂 2s¹ 6.941(2)；Be 铍 2s² 9.012182(3)；B 硼 2s²2p¹ 10.811(7)；C 碳 2s²2p² 12.0107(8)；N 氮 2s²2p³ 14.0067(2)；O 氧 2s²2p⁴ 15.9994(3)；F 氟 2s²2p⁵ 18.9984032(5)；Ne 氖 2s²2p⁶ 20.1797(6)

第3周期： Na 钠 3s¹ 22.989770(2)；Mg 镁 3s² 24.3050(6)；Al 铝 3s²3p¹ 26.981538(2)；Si 硅 3s²3p² 28.0855(3)；P 磷 3s²3p³ 30.973761(2)；S 硫 3s²3p⁴ 32.065(5)；Cl 氯 3s²3p⁵ 35.453(2)；Ar 氩 3s²3p⁶ 39.948(1)

第4周期： K 钾 4s¹ 39.0983(1)；Ca 钙 4s² 40.078(4)；Sc 钪 3d¹4s² 44.955910(8)；Ti 钛 3d²4s² 47.867(1)；V 钒 3d³4s² 50.9415；Cr 铬 3d⁵4s¹ 51.9961(6)；Mn 锰 3d⁵4s² 54.938049(9)；Fe 铁 3d⁶4s² 55.845(2)；Co 钴 3d⁷4s² 58.933200(9)；Ni 镍 3d⁸4s² 58.6934(2)；Cu 铜 3d¹⁰4s¹ 63.546(3)；Zn 锌 3d¹⁰4s² 65.409(4)；Ga 镓 4s²4p¹ 69.723(1)；Ge 锗 4s²4p² 72.64(1)；As 砷 4s²4p³ 74.92160(2)；Se 硒 4s²4p⁴ 78.96(3)；Br 溴 4s²4p⁵ 79.904(1)；Kr 氪 4s²4p⁶ 83.798(2)

第5周期： Rb 铷 5s¹ 85.4678(3)；Sr 锶 5s² 87.62(1)；Y 钇 4d¹5s² 88.90585(2)；Zr 锆 4d²5s² 91.224(2)；Nb 铌 4d⁴5s¹ 92.90638(2)；Mo 钼 4d⁵5s¹ 95.94(2)；Tc 锝 4d⁵5s² 97.907✦；Ru 钌 4d⁷5s¹ 101.07(2)；Rh 铑 4d⁸5s¹ 102.90550(2)；Pd 钯 4d¹⁰ 106.42(1)；Ag 银 4d¹⁰5s¹ 107.8682(2)；Cd 镉 4d¹⁰5s² 112.411(8)；In 铟 5s²5p¹ 114.818(3)；Sn 锡 5s²5p² 118.710(7)；Sb 锑 5s²5p³ 121.760(1)；Te 碲 5s²5p⁴ 127.60(3)；I 碘 5s²5p⁵ 126.90447(3)；Xe 氙 5s²5p⁶ 131.293(6)

第6周期： Cs 铯 6s¹ 132.90545(2)；Ba 钡 6s² 137.327(7)；La~Lu 镧系；Hf 铪 5d²6s² 178.49(2)；Ta 钽 5d³6s² 180.9479(1)；W 钨 5d⁴6s² 183.84(1)；Re 铼 5d⁵6s² 186.207(1)；Os 锇 5d⁶6s² 190.23(3)；Ir 铱 5d⁷6s² 192.217(3)；Pt 铂 5d⁹6s¹ 195.078(2)；Au 金 5d¹⁰6s¹ 196.96655(2)；Hg 汞 5d¹⁰6s² 200.59(2)；Tl 铊 6s²6p¹ 204.3833(2)；Pb 铅 6s²6p² 207.2(1)；Bi 铋 6s²6p³ 208.98038(2)；Po 钋 6s²6p⁴ 208.98✦；At 砹 6s²6p⁵ 209.99✦；Rn 氡 6s²6p⁶ 222.02✦

第7周期： Fr 钫 7s¹ 223.02✦；Ra 镭 7s² 226.03✦；Ac~Lr 锕系；Rf 𬬻▲ 6d²7s² 261.11✦；Db 𬭊▲ 6d³7s² 262.11✦；Sg 𬭳▲ 6d⁴7s² 263.12✦；Bh 𬭛▲ 6d⁵7s² 264.12✦；Hs 𬭶▲ 6d⁶7s² 265.13✦；Mt 鿏▲ 6d⁷7s² 266.13✦；Ds 𫟼▲ (269)；Rg 𬬭▲ (272)；Uub▲ (277)；Uut▲ (278)；Uuq▲ (289)；Uup▲ (288)；Uuh▲ (289)

镧系（★）

| 57 La 镧 5d¹6s² 138.9055(2) | 58 Ce 铈 4f¹5d¹6s² 140.116(1) | 59 Pr 镨 4f³6s² 140.90765(2) | 60 Nd 钕 4f⁴6s² 144.24(3) | 61 Pm 钷▲ 4f⁵6s² 144.91✦ | 62 Sm 钐 4f⁶6s² 150.36(3) | 63 Eu 铕 4f⁷6s² 151.964(1) | 64 Gd 钆 4f⁷5d¹6s² 157.25(3) | 65 Tb 铽 4f⁹6s² 158.92534(2) | 66 Dy 镝 4f¹⁰6s² 162.500(1) | 67 Ho 钬 4f¹¹6s² 164.93032(2) | 68 Er 铒 4f¹²6s² 167.259(3) | 69 Tm 铥 4f¹³6s² 168.93421(2) | 70 Yb 镱 4f¹⁴6s² 173.04(3) | 71 Lu 镥 4f¹⁴5d¹6s² 174.967(1) |

锕系（★）

| 89 Ac 锕★ 6d¹7s² 227.03✦ | 90 Th 钍 6d²7s² 232.0381(1) | 91 Pa 镤 5f²6d¹7s² 231.03588(2) | 92 U 铀 5f³6d¹7s² 238.02891(3) | 93 Np 镎 5f⁴6d¹7s² 237.05✦ | 94 Pu 钚 5f⁶7s² 244.06✦ | 95 Am 镅 5f⁷7s² 243.06✦ | 96 Cm 锔 5f⁷6d¹7s² 247.07✦ | 97 Bk 锫▲ 5f⁹7s² 247.07✦ | 98 Cf 锎▲ 5f¹⁰7s² 251.08✦ | 99 Es 锿▲ 5f¹¹7s² 252.08✦ | 100 Fm 镄▲ 5f¹²7s² 257.10✦ | 101 Md 钔▲ 5f¹³7s² 258.10✦ | 102 No 锘▲ 5f¹⁴7s² 259.10✦ | 103 Lr 铹▲ 5f¹⁴6d¹7s² 260.11✦ |